Statistik I

Grundlagen der Wahrscheinlichkeitstheorie

Roland Dillmann

Statistik I

Grundlagen der Wahrscheinlichkeitstheorie

Mit 4 Abbildungen

Physica-Verlag Heidelberg

Professor Dr. Roland Dillmann
Fachbereich Wirtschaftswissenschaft
Bergische Universität Gesamthochschule Wuppertal
Gauss-Straße 20
D-5600 Wuppertal 1

ISBN-13: 978-3-7908-0469-0   e-ISBN-13: 978-3-642-95886-1
DOI: 10.1007/978-3-642-95886-1

Das vorliegende Buch ist Grundlage meiner Lehrveranstaltung in Statistik I im
Grundstudium am Fachbereich Wirtschaftswissenschaft an der BUGH Wuppertal.
Setzt man verschiedene Statistiker an einen Tisch und läßt man sie aufzählen,
was sie für wünschenswerte Kenntnisse halten, die die Statistikausbildung zu
vermitteln habe, so hat man mit mindestens folgenden Antworten zu rechnen:

- Der Zusammenhang zur Realdisziplin soll hergestellt werden.
- Die Logik des statistischen Schließens soll verstanden werden.
- Die mathematischen Grundlagen der Statistik sollten zumindest in den
  Grundzügen vermittelt werden.
- Die Probleme und Methoden der Datengewinnung sollten bekannt sein.
- Die Rolle des Wahrscheinlichkeitsbegriffs innerhalb der Statistik sollte
  deutlich werden.
- Probleme sollten nach dem Grad ihrer Eignung zur Lösung mit statistischen
  Methoden unterschieden werden können. Der Student sollte also erkennen,
  welche Probleme leichter zu lösen sind und welche nicht. Dies ist von In-
  teresse im Hinblick auf Fragen der Modellbildung.
- Die numerischen und computertechnischen Grundlagen des statistischen Ar-
  beitens sollten geschaffen werden; Standardsoftware sollte eingeführt
  werden. Grundkenntnisse in Programmierung sollten vorhanden sein.
- Mit statistischen Methoden erzielte Ergebnisse sollten angemessen interpretiert werden können.
- Der Student sollte in die Lage versetzt werden, die statistische Fachliteratur zu lesen. Dazu sollte die in der Fachliteratur verwandte Terminologie ebenso bekannt sein wie die Grundzüge der Maßtheorie, ohne deren
  Kenntnis insbesondere mathematisch orientierte Abhandlungen nicht nach-
  vollziehbar sind.

Offenbar sind die Anforderungen so vielfältig und so verschiedenartig, daß je-
de Einführung in die Statistik Abstriche an einzelnen Forderungen machen muß.
Die Verschiedenartigkeit, in der Abstriche an einzelnen zweifellos wichtigen
Lehr - und Lernzielen gemacht werden muß,erklärt zumindest teilweise die Viel-
falt an einführender Literatur in das Statistik - Studium.
Doch zunächst ist zu klären, welche Bedeutung Statistik für das Studium realer
Probleme hat. Ein wesentliches Ziel wissenschaftlicher Arbeit besteht darin,
Vorhersagen über künftige Entwicklungen verschiedenster Art zu treffen. Diese
Entwicklungen können zum Beispiel betreffen

-   die wirtschaftliche und politische Entwicklung verschiedener Regionen;
-   die Entwicklung der Nutzungsfähigkeit zahlreicher Produkte;
-   die Entwicklung biologischer Prozesse, etwa die Entwicklung von Krankheitsverläufen und deren Beeinflussung durch Medikamente;
-   die Beeinflussung von Lebensumständen durch Eingriffe verschiedener Art.

Eine Methode zu derartigen Vorhersagen besteht darin, unmittelbar am Objekt oder unter Zuhilfenahme eines Modells zu experimentieren; dazu bedarf es eines Entwurfs eines Experiments oder, wo sich Experimente am Objekt etwa aus ethischen Gründen verbieten, der gezielten Beobachtung. Dieser Entwurf bzw. die gezielte Beobachtung setzt eine als diskussionswürdig angesehene Fragestellung voraus ebenso wie theoretische Vorstellungen zu ihrer Beantwortung. Diese Vorstellungen sind umzusetzen in eine experimentelle Anordnung sowie in eine Prognose über den Ausgang des durchzuführenden Experiments bzw. des zu beobachtenden Phänomens. Der realisierte Ausgang ist zu konfrontieren mit dem prognostizierten Ausgang, um ein Urteil über die Angemessenheit der dem Experiment bzw. der Beobachtung zugrundeliegenden Vorstellungen zu gewinnen und im Falle, daß die Antwort als unzureichend empfunden wird, Ansatzpunkte zu neuen Erklärungsversuchen zu gewinnen.Von Interesse sind solche Versuchsanordnungen, bei denen der Versuchsausgang bzw. das Ergebnis der Beobachtung nicht aufgrund der zugrundeliegenden theoretischen Vorstellungen deduktiv abgeleitet werden kann, wo also viele verschiedene Ausgänge mit dem Entwurf der Antwort vereinbar sind, wenn auch in unterschiedlichem Maße. Ein allereinfachstes Experiment ist das des wiederholten Münzwurfes. Offenbar sind als Ergebnisse eines derartigen Experimentes Krone, Zahl denkbar, denkbar wäre sogar, daß die Münze auf der Kante stehen bleibt, ein Ausgang, mit dem man aber kaum rechnen würde. Warum kann man beim einzelnen Münzwurf das Ergebnis nicht präzise voraussagen? Verschiedene Personen werden diese Frage bereits sehr verschieden beantworten. Eine denkbare Antwort ist die, daß der Ausgang eines derartigen Experiments prinzipiell unbestimmt ist; das einzige, was man angeben kann, sind die möglichen Ausgänge, die jeweils mit einer bestimmten Wahrscheinlichkeit eintreten. Dies ist etwa die Position eines Objektivisten.

Eine andere Antwort lautet: wenn genügend Information über die präzise Durchführung des jeweiligen Experiments bzw. über die Randbedingungen der Beobachtung vorhanden wäre, könnte auch eine präzise Prognose des Ausgangs gelingen. Die Nichtvorhersagbarkeit des Ausgangs resultiert also aus mangelndem Wissen, ohne daß die prinzipielle Beschaffbarkeit dieses Wissens verneint wird. Diese

Position nehmen Logiker ebenso ein wie Subjektivisten.

In der ersten Antwort wurde die Unbestimmtheit des Ausgangs und damit die Wahrscheinlichkeit als Charakteristikum des Objekts verstanden, in der zweiten Antwort als Charakteristikum des Wissens des Prognostikers.

Beide Antworten führen zu unterschiedlichen Arbeitsprogrammen für die Erfüllung des Wunsches nach möglichst präziser Prognose. Den Arbeitsprogrammen gemeinsam ist, daß sie den Begriff der Wahrscheinlichkeit benutzen und als Kernbegriff der weiteren Arbeit verstehen, auch wenn Vertreter der unterschiedlichen Arbeitsprogramme Wahrscheinlichkeit ganz unterschiedlich interpretieren und sogar oft die Interpretation des anderen Arbeitsprogramms ablehnen. Wechselseitige Vorwürfe klingen etwa wie folgt: Subjektivisten werfen Objektivisten das Verbleiben in einem ad - hoc - Status vor, Objektivisten werfen den Subjektivisten ein langweiliges Wissenschaftsprogramm vor, weil sie statt über wissenschaftliche Probleme über Wissenschaftler reden.

Den Mathematikern ist es gelungen, aufbauend auf den Kolmogoroff - Axiomen einen Wahrscheinlichkeitskalkül vorzulegen, der keine Interpretation des zugrundegelegten Wahrscheinlichkeitsbegriffs verlangt; deshalb können Vertreter beider Arbeitsprogramme auf den gleichen Wahrscheinlichkeitskalkül zurückgreifen. Dieses Buch befaßt sich mit den Grundzügen des Wahrscheinlichkeitskalküls.

Dazu werden im Kapitel 1 Ansatzpunkte in der Ökonomie vorgestellt, die eine Auseinandersetzung mit dem Wahrscheinlichkeitskalkül nahelegen. Die Kapitel 2 bis 5 dienen der Klärung folgender Fragen:

- Wieso beschreibt man Ereignisse als Teilmengen des $\mathbb{R}^n$?

- Welche Teilmengen des $\mathbb{R}^n$ werden warum als Ereignisse aufgefaßt? Dies führt in Kapitel 2 zur Einführung der Borel'schen σ - Algebra $\mathcal{B}^n$.

- Was versteht man unter einer Wahrscheinlichkeitsverteilung, was unter einer Verteilungsfunktion? Dabei ist das Konzept der Wahrscheinlichkeitsverteilung das inhaltlich naheliegende, da es jedem Ereignis seine Wahrscheinlichkeit zuweist; wegen der möglichen Vielzahl der Ereignisse ist das Konzept der Wahrscheinlichkeitsverteilung aber oft für die praktische Arbeit ungeeignet. Als praktisches Konzept wurde zusätzlich das der Verteilungsfunktion eingeführt, das nur ganz spezifischen Ereignissen, nämlich den hier als Basisereignissen bezeichneten Ereignissen Wahrscheinlichkeiten zuweist.

- Für Verteilungsfunktionen werden Charakteristika vorgestellt; Funktionen, die diese Charakteristika erfüllen, werden Verteilungsfunktionen genannt.

Diese Charakteristika werden aber nur aufgrund einer kleinen Teilmenge der Ereignisse gewonnen, die übrigen Ereignisse nehmen auf die Definition der Verteilungsfunktion keinen Einfluß. Es stellt sich also die Frage: Sind Wahrscheinlichkeitsverteilung und Verteilungsfunktion verschiedene Konzepte oder korrespondiert zu jeder Wahrscheinlichkeitsverteilung eine Verteilungsfunktion und umgekehrt zu jeder Verteilungsfunktion eine Wahrscheinlichkeitsverteilung? Es zeigt sich, daß die Ereignis - σ - Algebra $\mathcal{B}^n$ so gewählt worden ist, daß diese Korrespondenz genau gegeben ist.

Weiterhin werden in Kapitel 4, 5 einige wichtige Wahrscheinlichkeitsverteilungen vorgestellt.

Kapitel 6 und Kapitel 7 befassen sich mit wichtigen Kennzahlen zur Charakterisierung verschiedener Wahrscheinlichkeitsverteilungen sowie zur Charakterisierung empirischer Befunde. Diese Kennzahlen stellen ab auf unterschiedliche Skalenniveaus des zugrundeliegenden Meßvorgangs.

In Kapitel 8 werden die Konzepte der Randverteilung und der bedingten Wahrscheinlichkeiten eingeführt. Randverteilungen können benutzt werden, um das wichtige Konzept der Repräsentativität von Stichproben als realwissenschaftliches Konzept einzuführen. Bedingte Wahrscheinlichkeiten befassen sich mit der Wahrscheinlichkeit des Eintretens eines Ereignisses A unter der Bedingung, daß auch ein Ereignis B eintritt. Dies erlaubt die Klärung des Konzeptes der stochastischen Unabhängigkeit sowie die Beschreibung der Auswirkungen stochastischer Abhängigkeiten, für die das Konzept der bedingten Wahrscheinlichkeit eigentlich entwickelt worden ist. Weiterhin ist das Konzept bedingter Wahrscheinlichkeiten grundlegend zum Verständnis des Bayesianismus, des Wissenschaftsprogramms der Subjektivisten, das sie mit dem Schlagwort "Lernen aus Erfahrung" beschreiben und das in den Grundzügen im zweiten Teil abgehandelt wird. Bedingte Wahrscheinlichkeiten sind auch für die spätere Lösung spezieller Testprobleme im Rahmen der Neyman - Pearson - Testtheorie hilfreich.

Kapitel 9 befaßt sich mit der Frage, welche Vorteile große Stichprobenumfänge für die statistische Analyse bedeuten können. Es dient der Diskussion der Gesetze großer Zahlen und der zentralen Grenzwertsätze.

Bei der Abfassung dieser Kapitel waren für mich folgende Ziele leitend:

- Es soll deutlich werden, daß unsere tägliche Sprache von einem Grad der Klärung vieler Zusammenhänge ausgeht, der so einfach nicht besteht. Unser Reden von Fakten verschleiert, daß wir von unseren Wahrnehmungen objektiver Gegebenheiten reden und nur teilweise von den Gegebenheiten selbst. Eine Diskussion in dem Stil:

A: Die Dinge sind so und so!

B: Die Dinge sind ganz anders!

führt fast unweigerlich zu Streit und Sprachlosigkeit.

Die Diskussion im Stil

A: Ich sehe die Dinge so und so.

B: Ich sehe die Dinge anders.

führt möglicherweise zur Neugierde, warum man die Dinge unterschiedlich sieht, und damit zum Dialog.

2. Mathematisch orientierte Ausführungen sind für den Nichtmathematiker oft deshalb unverständlich, weil sie sich der sprachlichen Hilfsmittel der Maßtheorie bedienen. Damit gelingt einerseits ein hoher Grad an Vereinheitlichung und Allgemeinheit; andererseits wird ein Kenntnisstand vorausgesetzt in Maßtheorie, der außerhalb des Mathematikstudiums nur von vereinzelten Studierenden in Selbstarbeit außerhalb ihres eigentlichen Studiums erworben wird. Ich habe mich deshalb beschränkt auf Situationen, in denen Dichten bzw. Punktwahrscheinlichkeiten existieren. Dies erlaubt die Verwendung von Riemann - Integralen und Summen anstelle von Lebesque - Integralen. Ich habe versucht, mathematische Hilfsmittel nicht in einem größeren Umfang zu benutzen, als sie bis zum Abitur bzw. in den einführenden Mathematiksemestern für Wirtschaftler bereitgestellt werden. Dabei halte ich es für wichtig, mathematische Ergebnisse, die deduktiv aus den ihnen zugrundeliegenden Voraussetzungen gewonnen werden, wenigstens exemplarisch abzuleiten. Ein wichtiger Bestandteil des Studiums ist für mich, daß Studierende den Unterschied kennenlernen zwischen solchen Ergebnissen, deren Gültigkeit man argumentativ belegen kann, und solchen Ergebnissen, deren bewußte Anerkennung zum Beziehen von Standpunkten zwingt. Dem mathematisch interessierten Leser werden Aufgaben im Anschluß an die jeweiligen Kapitel zur Verfügung gestellt, die mit Anleitungen versehen sind und ihm vorführen sollen, daß er auch mit den Mathematikkenntnissen, die er im Ökonomiestudium erwerben kann, weite Teile des Wahrscheinlichkeitskalküls nachvollziehen kann. Ein kurzer Anhang über die komplexen Zahlen soll ihm insbesondere in Kapitel 9 helfen. Zu ihrer Lösung bedarf es aber bisweilen einiger Zähigkeit, die nur bei einem mathematisch interessierten Leser vorausgesetzt werden kann.

- Dem mathematisch weniger interessierten Leser soll Gelegenheit geboten werden, anhand zahlreicher Multiple - Choice - Aufgaben im Anhang gezielt den präsentierten Stoff aufzuarbeiten. Diese Aufgaben sind Gegenstand des meine Statistikvorlesungen begleitenden Übungsbetriebes.

Wer eigene Texte Korrektur liest, wundert sich, welche Fehler er alle machen kann. Ich glaube nicht, daß es mir gelungen ist, trotz gründlichen Korrekturlesens alle Fehler zu beseitigen; vielmehr drohen neue Fehler, da man sich ja auf reines Korrekturlesen nicht beschränkt, sondern weitere Verbesserungen und Ergänzungen anstrebt. Ich danke Herrn Diplom - Ökonomen Andreas Klose für die gründliche Durchsicht einer früheren Fassung und für Hinweise auf Unklarheiten und Fehler. Ebenso bin ich zahlreichen Studenten dankbar, die mir ihre Schwierigkeiten mitgeteilt und mich so zu Ergänzungen angeregt haben. An weiteren Hinweisen auf sonstige Unklarheiten und Fehler bin ich interessiert.

Wuppertal, im Januar 1990

Roland Dillmann

Inhaltsverzeichnis

1.   Die Bedeutung der Wahrscheinlichkeit in der Ökonomie
1.1. Ansatzpunkte für Wahrscheinlichkeitsbetrachtungen
1.1.1. Das Moment der Unsicherheit

Der Ökonom beschäftigt sich mit der Frage einer möglichst sinnvollen Verwendung knapper Ressourcen. Hierzu benötigt er Informationen über die Konsequenzen alternativer Verwendungen dieser Ressourcen, d.h. über die unterschiedlichen Zustände, in denen sich das System je nach Ressourcenverwendung befindet.
Können die Konsequenzen alternativen Ressourceneinsatzes eindeutig vorherge-
sagt und gesteuert werden, liegt also vollständige Beeinflußbarkeit des Systems sowie die dazu erforderliche Information vor, so stützt sich jede Entscheidung über die vorzunehmende Verwendung der Ressourcen auf ein Werturteil,
und eine Ressourcenverwendung erfolgt auf sinnvollste Weise, wenn die aufgrund
des Werturteils bestmögliche Verwendung stattfindet. Das Werturteil bestimmt
also das Ziel. Bestmögliche Erfüllung eines Ziels bei gegebenen Knappheiten
bezeichnet man als Optimierung unter Nebenbedingungen. Unter diesen Umständen,
die man charakterisiert mit dem Schlagwort "vollständige Information", ist
ökonomisches Verhalten gleichbedeutend mit optimierendem Verhalten.
Es ist aber leicht einzusehen, daß die Unterstellung vollständiger Information
extrem und damit praktisch unbrauchbar ist. Vielmehr ist a priori meist nicht
bekannt, präzise zu welchem Zustand des Systems welche Ressourcenverwendung
führt.Es herrscht also Unsicherheit hinsichtlich der Auswirkungen unterschiedlicher Ressourcenverwertung (generell unterschiedlichen menschlichen Handelns)
vor.
Wurde die Situation, in der Konsequenzen menschlichen Handelns als bekannt
vorausgesetzt werden können, als extrem und praktisch irrelevant bezeichnet,
so ist die umgekehrte Situation völligen Fehlens von Vorstellungen über die
Konsequenzen unterschiedlichen Handelns wohl genau so extrem. Normal sollte
sein, daß partielle Informationen über die Konsequenzen menschlichen Handelns
vorliegen, die bestimmte Systemzustände als plausiblere und andere als weniger
plausible Konsequenzen einer bestimmten Aktion nahelegen. Dies ist die Situation, in der der Begriff der Wahrscheinlichkeit in der Ökonomie Bedeutung er-
langt; in dieser Situation wird auch umgangssprachlich von Wahrscheinlichkeit
gesprochen. Schlagwortartig können die bisherigen Überlegungen zusammengefaßt
werden zu "Wahrscheinlichkeit als Plausibilitätsmaß im Falle unvollständiger
Information". Damit charakterisiert Wahrscheinlichkeit das beurteilende Subjekt ebenso wie die Realität, wobei die Beziehungen zwischen objektiven Gege-

benheiten und subjektivem Urteil, das sich auf die objektive Situation bezieht, bestimmt sind durch Wahrnehmungsfähigkeiten, d.h. durch Sensibilität der Sinne ebenso wie durch geistige Bereitschaft zur Wahrnehmung sowie zu ihrer Akzeptanz. Theorie als Ausdruck der geistigen Bereitschaft zur Wahrnehmung sowie zur Akzeptanz des Wahrgenommenen und Wahrnehmung selbst können also nicht unabhängig voneinander gesehen werden.

1.1.2. Mikroökonomische Instabilität versus makroökonomische Stabilität: das Versicherungsproblem

Ein zweiter Ansatzpunkt für die Einführung von Wahrscheinlichkeitsüberlegungen beruht in der Erfahrung, daß in vielen Situationen Einzelereignisse unvorhersehbar sind, aber kollektive Ereignisse mit hoher Präzision vorhersehbar sind. So ist kaum vorhersehbar, ob Herr Fridolin Müller das Jahr 1990 überleben wird; mit relativ großer Genauigkeit läßt sich aber vorhersagen, wie viele Deutsche, die zu Beginn des Jahres 1990 lebten, auch Silvester 1991 erleben werden. Ein solcher Sachverhalt bezieht sich auf zahlreiche Risiken des täglichen Lebens, für die, bezogen auf den einzelnen, keine, bezogen auf das Kollektiv, recht genaue Prognosen gewagt werden können. Dieses Phänomen findet seinen praktischen Niederschlag in der Existenz von Versicherungen, die dem Individuum folgende Leistungen erbringen: sie machen aus dem unkalkulierbaren Einzelrisiko ein kalkulierbares Gesamtrisiko und ermöglichen so dem Individuum, sich gegen nicht vorhersehbare individuelle Risiken, insbesondere gegen individuell unabsehbare materielle Folgen individuellen Mißgeschicks, mit kalkulierbaren Beiträgen innerhalb einer Risikogemeinschaft zu versichern, die sich gegen die individuell unabschätzbaren, aber kollektiv kalkulierbaren Risiken des täglichen Lebens zusammenschließt. Die Existenz solcher Versicherungen wird von vielen als zentraler Bestandteil des sozialen Netzes angesehen. Naturgemäß beschränkt sich eine derartige Versicherungsgemeinschaft auf die alltäglichen Risiken, die jeden treffen können, ohne gleichzeitig alle zu treffen. Gegen Risiken, die gleichzeitig alle Mitglieder der Gemeinschaft treffen können, kann sich diese Gemeinschaft nicht als Risikogemeinschaft zusammenschließen.

Beispiel: Alle Europäer können sich gegen die Folgen eines Dammbruches versichern, falls es in Europa hinreichend viele Dämme gibt. Die Anwohner eines bestimmten Damms hingegen können keine Risikogemeinschaft gegen den Bruch dieses

Damms bilden, da gleichzeitig alle oder keines der Mitglieder von einem Bruch dieses Damms betroffen sind. Der Aspekt des individuell unvorhersehbaren, aber kollektiv kalkulierbaren Risikos fehlt.

Beispiel: Es ist unmöglich, medizinische Vorsorge gegen Folgen eines Atomkrieges zu treffen, obwohl das Risiko, daß eine einzelne Person Opfer eines Atomkrieges wird, sehr gering sein mag. Zu viele Personen wären gleichzeitig betroffen von einem derartigen Ereignis.

Beispiel: Versicherung gegen Krankheit, Tod, Invalidität, Unfall hingegen kann praktiziert werden, weil hierbei genau der Aspekt individueller Unvorhersehbarkeit bei gleichzeitiger kollektiver Kalkulierbarkeit gegeben ist. Auszunehmen sind jedoch weit verbreitete Epidemien. Hier spricht man im Versicherungswesen von höherer Gewalt.

Eine Erklärung für solche kollektivierbaren Risiken mag darin bestehen, daß stabile Makrobeziehungen bestehen, denen keine gleichartigen stabilen Mikrobeziehungen gegenüberstehen. So mag der Quotient aus Zigarettenkonsum und Lungenkrebstoten für die Gesamtbevölkerung stabil sein, ohne daß ihr eine entsprechende Mikrobeziehung, die die individuelle Krebsabhängigkeit vom Rauchen ausdrückt, gegenübersteht.

Entsprechend kann die gefahrene km - Zahl/ Verkehrstote vergleichsweise stabil sein, solange keine einschneidenden Veränderungen am allgemeinen Fahrverhalten sowie an Straßen und Fahrzeugen eingeführt werden, ohne daß eine gleichartige Mikrobeziehung überhaupt sinnvoll definierbar ist. Wichtig ist, daß Vertreter einer derartigen Wahrscheinlichkeitsinterpretation <u>Wahrscheinlichkeit als Charakteristikum der objektiven Welt und nicht des subjektiven Urteils</u> auffassen.

Bezogen auf die Ökonomie kann man auf die Idee kommen, daß relativ einfache Makrobeziehungen mit hoher Stabilität existieren, denen keine entsprechend einfache Mikrobeziehung gegenübersteht. Wenn dies der Fall ist, kann der Versuch sinnvoll sein, solche Makrobeziehungen dazu zu nutzen, bestimmte gesamtwirtschaftliche Größen wie Bruttosozialprodukt, Konsum, Investition, Arbeitslosenzahlen zu steuern. Solange einerseits die Makrobeziehungen stabil sind, aber entsprechende Mikrobeziehungen nicht bekannt sind, mag man durchaus erfolgreich Aggregate beeinflussen, ohne auch nur geringfügige Möglichkeiten zur Prognose zu besitzen, welche Individuen in welchem Umfang von der Steuerung der Aggregate berührt werden. Im politischen Alltag hört man hier das Schlagwort des Gießkannenprinzips und die Kritik von Mitnahmeeffekten im Rahmen staatlicher Aktivitäten zur Konjunkturanregung etwa durch steuerliche Investitionsanreize.

Die Bedeutung der Unterstellung der Existenz stabiler makroökonomischer Beziehungen, denen keine gleichartigen Mikrobeziehungen gegenüberstehen, ist für die Interpretation solcher makroökonomischer Zusammenhänge wichtig; sie bietet keine Ansatzpunkte, die es erlauben würden, solchen makroökonomischen Zusammenhängen das Attribut "kausal" zuzuweisen und somit ihre Stabilität zu begründen. Somit sind Prognosen, die sich auf solche Zusammenhänge beziehen, nicht mit solchen zu verwechseln, die sich auf Vergleichbares zu Naturgesetzen stützen können. Langfristanalysen auf der Grundlage solcher Zusammenhänge, für die die Wirkungsmechanismen, insbesondere der Keim ihrer Selbstauflösung, nicht bekannt sind, führen leicht zu Fehlurteilen. Dies mag ein Grund dafür sein, daß wirtschaftliche Entscheidungen, die eine lange Ausführungszeit erfordern, im nachhinein oft zweifelhaft sind, einer nachträglichen Revision bedürfen, ohne immer im vollen Umfang revidierbar zu sein.
Als Beispiele seien genannt: Technologieförderung, Energieinvestitionen, Planung großer Versorgungssysteme, generell Infrastrukturmaßnahmen.

1.1.3. Das Problem der Erhebung wirtschaftlicher Daten

Ein weiterer Ansatzpunkt, der den Ökonomen dazu zwingt, sich mit Wahrscheinlichkeit zu befassen, beruht in der besonderen Weise, in der die die Volkswirtschaft charakterisierenden Informationen, oft leichtfertig Daten oder Fakten genannt, beschafft werden.
Ein Blick in das statistische Jahrbuch klärt über die Fülle der Wirtschaftszahlen auf, die von staatlichen und privaten Institutionen erhoben und publiziert werden.
Überprüft man, wie solche Zahlen erstellt worden sind, so bemerkt man schnell, daß sie nur zum kleinen Teil aus Vollerhebungen stammen, zum allergrößten Teil auf der Grundlage von Teilerhebungen und anschließenden Hochrechnungen gewonnen werden, wobei die Teilerhebungen häufig zu einem anderen Zweck als dem der Ermittlung spezieller Daten veranstaltet worden sind. In solchen Fällen geben die Daten nicht einmal direkte Auskunft über die Sachverhalte, die dem zu bestimmenden Datum zugrundeliegen, sie sind vielmehr, wie die Ämter sagen, aus dem vorhandenen Zahlenmaterial "auszurechnen". Dieses "Ausrechnen" heißt aber nichts anderes, als daß der Übergang von vorhandenen Zahlen auf die gesuchten Daten auf Modellannahmen beruht. Solche Modellannahmen sind etwa Übertragungen von relativen Verhältnissen in nicht repräsentativen Teilen auf das Ganze;

über die Angemessenheit derartiger Modellannahmen ist in der Regel kein ab-
schließendes Urteil begründet abzugeben. Was man also Daten oder Fakten nennt
und dem man allzu gern den Eindruck einer objektiv richtigen und gesicherten
Grundlage wirtschaftlichen Handelns verleiht, ist das Ergebnis von

- Erhebungen
- Modellannahmen
- Hochrechnungen
- Verknüpfung von Teilerhebungen mit Vollerhebungen (Beispiel: Vollerhebung
  im Rahmen von Volkszählungen alle 10 Jahre, vierteljährlichen Teilerhebungen (Mikrozensus) dreimal auf der Basis von 1/1000, einmal auf der Basis von 1/100)
- Beschränkung auf nicht repräsentative Stichproben (Unternehmen mit mindestens 20 Beschäftigten werden nur zu Erhebungszwecken herangezogen,obwohl
  sie nur die Hälfte der Arbeitsplätze stellen, unterschiedliche Auskunfts-
  pflichten je nach Unternehmensform) bei gleichzeitiger Anwendung von
  Hochrechnungsverfahren, die die Übereinstimmung relativer Verhältnisse
  von erfaßten und nicht erfaßten Einheiten unterstellen und damit sogar
  Fehlerabschätzungen auf Modellbasis verbieten.

1.2. Das Erhebungsproblem
1.2.1. Das Meßproblem

Die zunächst bezüglich der Qualität von Daten unverdächtigste Quelle, nämlich
die Erhebung, unterliegt einem Meßproblem, das sich wie folgt beschreiben
läßt:

1.2.1.1. Das Beschreibungsproblem

Kein Gegenstand läßt sich vollständig beschreiben, sondern eine Beschreibung
erfordert ein Vorurteil darüber, welches die wesentlichen Merkmale (Charakteristika) eines Gegenstandes sind. Dieses Vorurteil stützt sich auf Erfahrungen
und auf theoretische Vorstellungen und beruht folglich auf subjektiven Einschätzungen, Denktraditionen und objektiven Tatbeständen. Damit charakterisieren Zahlen und Fakten nicht nur die vom Individuum losgelöste Realität, sondern insbesondere auch die eigene Sicht der Realität. Dinge, die als gleich

angesehen werden, sind nicht notwendig gleich, sondern sind lediglich unter den Aspekten, unter denen sie beschrieben werden, nicht unterscheidbar.

1.2.1.2. Das Klassifizierungsproblem

Weiterhin beruht jede Messung, jede Erfassung, auf Klassifizierungen. Klassifizierungen stützen sich auf die Vorstellung, daß es weniger Klassen gibt als zu erhebende (und zu ordnende) Gegenstände; Klassifizierungen werden auf ein Untersuchungsziel hin aufgestellt und klassifizieren nach Kriterien, die im Hinblick auf das Untersuchungsziel als aussagefähig angesehen werden. Es kann aber nicht garantiert werden, daß jeder Erhebungsgegenstand innerhalb dieses Klassifizierungsschemas zweifelsfrei einer Klasse zugeordnet werden kann; hier sei beispielhaft der PKW des Arztes genannt, der privat und zu Krankenfahrten genutzt werden kann und damit Charakteristika eines dauerhaften Konsumgutes ebenso in sich birgt wie die eines Investitionsgutes. Zurechnungsprobleme treten immer dann auf, wenn ein zu erhebendes Objekt mehreren Klassen zugewiesen werden kann, weil z.B. ein Zweck der Verwendung Klassifizierungsmerkmal ist für ein Objekt, das zu mehreren Zwecken eingesetzt werden kann.
Zahlreiche Klassifizierungsmerkmale, die ökonomisch für bedeutsam angesehen werden, lassen sich im Einzelfall nicht problemlos operationalisieren. Als Beispiel diene die Unterscheidung zwischen Erwerbspersonen und Nichterwerbspersonen. Zweifelsfrei ist Erwerbsperson, wer im Erwerb steht in einem zeitlichen Umfang, der gewissen Mindestzeiten übersteigt. Ist jedoch ein Erwerbssuchender Erwerbsperson? Ist umgekehrt jemand, keinem Erwerb nachgeht, der Gruppe der Arbeitslosen zuzurechnen? Wie wird festgestellt, daß jemand Arbeit sucht?
Falls man Objekte, die zur gleichen Klasse innerhalb eines Klassifikationsschemas gehören, als homogen, d.h. als austauschbar betrachtet, liegt es nahe, die Mächtigkeit einer Klasse durch Zählen zu bestimmen. Einfaches Zählen bedeutet eine spezielle Bewertung der Objekte einer Klasse relativ zueinander. In vielen Fällen führt einfaches Zählen zu als unangemessen erkannten Bewertungen, man denke etwa an die (inhomogene) Klasse der Investitionsgüter. Hier interessiert weniger die Stückzahl als der Wert oder die Produktionskapazität. Der Preis der Investitionsgüter muß aber nicht notwendig für den Wert ein gutes Maß sein, da der Preis insbesondere abhängt von Machtkonstellationen am jeweiligen Markt oder auch von speziellen steuerlichen Belastungen oder Sub-

ventionen sowie vom Ausmaß, in dem anfallende Kosten externalisiert, d.h.
statt dem Verursacher der Gesellschaft zugeschoben werden können (Umweltbela-
stungen). Nicht zuletzt muß die Frage gestellt werden, was überhaupt den Wert
einer Ware ausmacht, d.h. die ökonomische Grundkategorie "Wert" ist unbestimmt
und dennoch spricht jedermann von Wert.

Weiterhin ist zu beachten, daß zahlreiche Leistungen nicht über den Markt ab-
gewickelt werden, also für sie kein Marktpreis zur Verfügung steht. Man denke
hier etwa an Hausfrauenarbeit, natürliche Ressourcen, öffentliche Leistungen
wie Schule, Polizei, Militär, Verwaltung, aber auch an Titel aus dem Vermögens
- oder Kapitalstock, wo Grade der Abnutzung zu bewerten sind und die Bewertung
je nach Ziel der Untersuchung unterschiedlich zu erfolgen hat. Eine Bestimmung
des Produktionspotentials erfordert etwa eine andere Bewertung als der noch zu
erwartende Steuerausfall aufgrund rechtlich vorhandener Abschreibungsmöglich-
keiten.

1.3. Alternativenbeschreibung und die Definition der Wahrscheinlichkeit
1.3.1. Erste Ansätze für Wahrscheinlichkeitsinterpretationen

Wahrscheinlichkeit wurde bereits unter folgender (noch sehr oberflächlichen)
Interpretation eingeführt:
- einerseits als Maß der Plausibilität des Eintretens a priori für möglich
  erachteter Alternativen. Liegen etwa nur endlich viele Alternativen vor
  und sind keine Argumente bekannt, die die Plausibilität des Eintretens
  einer Alternative gegenüber den anderen Alternativen steigern, so hat man
  auf der Grundlage des Prinzips vom unzureichenden Grund solche Alternativen als gleichwahrscheinlich anzusehen. Dabei bedeutet "unzureichender
  Grund", daß keine Gründe zur Begründung der Behauptung unterschiedlicher
  Plausibilität der endlich vielen verschiedenen Alternativen vorliegen,
  weshalb Gleichverteilung als vernünftigste Annahme angesehen wird.
  Beispiele für die Anwendung des Prinzips vom unzureichenden Grunde sind
  Glücksspiele aller Art, die durch endlich viele mögliche Ausgänge gekenn-
  zeichnet sind und für die kein Grund angegeben werden kann, aufgrund des-
  sen eine Alternative bevorzugt eintritt. Die Gleichverteilungsannahme bei
  Würfeln oder beim Roulette behauptet keine objektiven Tatbestände, sondern bezieht ihre Begründung aus der Unfähigkeit zur Unterscheidung von
  Plausibilitäten des Eintretens unterschiedlicher Ausgänge."Fairer Würfel"

oder "faires Roulette"drücken die Einschätzung eines Tatbestandes aus und nicht den Tatbestand selbst. Der ist nämlich nicht entscheidbar. So kann eine lange Serie von Sechsen beim Mensch ärgere Dich nicht durch Falschspiel begründet sein, es mag sich aber ebenso um ein seltenes Ereignis handeln. Das Vorliegen einer derartigen Serie allein erlaubt nicht den sicheren Rückschluß auf den zugrundeliegenden Tatbestand, ein Problem, das zur Konsequenz hat, daß kein auf statistischer Basis gefälltes Urteil Endgültigkeit beanspruchen kann.

Das mathematische Instrumentarium zur Behandlung des Prinzips vom unzureichenden Grund bei Vorliegen endlich vieler Alternativen ist die Kombinatorik.

Im Fall stetiger Skalen gelangt man leicht zu logischen Problemen bei der Anwendung des Prinzips vom unzureichenden Grunde, etwa dann, wenn mit einer Maßeinheit auch ihr Kehrwert sinnvoll zu interpretieren ist. So sei etwa der Wertebereich einer Größe x durch $1/3 \leq x \leq 1$ gegeben. Das Prinzip vom unzureichenden Grunde würde dem Intervall $1/3 \leq x \leq 1/2$ die Wahrscheinlichkeit 1/4 zuweisen. Der Übergang zu $1/x$ würde jedoch diesem Intervall die Wahrscheinlichkeit 1/2 zuweisen, da dieses Intervall auf $2 \leq 1/x \leq 3$ abgebildet wird und das gesamte Intervall auf $1 \leq 1/x \leq 3$.

<u>Beispiel:</u> In der Physik ist das spezifische Gewicht ρ eines Stoffes ebenso ein gebräuchliches Maß wie der Kehrwert, das spezifische Volumen. Die Untersuchung der Situation $1/3 \leq \rho \leq 1$ mit Hilfe des Indifferenzprinzips führt also zu anderen Wahrscheinlichkeitsbewertungen als die Untersuchung von $1 \leq 1/\rho \leq 3$.

 — andererseits als Maß der relativen Häufigkeit des Eintretens von a priori möglichen Ereignissen bei wiederholbaren Vorgängen. Die relative Häufigkeit bezieht sich dabei auf die lange Sicht, d.h. auf eine unbestimmte, aber große Anzahl von Wiederholungen. Die Sprechweise "auf lange Sicht", "eine unbestimmte, aber große Anzahl von Wiederholungen" ist zunächst nur intuitiv und damit nicht präzise; in solchen Situationen drohen Mißverständnisse. Daher lagen Bemühungen nahe, präzise zu sagen, was man unter Wahrscheinlichkeit als Maß relativer Häufigkeit zu verstehen hat. Als Problem stellte sich heraus, daß selbst bei einfachsten Versuchsschemata, etwa dem Wurf einer Münze, der relative Anteil der "Kronen" an den gesamten Münzwürfen verschiedener Serien verschieden ist und man trotzdem die Vorstellung von einem einheitlichen Phänomen hat, das hinter jeder dieser Serien steht. Gestützt wird diese Vermutung durch die Erfahrung, daß große Versuchsserien zu sehr ähnlichen relativen Häufigkeiten führen, daß erfahrungsgemäß mit zunehmender Serienlänge die Differenz zwischen den relativen Häufigkeiten in zwei Serien abnimmt. Es hat sich gezeigt, daß diese Vorstellung nicht so präzise beschreibbar ist, daß sie die Ableitung eines Meßverfahrens für Wahrscheinlichkeiten gestattet, Versuche der Präzisierung dieser Vorstellung sind vielmehr eingemündet in theoretische Forderungen wie unendlich lange Versuchsserien.

Das Problem der Präzisierbarkeit intuitiver Vorstellungen darüber, was Wahrscheinlichkeit eigentlich ist, führt für alle geäußerten Vorstellungen zu vergleichbaren Schwierigkeiten. Dieses Problem wird im zweiten Teil vertieft diskutiert. Bereits jetzt sei aber folgende Anmerkung erlaubt: Man verfügt auf der einen Seite über eine <u>Wahrscheinlichkeitsrechnung</u>, die ein sehr hohes abstraktes Niveau aufweist, gleichzeitig kann man aber nur sehr unzureichend sagen, was genau in der Realität durch Wahrscheinlichkeit abgebildet werden soll, was Wahrscheinlichkeit eigentlich ist. Dieser vermeintliche Widerspruch ist leicht aufzulösen: die Wahrscheinlichkeitsrechnung ist ein formaler, axiomatisch gegründeter Kalkül, gleichzeitig sind die Axiome hinsichtlich ihres empirischen Gehaltes nur sehr unzureichend interpretiert. Dies erklärt die Schwierigkeit, die der Anwender mit der Wahrscheinlichkeitstheorie hat, da überzeugende Anwendung der Wahrscheinlichkeitsrechnung Klärung dessen voraussetzt, wofür der Kernbegriff, die Wahrscheinlichkeit, in der Realität steht. Hoch entwickelt und präzise gefaßt ist also nur die axiomatisch fundierte Wahrscheinlichkeitsrechnung, keineswegs selbstverständlich hingegen ist ihre Anwendung zur Ergründung realer Zusammenhänge, wenn man sich nicht zufriedengibt mit dem Hinweis, es werde halt in der Wissenschaft so gemacht; Mahnungen zur vorsichtigen Anwendung des noch vorzustellenden statistischen Instrumentariums, insbesondere Mahnungen vor vorwitzigen und leichtfertigen Interpretationen müssen entsprechend ernstgenommen werden. Gleichzeitig muß man sich davor hüten, mit Verweis auf die genannten Schwierigkeiten den Einsatz dieses Instrumentariums preiszugeben, solange man nichts vorweisen kann, das im Wissenschaftsprozeß die Rolle des statistischen Schließens übernehmen könnte. Wissenschaftsverteufelung ist ebenso unangebracht wie unreflektierte Wissenschaftsgläubigkeit.

1.3.2. Zur Beschreibung von Alternativen

Bevor man die Plausibilität verschiedener Alternativen oder relative Häufigkeit des Eintretens bestimmter Alternativen diskutieren kann, stellt sich das Problem der Feststellung, welche Alternative jeweils eingetreten ist, und der Feststellung geht notwendig die Beschreibung von Alternativen bzw. Ereignissen voraus als Voraussetzung der Fähigkeit zur nachträglichen Benennung dessen, was eingetreten ist. Beschreibung von etwas Speziellem erfordert die Unterscheidbarkeit von Sonstigem, d.h. insbesondere müssen Ansatzpunkte zur Unterscheidung vorgelegt werden.

1.3.2.1. Sprachliche Grundlagen der Beschreibung: Objekte, Attribute, Erfüllungsgrade von Attributen

Situationen, in denen die vorliegenden statistischen Methoden bevorzugt zum Einsatz kommen können, sind dadurch gekennzeichnet, daß sich diese Situationen beschreiben lassen durch
- Objekte, die bestimmte
- Attribute (Eigenschaften)
- mit unterschiedlicher Ausprägung

besitzen. Damit sind bereits die sprachlichen Elemente benannt, die zur Situationsbeschreibung ausreichen sollen.

1.3.2.2. Zur Leistungsfähigkeit von Attributen: Attribute und Operatoren

Wie eng diese sprachlichen Möglichkeiten sind, hängt ab vom Gebrauch des Begriffs "Attribut" bzw. "Eigenschaft". Zunächst unterscheidet man zwischen Attributen und Relationen in der Weise, daß sich Attribute auf jeweils ein Objekt beziehen, während Relationen Beziehungen zwischen mehreren Objekten beschreiben. So charakterisiert "groß" ein einzelnes Objekt, hingegen gibt "entfernt" eine Relation zwischen zwei Objekten an. Diese Unterscheidung ist für die Statistik vergleichsweise unproblematisch.
Wichtiger ist die Unterscheidung, die sich darauf bezieht, ob Attributen die Fähigkeit zur Veränderung des Objekts zuerkannt werden können oder nicht. Es stellt sich also die Frage, ob "schlafend" als Attribut interpretierbar ist

oder lediglich eine spezielle Verbform darstellt. Das dahinterstehende Problem läßt sich folgendermaßen beschreiben: faßt man als Attribute nur Eigenschaften eines Objektes auf, die das Objekt zwar im Unterschied zu anderen Objekten charakterisieren, aber deren Vorliegen nicht zu Veränderungen des Objekts führen, so sind Veränderungen des Objekts durch Attribute und deren Erreichungsgrad nicht beschreibbar. Man benötigt dazu Verbformen (Operatoren), um Wirkungen auf das Objekt und dadurch hervorgerufene Änderungen des Objekts zu beschreiben. Dies ist die Auffassung, die der klassischen Statistik zugrundeliegt. Auf der einen Seite verengt eine Beschränkung auf Objekte, Attribute und Erfüllungsgrade der Attribute bei einer derartigen Interpretation von Attributen die Vielfalt von Situationen, zu deren angemessenen Beschreibung diese sprachlichen Mittel ausreichen, ganz erheblich; umgekehrt sind aber Situationen, die bei Übernahme eines derartigen Standpunktes trotz der Beschränkung auf Objekte, Attribute, Erreichungsgrade angemessen beschreibbar sind, einfach, weil sich nicht das Problem der Beschreibung von Veränderungen der Objekte stellt.

Beispiel: Ist "in Bewegung befindlich" eine Eigenschaft, so impliziert sie eine Lageveränderung des Objekts im Zeitablauf. Interpretiert man "in Bewegung befindlich" als spezielle Form des Operators "sich bewegen", d.h. als andere Sprechweise für "das Objekt bewegt sich" bei gleichzeitiger Ablehnung, "in Bewegung befindlich" als Attribut aufzufassen, so ist der Tatbestand "das Objekt ist in Bewegung befindlich" nicht mehr durch Objekte, Attribute und Erfüllungsgrade von Attributen beschreibbar. Anerkennung von "in Bewegung befindlich" als Eigenschaft eines Objektes stellt den Theoretiker allerdings vor folgendes Problem: der Erfüllungsgrad von Eigenschaften eines Objektes ist jetzt abhängig von Erfüllungsgraden von Eigenschaften des Objekts zu früheren Zeitpunkten. Dies schließt eine statische Zustandsbeschreibung aus, statt mit Zustandsbeschreibungen hat sich der Wissenschaftler mit der Beschreibung von Entwicklungen zu befassen, d.h. an die Stelle von Zuständen treten Prozesse.

Beschränkt sich die klassische Statistik also auf eine sehr enge Interpretation dessen, was unter Attributen zu verstehen ist, so beschränkt sie ihren Anwendungsbereich auf Situationen, die durch Zustandsbeschreibungen angemessen diskutiert werden können. Vielleicht gelingt es, Aspekte von Prozessen durch Folgen von Zustandsbeschreibungen zu schildern; der Übergang von Zuständen zu Folgen von Zuständen weist die andersgeartete Qualität von Prozeßbeschreibungen aus; erkennt man an, daß Folgen von Zustandsbeschreibungen ein adäquates Mittel zur Prozeßbeschreibung sind, hat man es mit Fragen zu tun, in welchen zeitlichen Abständen man neue Zustandsbeschreibungen abzugeben hat; das Problem wird komplizierter, seine Lösung kommt aber mit den geschilderten sprachlichen Hilfsmitteln aus; lehnt man jedoch ab, Prozeßbeschreibungen als Folgen von Zufallsbeschreibungen anzusehen, so benötigt man neue sprachliche Hilfsmittel ebenso wie neue Anleitungen darüber, wie eine Prozeßbeschreibung stattzufinden hat.

Die moderne Statistik hat die Einbeziehung von Veränderungen der Objekte zum Gegenstand. Das statistische Konzept zur Erfassung dieses Tatbestandes ist das des <u>stochastischen Prozesses.</u> Es stützt sich auf die Vorstellung der Prozeßbeschreibung als Folge von Zustandsbeschreibungen.

1.3.2.3. Attribute unterschiedlicher Stufen

Als Beispiel für unterschiedliche Komplexitätsgrade, ausgelöst durch den Zustand verändernde Eigenschaften, betrachte:
1. Der Stein ist konstant an gleicher Stelle liegend.
2. Der Stein ist mit konstanter Geschwindigkeit fallend.
3. Der Stein ist mit konstanter Beschleunigung fallend.
4. Der Stein ist mit konstantem Impuls fallend.

Der unterschiedliche Komplexitätsgrad aller vier Aussagen trotz des immer auftretenden Wortes "konstant" (Strukturkonstante) beruht darin, daß die Strukturkonstante auf immer höherer Stufe zu suchen ist.

Die Verknüpfung von Größen unterschiedlicher Stufen findet z.B. über Summation oder Integration statt, so daß die Beschreibung aller die Situation charakterisierender Eigenschaften umso schwieriger wird, je höher die Stufe der Eigenschaften ist, d.h. je öfter die Verknüpfungsoperationen durchgeführt werden müssen, um zu Eigenschaften zu gelangen, die als gleichbleibend unterstellt werden.

1.3.2.4. Beispiele

Für den Schneider sind verschiedene Personen klassifizierbar aufgrund der Attribute Körpermaße, Geschmack, Alter, Einkommen. Anhand dieser Attribute ist er etwa in der Lage, einer Person ein Kleidungsstück unter den zentralen Aspekten Größe, Schnitt, Mode, Qualität anzubieten. Besitzt eine Kleiderfabrik diese Informationen über ihren Kundenstamm, so ist bei gegebenen Modevorstellungen ihr Sortiment weitgehend festgelegt.

Für den Biologen ist etwa von Interesse, ob bestimmte Haarfarben und Augenfarben stärker vererbbar sind als andere, ob bestimmte Kombinationen öfter auftauchen als andere.

Für den Ökonomen ist etwa wichtig, in welchem Umfang welche Einkommen für welche Güter verausgabt werden, ob etwa die Konsumquote davon abhängt, ob jemand einen Arbeitsplatz besitzt oder nicht.

Alle diese Beispiele lassen sich durch Objekte, Attribute und deren Erfüllungsgrad beschreiben.

Beschreibung von Alternativen oder Ereignissen bedeutet also Nennung der die Alternativen oder Ereignisse beschreibenden Objekte, Aufzählung der die Objekte charakterisierenden Attribute sowie die Messung des Grades, in dem unterschiedliche Attribute erfüllt sind.

1.4. Das Problem unterschiedlicher Skalen: Kardinalskala, Ordinalskala, Nominalskala

Damit eine solche Messung überhaupt vorgenommen werden kann, muß eine Skala des Erfüllungsgrades für jedes Attribut definiert werden. In zahlreichen Fällen liegen die heranzuziehenden Skalen nahe, etwa wenn Körpergröße, Einkommen, Gewicht usw. gemessen werden sollen.

In vielen Fällen stellt aber die Erstellung von Skalen ein ganz zentrales und kaum zu lösendes Problem dar, man denke etwa an die Skalierung solcher Attribute wie geschmackvoll, intelligent, ehrlich, trocken, hell, dunkel.

Gleichgültig, wie schwierig Skalierungen sein mögen: allen Skalierungen gemeinsam ist, <u>daß unterschiedliche Grade des Erfülltseins des jeweiligen Attributes durch unterschiedliche Zahlen ausgedrückt werden.</u>

Zwei Zahlen kann man nach unterschiedlichen Kriterien vergleichen:

1. sind zwei Zahlen a, b gleich oder ungleich? Gilt also $a = b$ oder $a \neq b$?

2. Welche der beiden Zahlen a, b ist mindestens genauso groß wie die andere? Gilt $a \leq b$ oder $a > b$?

3. Um wieviel unterscheiden sich zwei Zahlen a, b? Wie groß ist $a - b$?

Beispiele:

Fall 1: Es werden Personen nach Geschlecht unterschieden und folgende Zahlenzuweisung getroffen: 0 für weiblich, 1 für männlich.

Fall 2: Es werde die Qualität von Klassenarbeiten auf der Basis der sechs Schulnoten gemessen.

Fall 3: Es werden Erwerbspersonen nach ihrem Monatseinkommen aus Arbeit unterschieden.

Im Falle der Skalierung 0 für weiblich, 1 für männlich sind offenbar nur die Beziehungen a = b und a $\neq$ b interpretierbar. <u>Solche Skalen,in denen nur Gleichheit und Ungleichheit unterschieden werden, nennt man Nominalskalen.</u> Weder 1 > 0 noch 1 - 0 sind in einem solchen Fall interpretierbar.

Im Falle der Schulnoten sind (hoffentlich) a $\leq$ b bzw. a $\geq$ b interpretierbar ebenso wie a = b bzw. a $\neq$ b. a - b oder b - a entziehen sich jedoch einer sinnvollen Interpretation. <u>Solche Skalen, in denen die Beziehungen < und > interpretierbar sind, nennt man Ordinalskalen.</u> Ordinalskalen erlauben es, für die zu ordnenden Objekte eine Reihenfolge aufzustellen.

Im dritten Beispiel sind alle drei Operationen, also insbesondere die Differenzmessung a - b bzw. b - a, interpretierbar. Damit sind nicht nur Objekte in eine Reihenfolge zu bringen, vielmehr kann auch der Unterschied zwischen zwei Objekten gemessen werden. <u>Solche Skalen, in denen eine Differenzmessung möglich ist, heißen Kardinalskalen.</u>

Offenbar sind Situationen, in denen Kardinalskalen Verwendung finden können, unter dem Aspekt der Unterscheidbarkeit informativer als solche, in denen Ordinalskalen eingesetzt werden können; unter dem Aspekt der Unterscheidbarkeit besitzen Nominalskalen den schwächsten Informationsgehalt.

Das Skalenproblem besteht darin, festzustellen, welche Operationen, die im Zahlenbereich durchführbar sind, im Objektbereich interpretierbar sind. Dieses Problem stellt sich deshalb, weil weite Teile der Wissenschaft sich nicht mit Eingriffen in die Realität befassen,sondern mit Manipulationen an Modellen für die Realität. Diese Modelle können Miniaturen (Entwürfe von Architekten) sein, es kann sich um Tiere als Modelle für den Menschen handeln (Tierversuche in Chemie und Medizin), Modelle können aber auch Zeichensysteme sein. Unabhängig davon, was man als Modell für den zu diskutierenden realen Zusammenhang wählt, Ziel der Modellüberlegungen ist es, Ergebnisse der Modellbetrachtungen auf die reale Situation zu übertragen. Das Skalenproblem stellt sich, wenn man reale Probleme durch Zeichenmodelle ausdrückt. Sinnvolle Operationen mit Zeichen als Ersatz von Eingriffen in den realen Bereich sind offenbar höchstens dann fruchtbar, wenn die Operationen mit Zeichen sich im realen Bereich interpretieren lassen. Man mag zunächst das Denken in und Operieren mit Modellen als müßig ansehen, da es sich dabei um einen Ersatz für Experimente an der Realität handelt und Informationen über die Realität gesucht sind. Dieser Sichtweise sei entgegengehalten, daß nicht alles erlaubt ist, was praktisch durchführbar ist. Hinter der Verwendung von Modellen anstelle von Experimenten im realen Bereich stehen schwerwiegende ethische Probleme. Als Beispiel sei etwa auf eine allgemein geteilte Verurteilung von Menschenexperimenten in der Medizin verwiesen. Verwiesen sei auch auf die Zweifel, die hinsichtlich der Zulässigkeit der Wahl des Modells Tier für den Menschen und damit an Tierversuchen bestehen.

Es steht nicht von vornherein fest, welche Skala in welcher Situation zum Einsatz kommen kann. Man denke etwa an das Problem der Unterscheidung von Farben. Je nach Unterscheidungskriterium kommt man zu unterschiedlichen Skalenniveaus. Unterscheidung von Farben allein nach Farbnamen führt zu einer Nominalskala, Unterscheidung von Farben nach ihrer Helligkeit führt zu einer Ordinalskala, Unterscheidung der Farben nach der Wellenlänge des entsprechend gefärbten Lichtes liefert schließlich eine Kardinalskala.

Dieses Beispiel zeigt folgendes:

1. Im Laufe der wissenschaftlichen Entwicklung ändern sich möglicherweise Skalenniveaus, die zur Messung eingesetzt werden können.

2. Welches Skalenniveau zur Unterscheidung von Erfüllungsgraden von Attributen herangezogen werden kann, ist häufig eine Frage der zur Verfügung stehenden Meßinstrumente. Tendentiell kann man sagen: die Höherwertigkeit von Meßinstrumenten zeigt sich entweder in größerer Präzision bei Beibehaltung des (dann notwendig kardinalen?) Skalenniveaus oder in der Fähigkeit des Übergangs zu höheren Skalenniveaus.

3. Vorliegen eines höheren Skalenniveaus erlaubt insbesondere auch die Interpretationen, die bei Unterstellung niedrigerer Skalenniveaus möglich sind. Diese Frage wird wieder aufgegriffen, wenn Kennzahlen zur Charakterisierung von Zufallsgesetzen vorgestellt werden. Ein wichtiges Auswahlkriterium für die Wahl der jeweiligen Kennzahlen ist das Skalenniveau, das zur Unterscheidung von Erfüllungsgraden von Attributen herangezogen werden kann.

1.5. Zusammenfassung

Es wurden folgende Ansatzpunkte für Wahrscheinlichkeitsüberlegungen in der Ökonomie vorgestellt:

- das Problem unvollständiger Information
- das Problem unabschätzbarer Mikrobeziehungen, denen abschätzbare Makrobeziehungen gegenüberstehen (Versicherungsproblem)
- das Problem der Gewinnung ökonomischer Daten (Hochrechnung von Teilgesamtheiten auf Grundgesamtheiten).

Die Diskussion der ersten beiden Problempunkte lieferte erste Anhaltspunkte dafür, was unter Wahrscheinlichkeit innerhalb der verschiedenen Problemfelder verstanden wird. Es wurde bereits die Unterscheidung zwischen Wahrscheinlichkeit als Charakteristikum unseres Denkens - in diesem Zusammenhang steht das wichtige Prinzip vom unzureichenden Grunde (auch Indifferenzprinzip genannt) - sowie zwischen Wahrscheinlichkeit als Charakteristikum der realen Welt eingeführt.

Das Datengewinnungsproblem führte zum Problem der Unterscheidung von Situationen. Zur Beschreibung der sprachlichen Ausdrucksmöglichkeiten, die jeder Unterscheidungsfähigkeit zugrundeliegen (Unterschiede müssen ausdrückbar sein, um an andere vermittelt werden zu können) wurde die Bedeutung von Objekten, Eigenschaften (Attributen) von Objekten und deren Erfüllungsgrad diskutiert. Ausgeklammert blieben Operatoren (Verben) als Möglichkeit, die Vornahme von Veränderungen an Objekten zu beschreiben. Der praktische Wert dieser Überlegungen besteht darin, das Anwenderproblem von Wahrscheinlichkeitsüberlegungen zu untersuchen durch Angabe der sprachlichen Hilfsmittel, mit denen das individuelle Anwendungsfeld angemessen beschreibbar sein muß. Je mehr die Einbeziehung von Verben (Operatoren) zur angemessenen Beschreibung erforderlich ist, desto größer wird das Anwenderproblem.

Das Meßproblem besteht darin, die Erreichungsgrade von Attributen für Objekte zu bestimmen. Erreichungsgrade werden in der Statistik grundsätzlich durch Zahlen angegeben, das jeweilige Skalenniveau entscheidet darüber, welche Operationen, die der Unterscheidung von Zahlen dienen, im realen Kontext interpretierbar bleiben. Damit ist das Problem angesprochen, daß Zahlen für reale Tatbestände stehen und Operationen, die im Zahlenbereich problemlos durchgeführt werden können, nicht ohne weiteres im Realbereich interpretierbar sind. Dies ist wichtig unter folgendem Aspekt: im nächsten Kapitel wird gezeigt, warum Statistik nur in Zahlenbereichen betrieben wird, obwohl Aussagen über reale Situationen angestrebt werden. Die Verbindung zwischen realer Welt (Objektbereich) und Zahlenbereich (Symbolbereich) wird in der Weise hergestellt, daß mittels Messung Objektbereiche auf Zahlenbereiche abgebildet werden. Aussagen, die dann mit mathematischen Hilfsmitteln im Zahlenbereich gefunden werden, müssen zur sinnvollen Verwendung wieder in den Objektbereich zurück übertragen werden. Dies ist aber nur dann möglich, wenn im Zahlenbereich keine mathematischen Operationen durchgeführt werden, die im Objektbereich nicht interpretierbar sind. Der Sinn der Unterscheidung von Skalenniveaus besteht darin, vor im Objektbereich nicht interpretierbaren, im Zahlenbereich aber ohne weiteres durchführbaren Operationen zu bewahren, um so die Übertragung mathematisch gefundener Ergebnisse auf den Objektbereich nicht von vornherein auszuschließen.

Zum weiteren Verständnis erscheint es erforderlich, genauer zu begründen, weshalb man innerhalb der Statistik den Objektbereich verläßt und sich einem abstrakten Zahlenbereich zuwendet: dieses Vorgehen findet seine Begründung darin, daß viele Probleme, die sich im Objektbereich wegen der unterschiedlichen auftretenden Objekte unterscheiden, von der abstrakten Problemstellung, d.h. von einer Problemstellung, die auf die Einbeziehung der Objekte verzichtet und einzig auf die strukturellen Beziehungen zwischen den Objekten abstellt, als gleichartig angesehen werden und somit einer einheitlichen Lösung zugeführt werden können. Abstraktion ist also ein wesentliches Hilfsmittel zur Durchführung von Analogschlüssen. Die Bedeutung der Analogschlüsse im täglichen Leben besteht darin, daß man in die Lage versetzt wird, Erfahrungen aus anderen Lebensbereichen auf spezielle Situationen zu übertragen, obwohl sie, bezogen auf den Objektbereich, für uns neu sind.

Aufgabe 1.1: Nennen Sie Ansatzpunkte für Wahrscheinlichkeitsbetrachtungen in der Ökonomie. Welche Hilfestellung sollen Wahrscheinlichkeitsbetrachtungen jeweils leisten?

Aufgabe 1.2: Schildern Sie verschiedene Wahrscheinlichkeitsinterpretationen.

Aufgabe 1.3: Wie würden Sie die Aussage intepretieren: "Die zum Auslosen benutzte Münze ist fair."?

Aufgabe 1.4: Schildern Sie die Art und Weise, mit der in der Wahrscheinlichkeitstheorie Alternativen beschrieben und unterschieden werden. Geben Sie dazu die sprachlichen Hilfsmittel an und diskutieren Sie das Meßproblem.

Aufgabe 1.5: Welches Problem wird mit der Festlegung der Skalenniveaus gelöst?

Aufgabe 1.6: Diskutieren Sie Möglichkeiten und Grenzen des Versuchs, Unsicherheit durch Wahrscheinlichkeit auszudrücken.

Aufgabe 1.7: Schildern Sie, worin der Beitrag von Versicherung zur Wohlfahrts-
steigerung liegt.

Aufgabe 1.8: Schildern Sie, wie man im Rahmen der Datenerhebung zu Wahrscheinlichkeitsüberlegungen gelangt.

Aufgabe 1.9: Ihnen ist sicherlich der Begriff der Hochrechnung vertraut. Überlegen Sie, welche Voraussetzungen erfüllt sein sollten, damit Sie eine
Hochrechnung für verläßlich erachten. Was leistet eigentlich eine Hochrechnung?

Aufgabe 1.10: Stellen Sie sich vor, Sie müßten für irgendeine Vielzahl verschiedener Einzelfälle ein Klassifikationsschema entwerfen. Listen Sie
die Schwierigkeiten auf, auf die Sie vermutlich stoßen werden bei der
Durchführung eines derartigen Vorhabens. Versuchen Sie, für die Lösung
der verschiedenen Schwierigkeiten allgemeine Lösungsprinzipien vorzu-
schlagen. Es kann bei dieser Aufgabe nicht um Vollständigkeit gehen, sondern nur um ein erstes Vertrautwerden mit derartigen Fragestellungen.

Aufgabe 1.11: Warum ist die Zuweisung von Wahrscheinlichkeiten an Ereignisse
ein Realproblem und kein Formalproblem?

Aufgabe 1.12: Erklären Sie das Meßproblem und zeigen Sie, warum man Ereignisse
als Teilmengen eines Zahlenbereichs auffassen kann.

Aufgabe 1.13: A behauptet, es sei eine Eigenschaft des Würfels, fair zu sein.
B sagt, aufgrund des Prinzips vom unzureichenden Grunde betrachte er den
Würfel als fair.
- Erklären Sie das Prinzip vom unzureichenden Grunde.
- Worin unterscheiden sich die Behauptungen des A und des B?
- Welche Möglichkeiten hat jeder der beiden, seine Behauptung zu begrün-
den?
- Was halten Sie von der Behauptung des A bzw. des B?

Aufgabe 1.14: Keynes hat das Prinzip vom unzureichenden Grunde nicht allgemein
anerkannt. Schildern Sie seine Gründe dafür.

Aufgabe 1.15: Welche Bedeutung hat das Prinzip vom unzureichenden Grunde für
Wahrscheinlichkeitsbetrachtungen bei Glücksspielen?

Aufgabe 1.16: Lesen Sie im "Philosophisches Wörterbuch" von Klaus - Buhr die
Artikel zu folgenden Schlagwörtern:
- Klassifikation
- Wahrscheinlichkeit
- Abstraktion
- Indeterminismus

Aufgabe 1.17: Lesen Sie bei Stegmüller die Ausführungen über das Indifferenzprinzip durch in "Personelle und Statistische Wahrscheinlichkeit",
S. 411 ff.

2. Definition von Ereignissen

Ziel der folgenden Ausführungen ist es, die mathematische Behandlung von Ereignissen darzustellen und insbesondere zu erklären, warum man Ereignisse als Teilmengen einer Obermenge auffaßt. Es wird erläutert, warum die Menge der Ereignisse als System von Teilmengen einer Obermenge aufgefaßt werden, wobei dieses System gegenüber den mengentheoretischen Operationen Vereinigung, Durchschnitt und Komplementbildung abgeschlossen ist. Diese mengentheoretischen Operationen sind mit den logischen Operationen "und", "oder", "Verneinung" in Beziehung zu bringen. Dies führt zum Begriff der Ereignisalgebra. Von Bedeutung wird die Unterscheidung zwischen Elementarereignissen und zusammengesetzten Ereignissen sein, wobei das Unterscheidungsmerkmal eines der Genauigkeit der Beschreibung ist.

Es wird ein System von Ereignissen vorgestellt, das eine Mengenalgebra ist. Es erfüllt eine wichtige, aber noch nicht alle Anforderungen, die Statistiker an ein System von Ereignissen stellen, dem sie ihre Aufmerksamkeit widmen. Dieses System heißt <u>Ereignis - Algebra.</u> Es dient als Ausgangspunkt für weitere Überlegungen, die sich folgendermaßen beschreiben lassen: Es ist ein System von Teilmengen zu finden, <u>das gleichzeitig groß genug und nicht zu groß ist</u>. Derartige Überlegungen führen zum Begriff der <u>σ - Algebra</u>. Es wird sich zeigen, daß die Unterscheidung zwischen Ereignis - Algebren und σ - Algebren ohne Belang ist, solange man es mit endlich vielen Alternativen zu tun hat.

Zusätzliche Überlegungen werden erst erforderlich, wenn unendlich viele Alternativen auftreten. Das endgültige Mengensystem, das den Statistikern als Modell zur Beschreibung aller betrachteten Ereignisse dient, wird als <u>Borel'sche σ - Algebra $\mathcal{B}^n$ über $\mathbb{R}^n$</u> eingeführt.

Es werden die Begriffe "Wiederholung" und "stochastisch unabhängig" diskutiert. In diesem Zusammenhang stellt sich insbesondere die Frage danach, was man meint, wenn man sagt, zwei Dinge seien gleich. Diese Fragen sind deshalb von Interesse, weil gewöhnlich Gleichheit oder Wiederholung oder Unabhängigkeit als objektive Tatbestände verstanden werden, ohne daß man jeweils die Frage danach stellt, was dazu berechtigt, sich derart zu äußern. Es ist also Ziel diesbezüglicher Ausführungen, Probleme des Wissens anzusprechen und zu zeigen, daß Begriffe der Gleichheit, der Wiederholung, der Unabhängigkeit nicht problemlos auf die reale, außer uns bestehende Welt zu beziehen sind, sondern daß Aussagen immer zu relativieren sind auf das derzeitige Wissen desjenigen, der derartige Begriffe verwendet. Dies erlaubt, den Einfluß von Theorien auf das, was man üblicherweise als Fakten bezeichnet, zu verstehen und so zu unterscheiden zwischen dem, wie Dinge sind, und dem, was man sich unter den Dingen vorstellt. Ziel ist es, deutlich zu machen, daß man von seinen Vorstellungen über Dinge so redet, als entsprächen diese Vorstellungen der Wirklichkeit. Diese Feststellung erlaubt die Frage nach dem Wesen der Wissenschaft, insbesondere nach dem Wesen des Wissens.

2.1. Unterscheidung von Alternativen durch Zahlentupel

Eine Beschreibung von Alternativen bzw. von verschiedenen Ereignissen wird in den verschiedenen Wahrscheinlichkeitsinterpretationen einheitlich in der Weise vorgenommen, daß jedem Objekt eines Objektbereiches ein Element eines Zahlenbereiches zugeordnet wird. Man nennt eine solche Zuordnung <u>Messung.</u> Eine Messung erfolgt auf der Grundlage einer Meßvorschrift. Die Meßvorschrift umfaßt
- die Nennung der das Objekt charakterisierenden Attribute
- die Skalierung der Attribute
- die Regeln der Wertzuweisung zur Bestimmung des Erfüllungsgrades der Attribute.

<u>Beispiel:</u> Übertragung der Beurteilung von Studenten anhand einer Statistikklausur in den Zahlenbereich

Zu messen ist der Reichtum an Kenntnissen über statistische Zusammenhänge. Eine Skalierung erfolgt etwa nach dem Prinzip: in welchem Umfang werden statistische Aussagen richtig eingeordnet? Wie vollständig und zutreffend sind Zusammenhänge dargestellt? Dies findet etwa statt in der Form der Bepunktung der jeweiligen Antworten auf die jeweilige Frage.

Die Schwierigkeiten, die bei der Durchführung der einzelnen Schritte auftauchen, sind offenbar, ihre Lösung geht aber allen Wahrscheinlichkeitsüberlegungen voraus. <u>Wahrscheinlichkeitsinterpretationen befassen sich nicht mit derartigen Meßproblemen, sie unterstellen vielmehr, daß diese Meßprobleme gelöst sind.</u> Ihre Lösung wird als Aufgabe des Realtheoretikers angesehen.

2.1.1. Der Begriff der Zufallsvariablen

In der Terminologie der Wahrscheinlichkeitstheorie spricht man von Realisationen von Zufallsvariablen, wobei eine Zufallsvariable gekennzeichnet ist

- durch ein "Experiment", dessen Ausgang a priori nicht eindeutig feststeht
- durch die Angabe der die Situation charakterisierenden Objekte (seien dies s Objekte)
- durch die Angabe der r_i Attribute zur Charakterisierung des Objektes i, $1 \leq i \leq s$
- durch die Angabe der Meßvorschrift, mit Hilfe derer es gelingt,den Erfüllungsgrad x_{ij} des Attributes j für Objekt i zu bestimmen.Folgende Zusatzforderung sei bereits jetzt genannt, obwohl ihre Bedeutung erst später deutlich wird: der Meßvorgang hat so gestaltet zu sein, daß es nicht zu Unterscheidungen im Zahlenbereich kommt, denen im Objektbereich keine Unterscheidung gegenübersteht. Man formuliert dies auch wie folgt: <u>Was im Zahlenbereich als Ereignis gedeutet wird, muß auch im Objektbereich als Ereignis deutbar sein</u>. Diese Forderung bezeichnet man als Forderung der <u>Meßbarkeit</u>. Hier wird bereits die Bedeutung dessen, was man im Zahlenbereich als Ereignis versteht, sichtbar. <u>Je mehr man im Zahlenbereich als Ereignis interpretiert, desto schwieriger ist die Forderung der Meßbarkeit einzulösen. Je weniger Teilmengen des Zahlenbereichs als Ereignis interpretiert werden, desto größer ist die Gefahr, daß interessierenden Ereignissen im Objektbereich keine Ereignisse im Zahlenbereich entsprechen.</u>

Das Ergebnis des Meßvorgangs ist ein Zahlenvektor mit

$$n = \sum_{j=1}^{s} r_j$$

Komponenten $(x_{11}, x_{12}, \ldots, x_{1r_1}, \ldots, x_{s1}, \ldots, x_{sr_s})$, die der Kürze halber mit $(x_1, \ldots, x_n)$ bezeichnet werden.

2.1.2. Einfache Beispiele

1.   Das Urnenschema

In einer Urne befinden sich N Kugeln, von denen n schwarz und $N - n$ weiß sind.
1.1. Es wird p-mal aus der Urne eine Kugel entnommen,die Farbe der Kugel über-

prüft und die Kugel wieder zurückgelegt. Die interessierende Fragestellung ist, in wie vielen der p Ziehungen schwarze Kugeln gezogen werden.

1.2. Es wird p-mal aus der Urne eine Kugel entnommen, die Farbe der Kugel überprüft, die Kugel jedoch nicht wieder zurückgelegt. Die Fragestellung ist die gleiche wie vorher.

1.3. Es wird p-mal aus der Urne eine Kugel entnommen, die Farbe der Kugel überprüft, die Kugel mitsamt s Kugeln der gleichen Farbe wieder in die Urne zurückgelegt. Die Fragestellung ist die gleiche wie vorher.

Diese Situation läßt sich folgendermaßen kennzeichnen: das einzig interessierende Objekt ist die <u>jeweils gezogene Kugel</u>. Bei p Ziehungen handelt es sich um p Objekte, nämlich die p jeweils gezogenen Kugeln.

An jedem dieser Objekte interessiert nur ein einziges Attribut, nämlich die Farbe.

Das Attribut Farbe hat nur zwei Ausprägungen, nämlich schwarz oder weiß. Skaliere nun

$$\text{schwarz} = 1$$
$$\text{weiß} = 0.$$

Eine solche Versuchsserie läßt sich somit als Zahlenvektor aus dem $\mathbb{R}^p$ in der Form

$$(x_1, \ldots \ldots, x_p)$$

darstellen mit der folgenden Bedeutung:

$x_j = 0$: die im j-ten Ziehungsvorgang gezogene Kugel ist weiß.
$x_j = 1$: die im j-ten Ziehungsvorgang gezogene Kugel ist schwarz.

Das Urnenmodell ist ein Standardmodell im Rahmen der Qualitätskontrolle und wird in der dritten Version auch zur Modellierung von Epidemien benutzt. Das Hinzufügen von Kugeln derselben Farbe bildet die Ansteckung ab.

2.1.3. Das Problem der Gleichheit von Ereignissen

Bei der Fragestellung, wie viele der p gezogenen Kugeln schwarz sind, abstrahiert man von der Reihenfolge, in der Kugeln bestimmter Farbe gezogen werden, d.h. Reihenfolge ist kein Unterscheidungsmerkmal. Alle Serien $(x_1, \ldots \ldots, x_p)$, die die gleiche Anzahl von Einsen aufweisen, werden also als gleichwertig angesehen, sie werden nicht voneinander unterschieden. Gemäß der Fragestellung werden also zwei Serien der Länge p nur dann als verschieden angesehen, wenn sie sich durch die Anzahl der gezogenen schwarzen Kugeln unterscheiden.

2.1.3.1. Gleichheit von Ereignissen heißt Gleichheit ihrer Beschreibung

Das Beispiel verdeutlicht bereits den Lösungsvorschlag für folgendes allgemeinere Problem: was bedeutet es, wenn man von der Gleichheit zweier Dinge oder der Gleichheit zweier Situationen oder der Gleichheit zweier Ereignisse spricht? Üblicherweise wird man antworten, daß man von Gleichheit spricht, wenn in allen Punkten Übereinstimmung vorliegt. Man beachte aber, daß dies eine sehr voreilige Forderung ist, denn eine Behauptung von Gleichheit würde dann den Vergleich in allen Punkten voraussetzen. Hier tritt aber das Problem der Vollständigkeit auf, ein Problem, das erfahrungsgemäß schwierig ist. Man wird sich also sinnvollerweise darauf beschränken, Übereinstimmung in allen wichtigen Merkmalen zu fordern. Trotz der hier bereits gezeigten Vorsicht hat man jedoch immer noch keinen entscheidenden Fortschritt erzielt. Wer beurteilt nämlich, was wichtig ist und was nicht? Wie wichtig ist in diesem Zusammenhang das eigene Urteil, wo man doch selbst über Gleichheit befinden soll? Ich schlage also vor, den folgenden Standpunkt einzunehmen: wenn ich selbst über Gleichheit oder Ungleichheit befinden und dabei alle wichtigen Punkte prüfen soll, so entscheide ich auch selbst, was wichtig ist und was nicht. Ich schlage also vor die folgende

<u>Definition 2.1:</u> Zwei Dinge werden als gleich angesehen, wenn die zur Überprüfung ihrer Gleichheit benutzten Beschreibungen übereinstimmen.

Beschreibungen sind ein Ausdruck dessen, was als <u>beschreibenswert</u> erachtet wird. Dies bedeutet, daß Gleichheit bzw. Verschiedenheit nicht nur Charakteristika des Objektes, sondern auch des beurteilenden Subjektes bzw. der Gemeinschaft beurteilender Subjekte ist, daß Gleichheit und Verschiedenheit also auch das theoretische Vorurteil des Subjektes bzw. der Gemeinschaft von Subjekten zum Ausdruck bringt. Auf einen kurzen Nenner gebracht kann man also sagen: wird Verschiedenheit zweier Objekte erkannt, so werden sie auch unterschieden. Wird Verschiedenheit nicht erkannt oder das Unterscheidungsmerkmal als irrelevant angesehen, so werden Dinge als gleich angesehen, ohne daß zu allen Zeiten die Dinge als gleich angesehen werden müssen. Ein Urteil über Gleichheit zweier Dinge ist also notwendig vorläufig, neue Meßmethoden oder neue theoretische Einsichten können zur Revision eines solchen Urteils führen.

2.1.4. Das Problem der Wiederholung

Eine ähnliche Frage wie die der Gleichheit zweier Dinge ist die, ob zwei Situationen als Wiederholungen eines einheitlichen Phänomens angesehen werden können. Diese Frage ist von besonderer Wichtigkeit in den Experimentalwissenschaften, wo von Wiederholungen von Experimenten die Rede ist.

2.1.4.1. Wiederholung als Übereinstimmung von Beschreibungen

Der Lösungsvorschlag zur Beantwortung dieser Frage ist nun naheliegend: Ich schlage vor, das Problem der Beurteilung, ob zwei Situationen Wiederholungen eines einheitlichen Phänomens sind oder nicht, folgendermaßen zu lösen: Situationen werden als Wiederholungen (Instanzen) desselben Phänomens angesehen, wenn die zur Beurteilung herangezogene Situationsbeschreibung mit der Phänomenbeschreibung übereinstimmt.

Ob Situationen als Wiederholungen eines Phänomens angesehen werden oder nicht, ob von Wiederholungen von Experimenten die Rede ist oder nicht, dieses Urteil ist auf die dem Urteil zugrundeliegenden Beschreibungen, damit auf das diesen Beschreibungen zugrundeliegende theoretische Vorurteil sowie auf das Unterscheidungsvermögen des Beschreibenden zu relativieren. Das Unterscheidungsvermögen des Beurteilenden ist insbesondere begrenzt durch seine sprachlichen Ausdrucksmöglichkeiten und somit auf die Vielfalt dessen, was in einer gegebenen Sprache gegenwärtig ausdrückbar ist.

Die Frage der Gleichheit oder Ungleichheit von Objekten, der Wiederholung etwa von Experimenten ist also nicht ein für allemal entschieden, sondern ist immer wieder neu zu prüfen und kann neu entschieden werden

- aufgrund verbesserten Unterscheidungsvermögens (neue Meßverfahren, neue technische Meßhilfen)

- aufgrund der Entdeckung neuer als relevant angesehener Aspekte

- aufgrund der Beurteilung von Aspekten als irrelevant, die vorher als relevant angesehen wurden (eine schwarze Katze kreuzte am Freitag morgen den Weg, das war ein Zeichen für kommendes Unglück; man denke hier etwa an Methoden der Beweisführung in Hexenprozessen im Mittelalter).

"Fakten" werden also als Resultat von Wahrnehmung und theoretischem Vorurteil und nicht allein objektiv, d.h. als Ausdruck unabhängig vom beurteilenden Subjekt existenter Sachverhalte angesehen.

Diese Lösung der Beurteilung auf Wiederholung bzw. auf Gleichheit bietet sich an aufgrund der Vorstellung "gleiche Ursachen, gleiche Wirkungen". Die Forderung der Übereinstimmung von Beschreibungen soll also der Gewährleistung gleicher Ausgangssituation so gut wie möglich Rechnung tragen. Diese Lösung erscheint als geeignet für deterministisch angesehene Situationen. Stochastisch angesehene Situationen erfordern eine weitere Diskussion.

2.1.4.2. Beispiel für Gleichheit, relativiert auf Beschreibungen

Es wurden zwei Serien aus Urnen gezogen:
Serie 1 am 3.12.1980 um 20 Uhr aus Urne A;
Serie 2 am 4.12.1980 um 11 Uhr aus Urne B.
Die Serien lauten:
Serie 1:   0 0 0 1 0 1 0
Serie 2:   1 0 1 0 0 0 0
Beschreibungen:
Beschreibung 1: Beschreibungsmerkmal ist allein die Serienlänge. Beide Serien umfassen 7 Elemente und werden folglich als gleich angesehen.
Beschreibung 2: Beschreibungsmerkmale sind Serienlänge und Anzahl der Einsen. Beide Serien werden als gleich angesehen.
Beschreibung 3: Als Beschreibungsmerkmale werden Serienlänge, Anzahl der Einsen und Positionen der Einsen herangezogen; beide Serien werden als verschieden angesehen.
Beschreibung 4: Als Beschreibungsmerkmal wird der Zeitpunkt der Ziehung herangezogen. Beide Serien werden als verschieden angesehen.

2.1.5. Wiederholung bei Zufallsexperimenten

Der Begriff der Wiederholung von Zufallsexperimenten spielt eine entscheidende Rolle in den Experimentalwissenschaften, wo von Wiederholungen von Experimenten unter gleichbleibenden Bedingungen die Rede ist. Dabei gehen die Experimentalwissenschaften davon aus, daß der Ausgang des einzelnen Ergebnis durch die äußeren kontrollierbaren Bedingungen nicht vollständig festgelegt ist. Dabei stellt sich die Frage, was unter diesen Umständen "Wiederholung eines Experiments" bedeuten soll. Diese Frage resultiert daraus, daß man von vornherein davon ausgeht, daß die Beschreibung des Experiments so unvollkommen ist, daß Experimente, die der gleichen Beschreibung genügen, verschiedene Ausgänge nehmen können. Das Phänomen, um das es also geht, ist das der Reproduktion der Ausgangsbedingungen in jedem Experiment, so daß für gleiche Experimentausgänge gleiche Möglichkeiten erhalten bleiben. Der aus der deterministischen Situation zu übertragende Begriff ist also der der Reproduzierbarkeit. Mit dem Begriff des Zufallsexperiments verbindet sich der folgende Begriff der Reproduzierbarkeit:

<u>Definition 2.2:</u> Zwei Zufallsexperimente sind als Wiederholungen voneinander anzusehen, wenn

- die Bedingungen bei der Durchführung jedes Experimentes als gleich angesehen werden und die Wahrscheinlichkeit des Eintretens jedes Ereignisses für beide Experimente als gleich angesehen wird
- die Durchführung eines Experiments keinen erkennbaren Einfluß nimmt auf die Wahrscheinlichkeit des Ausgangs eines Ereignisses beim anderen Experiment.

2.1.5.1. Die Konzepte der stochastischen Unabhängigkeit und der Gleichverteilung

Die zweite Forderung läßt sich auch folgendermaßen interpretieren: Beide Experimente sollen als gleichwertige Instanz für die Informationsbeschaffung über eine Zufallsgesetze betreffende Fragestellung angesehen werden. Dazu ist es erforderlich, <u>daß die Durchführung des ersten Experiments die Versuchsbedingungen und damit die Ausgangswahrscheinlichkeiten des zweiten Experiments nicht beeinflußt.</u> Der Statistiker bezeichnet die Forderung nach Gleichheit der Ausgangswahrscheinlichkeit als die Forderung der Gleichverteilung und die Forderung, daß durch Experimentausführung die Ausgangswahrscheinlichkeiten für das andere Experiment unbeeinflußt bleiben, als die der stochastischen Unabhängigkeit.

Man unterscheidet also die Konzepte der stochastischen Unabhängigkeit und der Gleichverteilung. Das Konzept der stochastischen Unabhängigkeit betrifft Wechselwirkungen zwischen den Experimenten, das Konzept der Gleichverteilung beinhaltet eine isolierte Betrachtung beider Experimente ohne Einbeziehung der Wechselwirkungen. So kann Gleichverteilung ohne stochastische Unabhängigkeit ebenso gelten wie stochastische Unabhängigkeit ohne Gleichverteilung.

Eine mathematische Präzisierung der Konzepte "stochastisch unabhängig" und "gleichverteilt" ist erst möglich, wenn geklärt ist, was genau das den künftigen Überlegungen zugrundeliegende System von Ereignissen ist.

2.2. Ereignisse als Zahlentupel (Vektoren)

2.2.1. Zur Arbeitsteilung zwischen Realdisziplinen und statistischer Methodenlehre

Es wurde bereits in der Einleitung darauf hingewiesen, daß im Rahmen der Arbeitsteilung zwischen den verschiedenen wissenschaftlichen Disziplinen den Realwissenschaften die Diskussion des Objektbereiches zufällt, <u>während der Statistiker sich mit den Strukturgleichheiten verschiedener Objektbereiche befaßt und deshalb statt verschiedene Objektbereiche einheitliche Strukturen in Zahlenbereichen untersucht</u>. Insbesondere fällt es den Realwissenschaften als Aufgabe zu, innerhalb der verschiedenen Strukturen in Zahlenbereichen diejenige Struktur auszuwählen, die als geeignetes Abbild des Objektbereiches anzusehen ist. Die Realdisziplinen haben also zu leisten

- die Benennung der die Situation charakterisierenden Objekte,
- die die Eigenschaften der Objekte beschreibenden Attribute
- die Meßvorschrift, die jedem Objekt den Erreichungsgrad des jeweiligen Attributs zuweist.

Damit ist die Übersetzung des Realproblems in die Sprachelemente sowie die Gewinnung von Daten mittels Durchführung der Messung und die Auswahl der Struktur im Zahlenbereich Aufgabe der Realwissenschaften, der Statistiker befaßt sich mit der Auswertung des vom Realwissenschaftler vorgegebenen Zahlenmaterials. Insbesondere löst der Statistiker nicht realwissenschaftliche Meßprobleme.

Damit beschränkt der Statistiker seine Tätigkeit auf die Untersuchung des Zahlenbereichs, die Übertragung seiner Ergebnisse in den Objektbereich fällt wieder dem Realwissenschaftler zu, der ja bereits zuvor den Objektbereich in den Zahlenbereich übertragen hatte. Statistik wird von mir also als eine methodische und nicht als realwissenschaftliche Disziplin verstanden. Dabei sollte der Methodiker allerdings nicht den Bezug zu realen Problemen verlieren.

2.2.2. Elementarereignisse und zusammengesetzte Ereignisse

Ist bislang diskutiert worden, wie man mittels des Meßvorgangs vom Objektbereich in den Zahlenbereich gelangt ist, wie man also Beobachtungen im Objektbereich durch Zahlentupel (Vektoren) ausdrückt, so ist nun die Frage zu stellen, worin das Interesse an Mengen von Vektoren, also an Teilmengen des $\mathbb{R}^n$ mit

$$\mathbb{R}^n = \{(x_1, \ldots, x_n) \mid x_i \in \mathbb{R},\ 1 \leq i \leq n\},$$

besteht. Hierzu werden im folgenden einige Gründe genannt.

2.2.2.1. Oft reicht beschränkte Genauigkeit der Ergebnisbeschreibung aus

Eintreten kann immer nur eine Situation, die sich durch Angabe von

$$(x_1, \ldots, x_n)$$

beschreiben läßt. Eine derartige Angabe setzt allerdings die Fähigkeit zur exakten Messung voraus, mit Hilfe derer es gelingt, allen Attributen präzise die Erfüllungsgrade zuzuweisen, die die jeweiligen Objekte aufweisen. Es ist Alltagserfahrung, daß präzise Messung oft ein Ideal ist, das nicht erreicht wird. Es ist aber häufig nicht erforderlich, daß man die präzise Information $(x_1, \ldots, x_n)$ kennt. Praktisch reicht eine Information der Form

$$a_1 \leq x_1 \leq b_1 \ \char"005E\ a_2 \leq x_2 \leq b_2 \ \char"005E\ \ldots \ \char"005E\ a_n \leq x_n \leq b_n$$

völlig aus, mehr ist wegen Meßungenauigkeiten oft nicht zu erreichen.

So ist etwa ein Anzug der Größe 54, der "von der Stange" gekauft wird, von Herren zu tragen, deren Arm - und Beinlänge sowie der Bauchumfang innerhalb bestimmter Grenzen variieren darf. Auf eine exakte Wertzuweisung kann also verzichtet werden. Im anderen Falle wäre der Anzug von der Stange unverkäuflich, weil niemand da wäre, dem er paßt.

Man erkennt unmittelbar, daß das Problem der exakten Messung immer dann auftritt, wenn man es mit einem Kontinuum möglicher Meßwerte zu tun hat und nicht nur mit der Entscheidung endlich vieler Alternativen.

2.2.2.2. Zur Ungenauigkeit der Messung

Als weiterer Grund ist die bereits erwähnte Meßungenauigkeit zu erwähnen,diesmal nur unter dem Aspekt, daß eine Präzision der Messung nicht möglich ist. Wird die Größe einer Person mit 1,70 m angegeben, so sollte sie zwischen (inklusive) 1,695 m und (exclusive) 1,705 groß sein. Eine Person von exakt 1,70 m Größe existiert möglicherweise überhaupt nicht.

2.2.2.3. Die logischen Operationen

Von Interesse sind weiter Situationen, in denen etwas nicht gilt. Wurde eben diskutiert, wann ein Anzug von der Stange paßt, so ist natürlich auch zu beschreiben, wann ein Anzug nicht paßt. Dies führt zum Problem der mengentheoretischen Übersetzung der logischen Operation Verneinung.

2.2.2.3.1. Verneinung und Komplementbildung

Sei M die Menge aller Personen, M_1 die Menge aller Personen, denen ein bestimmter Anzug wegen Erfüllung bestimmter Normen (Bauchumfang ect.) paßt, so ist

$$M_2 = M - M_1 = \{x \mid x \in M \; \hat{} \; x \notin M_1\}$$

die Menge aller Personen, denen der Anzug nicht paßt. Allgemein gilt: Sei M die Obermenge, $M_1 \subset M$ eine Teilmenge von M. <u>Dann nennt man $M - M_1 = M_2$ Komplement von M_1 bezüglich M.</u> Komplementbildung verlangt also die Angabe zweier Mengen, zum ersten der Obermenge M, in der das Komplement liegen muß, zum anderen die Angabe der Menge M_1, deren Komplement zu bilden ist.

<u>Beispiel:</u> $M = \mathbb{Z}$, $M_1 = \mathbb{N}$ ($\mathbb{Z}$ Menge der ganzen Zahlen, $\mathbb{N}$ Menge der natürlichen Zahlen). Dann gilt:

$$M_2 = \{z \mid z \in \mathbb{Z} \text{ und } z \leq 0\}$$

ist das Komplement von M_1 bezüglich M. $z = 1/2$ gehört nicht zu M_2, da $z = 1/2$ nicht zu M gehört.

Sei nun aber $M = \mathbb{Q}$ ($\mathbb{Q}$ Menge der Brüche), $M_1 = \mathbb{N}$. Sei wiederum

$$M_2 = \{z \mid z \in \mathbb{Z} \text{ und } z \leq 0\}.$$

M_2 ist bezüglich $M = \mathbb{Q}$ nicht das Komplement zu $M = \mathbb{N}$, da die Beziehung

$$M_2 = \{x \mid x \in M \; \hat{} \; x \notin M_1\}$$

verletzt ist. So gehört etwa $z = 1/2$ zum Komplement, da $z \in \mathbb{Q}$ und $z \notin \mathbb{N}$ gilt.

2.2.2.3.2. "Und" und "oder" bzw. "Durchschnitt" und "Vereinigung"

Weitere logische Operationen, die bei der Diskussion von Ereignissen interessieren, sind durch "und" bzw. "oder" gegeben. "Oder" ist immer dann von Interesse, wenn mehrere Alternativen zulässig sind; "und" ist tritt immer dann auf, wenn eine einzige Alternative durch mehrere Bedingungen gekennzeichnet ist. Die mengentheoretische Operation "Vereinigung" bezieht sich auf mehrere Mengen und umfaßt alle Elemente, die in mindestens einer der Mengen enthalten ist. Die mengentheoretische Operation "Durchschnitt" bezieht sich ebenfalls auf mehrere Mengen und umfaßt alle die Elemente, die in jeder der Mengen enthalten sind. Bezeichnet man mit "∪" die Mengenoperation "Vereinigung", mit "∩" die Mengenoperation "Durchschnitt", mit "v" die logische Operation "oder" und mit "^" die logische Operation "und", so gilt also für zwei Mengen A und B:

$$A \cap B = \{x \mid x \in A \; ^\wedge \; x \in B\}$$

sowie

$$A \cup B = \{x \mid x \in A \; v \; x \in B\}.$$

Man erkennt also unmittelbar, daß "Vereinigung" "oder" entspricht und "Durchschnitt" "und".

2.2.2.3.3. Zur Abhängigkeit von Verneinung, Vereinigung, Durchschnitt

Die drei Operationen "Vereinigung", "Durchschnitt" und "Komplementbildung" sind nicht unabhängig voneinander, denn sei M die Obermenge, M_1 und M_2 seien Teilmengen. Mit der Bezeichnung

$$C(M_1) = M - M_1$$

gilt dann:

$$M_1 \cap M_2 = C(C(M_1) \cup C(M_2))$$

d.h. der Durchschnitt von M_1 und M_2 ist das Komplement der Vereinigung der Komplemente von M_1 und M_2, bzw.

$$M_1 \cup M_2 = C(C(M_1) \cap C(M_2))$$

d.h. die Vereinigung von M_1 und M_2 ist das Komplement des Durchschnitts der Komplemente von M_1 und M_2.
Zur Übung sei gezeigt, wie man die erste der beiden Beziehungen beweist:

$$x \in M_1 \cap M_2 \longmapsto x \in M_1 \; ^\wedge \; x \in M_2 \longmapsto x \notin C(M_1) \; ^\wedge \; x \notin C(M_2)$$
$$\longmapsto x \notin C(M_1) \cup C(M_2) \longmapsto x \in C(C(M_1) \cup C(M_2)).$$

Von Interesse ist, daß Komplement nicht durch Vereinigung und Durchschnitt ausgedrückt werden kann.

2.3. Die Ereignisalgebra als Mengensystem des $\mathbb{R}^n$

Es wurde bereits festgestellt: eine wünschenswerte Eigenschaft eines Systems von Ereignissen besteht darin, daß die logischen Operationen "und", "oder", "Verneinung" auf Ereignisse anwendbar sein sollen, ohne die Eigenschaft "Ereignis" zu verlieren. Es wurde weiter festgestellt, daß man mathematisch Ereignisse als Teilmengen des $\mathbb{R}^n$ versteht. Drittens wurden die mengentheoretischen Analoga zu den logischen Operationen vorgestellt. Die Übertragung der Abgeschlossenheit von Ereignissen gegenüber den logischen Operationen auf die mathematische Darstellung von Ereignissen durch Mengen führt zu folgender Begriffsbildung:

Definition 2.3: Ein System von Teilmengen des $\mathbb{R}^n$, das gegenüber den Mengenoperationen "Komplement", "Vereinigung" und "Durchschnitt" abgeschlossen ist, heißt <u>Mengenalgebra</u> über $\mathbb{R}^n$.

Nun eignet sich natürlich nicht jede Mengenalgebra über $\mathbb{R}^n$ als System von Ereignissen. Einerseits gibt es Mindestvoraussetzungen an ein derartiges Mengensystem dahingehend, daß wichtige Ereignisse im Objektbereich auch als Ereignisse im Zahlenbereich interpretierbar sein sollten, andererseits wurde im Zusammenhang mit der Erklärung des Begriffs der Zufallsvariablen bereits festgestellt, daß Ereignisse im Zahlenbereich als Ereignisse im Objektbereich interpretierbar sein müssen. Das Mengensystem darf also weder zu klein noch zu groß sein. Die kommenden Überlegungen stellen darauf ab, eine Mengenalgebra $\mathcal{B}^n$ über $\mathbb{R}^n$ zu finden, die weder zu klein noch zu groß ist.

2.3.1. n - dimensionale Intervalle als Basisereignisse

Zunächst sei die Forderung diskutiert, daß das Mengensystem nicht zu klein sein darf. Ein erster Anhaltspunkt ist folgende Aussage: Im Objektbereich lassen sich als Ereignisse interpretieren alle Konstellationen der Form "Objekt i erfüllt Attribut j höchstens in der Ausprägung a_{ij}". Die Meßvorschrift führt einen solchen Ausdruck über in Intervalle

$$I(\alpha_{11}, \ldots\ldots, \alpha_{sr_s}) = \left\{ (x_{11}, \ldots\ldots, x_{sr_s}) \mid x_{11} \leq \alpha_{11} \ \hat{}\ \ldots\ \hat{}\ x_{sr_s} \leq \alpha_{sr_s} \right.$$

$$\left. \hat{}\ (x_{11}, \ldots\ldots\ldots, x_{sr_s}) \in \mathbb{R}^{r_1 + \ldots + r_s} \right\}$$

bzw. in Kurzform mit $n = \sum\limits_{i=1}^{s} r_i$:

$$I(\alpha_1, \ldots, \alpha_n) = \left\{ (x_1, \ldots, x_n) \mid x_1 \leq \alpha_1 \ \hat{}\ \ldots\ \hat{}\ x_n \leq \alpha_n \ \hat{}\ (x_1, \ldots, x_n) \in \mathbb{R}^n \right\} .$$

Will man verlangen, daß alle derartigen Intervalle als Ereignisse im Zahlenbereich interpretierbar sind, so muß man für ein derartiges Ereignissystem $\mathcal{A}$
verlangen, daß gilt:

$$\left\{ I(\alpha_1, \ldots\ldots, \alpha_n) \mid (\alpha_1, \ldots, \alpha_n) \in \mathbb{R}^n \right\} \subset \mathcal{A} .$$

Damit also eine Mengenalgebra $\mathcal{A}$ über $\mathbb{R}^n$ als System von Ereignissen interpretiert werden kann, verlangt man also, daß alle Intervalle $I(\alpha_1, \ldots\ldots, \alpha_n)$ zu $\mathcal{A}$
gehören. Die $I(\alpha_1, \ldots\ldots, \alpha_n)$ sind in der Statistik von grundlegender Bedeutung
zur Charakterisierung von Wahrscheinlichkeitsverteilungen, d.h. von Zuweisun-
gen von Wahrscheinlichkeiten an alle als Ereignisse interpretierten Teilmengen
des $\mathbb{R}^n$. Deshalb nenne ich solche Ereignisse <u>Basisereignisse</u>.

2.3.2. Ereignisalgebra und Basisereignisse: die Form der Mengen, die in der Ereignisalgebra liegen

Im Anschluß an diese Mindestanforderung stellt sich zunächst einmal ein Existenzproblem: existiert überhaupt ein Mengensystem, das diese Anforderungen
erfüllt? Diese Frage beantwortet der folgende
<u>Satz 2.1:</u> Sei P die Potenzmenge des $\mathbb{R}^n$, d.h. das Mengensystem, das aus allen
Teilmengen des $\mathbb{R}^n$ einschließlich ϕ , der leeren Menge, besteht. Dann gilt:
P enthält alle Intervalle $I(\alpha_1, \ldots\ldots, \alpha_n)$ des $\mathbb{R}^n$ und ist gegenüber den Operatio-
en Vereinigung, Durchschnitt und Komplement abgeschlossen.
Dieser Satz ist wenig hilfreich für die Konstruktion eines Ereignissystems, da
P das größtmögliche Mengensystem überhaupt ist, das nur Teilmengen des $\mathbb{R}^n$ be-
sitzt. Man wird später sehen, daß dieses Mengensystem zu groß ist, um als System von Ereignissen sinnvoll verwendet zu werden. Man kann bereits jetzt den
Grund dafür ahnen: es wurde nämlich die Forderung aufgestellt, daß jedes Ereignis im Zahlenbereich auch im Objektbereich als Ereignis interpretierbar

sein soll. Diese Forderung ist umso schwerer zu erfüllen, je mehr Ereignisse im Zahlenbereich existieren. Deshalb bietet es sich an,das System im Zahlenbereich so klein wie möglich zu wählen. Es stellt sich damit eine neue Existenzfrage: Existiert überhaupt ein kleinstes System von Teilmengen des $\mathbb{R}^n$, das gleichzeitig Mengenalgebra ist und und alle Basisereignisse enthält? Diese Frage wird beantwortet durch die folgenden beiden Sätze:

<u>Satz 2.2:</u> Seien $\mathcal{A}_1$ und $\mathcal{A}_2$ Mengensysteme über $\mathbb{R}^n$ derart, daß gilt:

A1. $\mathbb{R}^n,\ \phi \in \mathcal{A}_i$

A2. $A,\ B \in \mathcal{A}_i\ \rightarrow A \cap B \in \mathcal{A}_i$ und $A \cup B \in \mathcal{A}_i$

A3. $A \in \mathcal{A}_i \rightarrow \mathbb{R}^n - A = C(A) \in \mathcal{A}_i$

A4. $I(\alpha_1,\ldots,\alpha_n) \in \mathcal{A}_i$ für $(\alpha_1,\ldots,\alpha_n) \in \mathbb{R}^n$.
Sei

$$\mathcal{A}_3 = \{M \mid M \in \mathcal{A}_1 \ \hat{}\ M \in \mathcal{A}_2\} : = \mathcal{A}_1 \cap \mathcal{A}_2.$$

Dann gilt:

$\mathcal{A}_3$ erfüllt die Bedingungen A1 bis A4 des Satzes.

<u>Satz 2.3:</u> Sei $\{\mathcal{A}_j\}_{j \in J}$ ein System von Mengen derart, daß die Bedingungen A1 - A4 für alle A_i, $i \in J$, erfüllt seien. Definiere

$$\mathcal{A}_J = \bigcap_{j \in J} \mathcal{A}_j = \{M \mid M \in \mathcal{A}_j\ \forall j \in J\}.$$

Dann gilt:

$\mathcal{A}_J$ erfüllt die Bedingungen A1 - A4.

Der Beweis beider Sätze ist einfach. Hier sei lediglich gezeigt, daß die Menge $\mathcal{A}_J$ gegenüber Vereinigung abgeschlossen ist, um zu demonstrieren, wie man die übrigen Eigenschaften nachweist.

$$A,\ B \in \mathcal{A}_J \rightarrow A,\ B \in \mathcal{A}_j\ \forall j \in J \rightarrow A \cup B \in \mathcal{A}_j\ \forall j \in J \rightarrow A \cup B \in \mathcal{A}_J.$$

Interessanter als der weitere Beweis dieser Sätze ist folgende Konsequenz: Es gibt eine kleinste Mengenalgebra $\mathcal{A}^n$, die die Bedingungen A1 bis A4 erfüllen. Diese kleinste Mengenalgebra $\mathcal{A}^n$ läßt sich beschreiben als der Durchschnitt aller Mengenalgebren über $\mathbb{R}^n$, die die Bedingungen A_1 - A4 erfüllen.
Dabei erkennt man unschwer, daß die Bedingungen A1 - A3 die Abgeschlossenheit gegenüber den Rechenoperationen Vereinigung, Durchschnitt und Komplement darstellen, während A4 die Forderung beinhaltet, daß alle Basisereignisse zum Mengensystem gehören, das Mengensystem also nicht zu klein ist. Insgesamt gelangt man zu folgender

<u>Definition 2.4:</u> Die kleinste Mengenalgebra (oder einfach Algebra) über $\mathbb{R}^n$, die die Eigenschaften A1 - A4 erfüllt, heißt <u>Ereignisalgebra</u> $\mathcal{A}^n$. Diese Ereignisalgebra heißt auch die durch

$$\left\{ I(\alpha_1, \ldots, \alpha_n) \mid (\alpha_1, \ldots, \alpha_n) \in \mathbb{R}^n \right\}$$

<u>erzeugte Ereignisalgebra.</u>

Im Fall n = 1 kann man die Ereignisalgebra $\mathcal{A}$ aus Definition 2.2 auch folgendermaßen angeben:

Definiere

$$(a, b] = \{x \mid a < x \leq b\},$$

d.h. (a, b] ist ein Intervall, das den rechten, aber nicht den linken Randpunkt enthält. Inklusion des Randpunktes wird also mit "]", "[" bezeichnet und Exklusion des Randpunktes mit "(" bzw. ")". Endliche Intervalle, die beide Randpunkte enthalten, heißen <u>abgeschlossen</u>; endliche Intervalle, die beide Randpunkte nicht enthalten, nennt man <u>offen,</u> Intervalle, die den linken (rechten) Randpunkt (nicht) enthalten, heißen <u>linksseitig (rechtsseitig) (offen)</u> <u>abgeschlossen.</u> Intervalle der Form $(-\infty, a]$ bzw. $[a, \infty)$ heißen <u>abgeschlossen</u> und Intervalle der Form $(-\infty, a)$ bzw. (a, ∞) heißen <u>offen.</u> Die Begriffsbildung "offen" für diese Intervalle resultiert daraus, daß zu jedem Punkt $x \in (-\infty, a)$ bzw. $x \in (a, \infty)$ ein offenes Intervall $(x-\epsilon, x+\epsilon)$ existiert, das ganz im jeweiligen Intervall (a, ∞) bzw. $(-\infty, a)$ liegt. Abgeschlossenheit von Mengen ist in der Weise definiert, <u>daß Komplemente offener Mengen abgeschlossen sind.</u> Mengen M heißen offen, wenn es zu jedem Punkt x der Menge ein offenes Intervall gibt mit der Eigenschaft, daß x aus diesem Intervall ist und dieses Intervall ganz in M liegt. Es gibt Mengen, die weder offen noch abgeschlossen sind.

$\mathcal{A}^1$ ist die Menge aller Teilmengen des $\mathbb{R}^1$, die sich in der Form

$$(a_1, b_1] \cup (a_2, b_2] \cup \ldots \cup (a_n, b_n]$$

bzw.

$$(a_1, b_1] \cup (a_2, b_2] \cup \ldots \cup (a_n, b_n] \cup (a_{n+1}, \infty)$$

mit

$$-\infty \leq a_1 \leq b_1 \leq a_2 \leq b_2 \leq \ldots \leq a_n \leq b_n \leq a_{n+1} < \infty \qquad n \in \mathbb{N}_0$$

darstellen lassen. Denn es gilt:

$$- \quad (a_1, b_1] \cup (a_2, b_2] = \begin{cases} (a_1, b_1] \cup (a_2, b_2] & \text{falls } a_1 < b_1 < a_2 < b_2 \\ (a_1, b_2] & \text{falls } a_1 \leq a_2 \leq b_1 \leq b_2 \\ (a_1, b_1] & \text{falls } a_1 \leq a_2 < b_2 \leq b_1 \end{cases}$$

und diese Fallunterscheidung ist vollständig, falls $a_1 \leq a_2$ vorausgesetzt wird.

$$
- \quad (a_1, b_1] \cap (a_2, b_2] = \begin{cases} (a_2, b_1] & \text{falls} \quad a_1 \leq a_2 < b_1 \leq b_2 \\ \phi & \text{falls} \quad a_1 \leq b_1 \leq a_2 < b_2 \\ (a_2, b_2] & \text{falls} \quad a_1 \leq a_2 < b_2 \leq b_1 \end{cases}
$$

Diese Fallunterscheidung ist vollständig, falls $a_1 \leq a_2$ vorausgesetzt wird.

- $\quad C(a, b] = (-\infty, a] \cup (b, \infty)$.

Man sieht also, daß Vereinigung, Durchschnitt und Komplementbildung aus der angegebenen Menge nicht herausführt. Für $\mathcal{A}^n$ erhält man eine kompliziertere, aber ähnliche Darstellung.

2.3.3. Elementarereignisse als Zahlentupel

Betrachtet man die obige Darstellung der Ereignisalgebra $\mathcal{A}^1$ aus Definition 2.4, so stellt man unmittelbar fest, daß gilt:

<u>Satz 2.5:</u> Sei $M = \{x\}$ mit $x \in \mathbb{R}$. Dann gilt: $\{x\} \notin \mathcal{A}^1$.

In Worten: Das präziseste aller möglichen Meßergebnisse, nämlich die exakte Angabe des Meßwertes durch x, ist nicht aus der Mengenalgebra. Dabei wird $\{x\}$ anstelle von x geschrieben, um zu verdeutlichen, daß x in $\{x\}$ als Teilmenge von $\mathbb{R}$, also als Element eines Systems von Teilmengen von $\mathbb{R}$, und nicht als Element von $\mathbb{R}$ aufgefaßt wird.

Es gilt nämlich:

$$x \in (a, b] \rightarrow a < x \leq b.$$

Wegen

$$a < x$$

gibt es c derart, daß gilt

$$a < c < x.$$

Mit $x \in (a, b]$ gibt es also immer ein $c \in (a, b]$ mit $x \neq c$. Also läßt sich $\{x\}$ nicht als Intervall in der Form (a, b] darstellen, da der Randpunkt a nicht zum Intervall gehört. Würde jedoch der Randpunkt zum Intervall gehören, so ließe sich x durch [x, x] darstellen lassen.

Dies heißt im Kontext des Mengensystems, in dem alle Ereignisse als Teilmengen des $\mathbb{R}^1$ bzw. allgemeiner des $\mathbb{R}^n$ auffaßt werden, daß x bzw. allgemeiner

$(x_1, \ldots, x_n)$ nicht als Ereignis interpretierbar ist, solange die Zwischenwerte c Elementarereignisse sind. Man erinnere sich: bei der Zuordnung

weiblich = 0

männlich = 1

wird ein möglicher Zwischenwert nicht als Ereignis interpretiert, da er gemäß dem Gesetz, daß es nur Menschen zweierlei Geschlechts gibt, logisch ausgeschlossen ist. Das Problem des Zwischenwertes c ist also eines, das nur stetig skalierbare Attribute betrifft und nicht diskret skalierte.

2.3.3.1. Elementarereignisse als schärfstmögliche Beschreibung von Alternativen

Andererseits treten aber genau diese schärfstmöglich beschriebenen Alternativen ein, d.h. ein exakter Meßvorgang liefert genau eine Zahl bzw. genau einen Zahlenvektor als Ergebnis. Ein derartiger Vektor bzw. eine derartige Zahl ist also eine so genaue Beschreibung dessen, was eingetreten ist, daß genau eine Alternative beschrieben ist und nicht wie etwa bei einem Intervall (a, b] aufgrund der Ungenauigkeit der Ereignisangabe zahlreiche Alternativen mit dem angegebenen Meßergebnis verträglich sind. Dies führt zur

<u>Definition 2.5:</u> Ein Element $(\alpha_1, \ldots, \alpha_n)$ des $\mathbb{R}^n$ heißt <u>Elementarereignis.</u>
Elementarereignisse entsprechen solchen Angaben der Meßwerte, die genau eine Alternative kennzeichnen und nicht in mehrere Alternativen aufgespaltet werden können; Elementarereignisse sind also die schärfstmögliche Angabe der eingetretenen Alternative.

<u>Definition 2.6:</u> Alle Ereignisse, die mehrere Alternativen umfassen, heißen <u>zusammengesetzte Ereignisse.</u>

2.3.3.2. Zur Bedeutung von "ein Ereignis tritt ein"

Da immer genau eine Alternative sich wirklich ereignet, ist nun die Frage nach der Bedeutung von "ein Ereignis tritt ein" zu stellen. <u>Eintreten eines Ereignisses heißt, daß eine der Alternativen (Elementarereignisse), die das Ereignis umfaßt, eingetreten ist.</u>
In der Statistik wird dafür die folgende Sprechweise benutzt: <u>Sei X eine Zu-</u>

<u>fallsvariable; sei $(x_1, \ldots, x_n)$ der Vektor der exakten Meßwerte des eingetretenen Elementarereignisses. Dann ist das Ereignis A $\subset$ $\mathbb{R}^n$ eingetreten, wenn gilt:</u>

$$(x_1, \ldots, x_n) \in A.$$

Zur Erinnerung: Eine Zufallsvariable X ordnet jedem denkbaren Ausgang eines Zufallsexperiments ein Element $(x_1, \ldots, x_n)$ des $\mathbb{R}^n$ zu. Dies geschieht auf der Basis der Alternativenbeschreibung durch die Angabe von Objekten, Attributen und Festlegung des Meßvorgangs <u>vor Durchführung des Experiments</u>, X beschreibt also die Versuchsanordnung und Auswertung vor Durchführung des Experiments und stellt somit ein a - priori - Konzept dar. Vor Durchführung des Experiments ist also noch offen, was sich beim Experiment ereignet; erst nach Durchführung des Experiments steht der Ausgang fest, man spricht von Realisation einer Zufallsvariablen im Anschluß an die Durchführung des Experiments, das dann eingetretene Ereignis wird also als <u>Realisation der Zufallsvariablen X</u> bezeichnet und kennzeichnet den Ausgang eines bestimmten Experiments von bestimmtem Typ. Der exakt gemessene Ausgang eines Experiments ist also ein Elementarereignis. Eintreten eines Ereignisses heißt, daß das beobachtete Elementarereignis Element der das Ereignis A bildenden Menge von Elementarereignissen ist.

Angesichts dessen, daß es Elementarereignisse sind, die man beobachtet, diese Elementarereignisse aber nicht zur Ereignisalgebra $\mathcal{A}^n$ gehören, empfinden Statistiker die Ereignisalgebra als zu eng, um sich auf die Elemente dieser Ereignisalgebra $\mathcal{A}$ bei der Festlegung dessen, was Ereignisse sein sollen, zu beschränken: anders ausgedrückt, die Mindestanforderungen, die man an ein System von Teilmengen des $\mathbb{R}^n$ stellt, werden durch $\mathcal{A}^n$ noch nicht erfüllt.Man wird also insbesondere aus intuitiven Gründen verlangen, daß die zu Elementarereignissen gehörigen Vektoren der exakten Meßwerte, $(x_1, \ldots, x_n)$, zu dem System von Teilmengen des $\mathbb{R}^n$ gehören, das das mathematische Modell für die zu betrachtenden Ereignisse bildet. $\mathcal{A}^n$ ist also um weitere Mengen zu erweitern.

2.3.4.   Zwei Alternativen zur Durchführung einer Erweiterung der Ereignisalgebra

2.3.4.1. Die Vorgehensweise der schrittweisen Adjunktion von Ereignissen

Es gibt mindestens zwei Möglichkeiten, die Ereignisalgebra $\mathcal{A}^n$ so um weitere Teilmengen des $\mathbb{R}^n$ zu erweitern, daß man zu einem als angemessen angesehenen

Mengensystem als Modell für die Ereignisse gelangt. Denn man hat zwei Typen von Anforderungen an das System gestellt, das Ereignisse beschreiben soll: man hat einerseits die Abgeschlossenheit gegenüber bestimmten Operationen gefordert und andererseits verlangt, daß bestimmte Teilmengen des $\mathbb{R}^n$ zum Mengensystem gehören sollen.

Ein Weg besteht also darin, durch Einbeziehung weiterer Mengen in das Mengensystem das Erweiterungsproblem zu lösen. Ein solches Vorgehen läuft darauf hinaus, solche Teilmengen, die noch nicht zum Mengensystem gehören, die man aber gern als Ereignisse interpretieren möchte, zusätzlich in die Ereignisalgebra $\mathcal{A}^n$ aufzunehmen. Hinzufügung von Elementarereignissen allein wäre aber wenig hilfreich, da dann die Eigenschaft der Abgeschlossenheit gegenüber den mengentheoretischen Operationen Vereinigung, Komplement, Durchschnitt verlorengegangen wäre. Das Mengensystem ist also um weitere Mengen zu erweitern, um die Durchführbarkeit der mengentheoretischen Operationen im erweiterten System vornehmen zu können. Es ist nicht gelungen, diesen Weg in einer Weise zu beschreiten, die sicherstellt, <u>daß alles, was man als Ereignis interpretieren will, wirklich zum Mengensystem gehört</u>. Der Weg ist zwar versucht worden, hat sich aber nicht als erfolgreich erwiesen.

2.3.4.2. Der Übergang zu abzählbar unendlicher Vereinigung und Durchschnitt

Man kann stattdessen auch bei den Operationen ansetzen, gegenüber denen das Mengensystem abgeschlossen sein soll.

Man hatte für eine Mengenalgebra gefordert, daß die Vereinigung bzw. der Durchschnitt zweier Mengen A, B wieder zur Mengenalgebra gehört. Diese Forderung reicht aus, um zu sichern, daß die Vereinigung bzw. der Durchschnitt endlich vieler Mengen wieder zur Mengenalgebra gehört, denn die Vereinigung von n Mengen läßt sich auf die n-1 - fache Wiederholung der Vereinigung von zwei Mengen zurückführen. Wenn man aber die Vereinigung bzw. den Durchschnitt unendlich vieler Mengen der Mengenalgebra untersucht, kann nicht mehr garantiert werden, daß gilt:

$$\{A_i\}_{i \in \mathbb{N}} \text{ System von Teilmengen von } \mathcal{A}^n \rightarrow \bigcup_{i \in \mathbb{N}} A_i \in \mathcal{A}^n \cdot \bigcap_{i \in \mathbb{N}} A_i \in \mathcal{A}^n.$$

Die Erweiterung des Mengensystems $\mathcal{A}^n$ zu einem Mengensystem $\mathcal{B}^n$, das der Beziehung

$$\{A_i\}_{i \in \mathbb{N}} \text{ System von Teilmengen von } \mathcal{B}^n \rightarrow \bigcup_{i \in \mathbb{N}} A_i \in \mathcal{B}^n \cdot \bigcap_{i \in \mathbb{N}} A_i \in \mathcal{B}^n$$

genügt, wäre aber hilfreich, denn es gilt:

1. $(\infty, b] \cap [b, \infty) = [b, b] = \{b\}$;

2. $\bigcup_{n \in \mathbb{N}} (- \infty, b - 1/n] = (- \infty, b)$;

3. $C(-\infty, b) = [b, \infty)$.

In Worten: Ein Punkt b läßt sich als Durchschnitt zweier abgeschlossener Intervalle darstellen, $[b, \infty)$ ist aber nicht aus $\mathcal{A}^1$, da $(- \infty, b)$ nicht aus $\mathcal{A}^1$ ist.

Hätte man aber $\mathcal{A}^1$ so erweitert daß die Abgeschlossenheit gegenüber abzählbarer Vereinigung erfüllt wäre, so wäre $(- \infty, b)$ als abzählbare Vereinigung von Mengen aus $\mathcal{A}^1$ darstellbar. Komplementbildung würde sichern, daß $[b, \infty)$ zu diesem erweiterten Mengensystem gehört, und nach 1. gehörten dann auch Elementarereignisse zu diesem erweiterten Mengensystem. Der Preis ist natürlich hoch, die Forderung nach Abgeschlossenheit gegenüber Vereinigung und Durchschnitt abzählbar vieler Mengen (Abzählbare Vereinigung bzw. abzählbarer Durchschnitt) vergrößert das Mengensystem enorm, man schafft sich also wieder neue Schwierigkeiten bei der Erfüllung der Forderung, daß alle Teilmengen eines Zahlenbereichs, die als Ereignisse interpretiert werden, auch im Objektbereich interpretierbar sein sollen. Man erinnere sich: deswegen wurde die Potenzmenge des $\mathbb{R}$ als ungeeignet aufgegeben. Dennoch hat die Statistik genau diesen Weg beschritten. Mathematisch bedeutet dieser Weg, daß die Möglichkeit der Einbeziehung von Grenzprozessen geöffnet worden ist. Die Sicherung der Möglichkeit, Grenzbetrachtungen durchzuführen, stellt ein äußerst schlagkräftiges Konzept zur Verfügung.

Ersetze also die Forderung A3 durch

σ3: Sei $\{A_i\}_{i \in \mathbb{N}}$ Folge von Elementen aus S. Dann gilt:

$$\bigcup_{j \in \mathbb{N}} A_j \in S \qquad \text{und} \qquad \bigcap_{j \in \mathbb{N}} A_j \in S.$$

Diese Eigenschaft σ3 heißt die Eigenschaft der $\underline{\sigma - \text{Abgeschlossenheit des Men-}}$ $\underline{\text{gensystems gegenüber Vereinigung und Durchschnitt.}}$

2.3.4.3. σ - Algebren

Die Eigenschaft σ3 führt zu folgender

<u>Definition 2.7:</u> Ein Mengensystem S von Teilmengen des $\mathbb{R}^n$, das die Bedingungen

A1: $\mathbb{R}^n \in S$

A2: $M \in S \rightarrow C(M) \in S$

σ3: $\{M_i\}_{i \in \mathbb{N}}$ sei Folge von Mengen aus S. Dann gilt

$$\bigcup_{i \in \mathbb{N}} M_i \in S \quad \hat{} \quad \bigcap_{i \in \mathbb{N}} M_i \in S$$

erfüllt, heißt σ - Algebra.

2.3.4.3.1. Die Ereignis - σ - Algebra

Nun sind die Voraussetzungen bereitgestellt, das Mengensystem zu beschreiben, das als mathematisches Modell für die Ereignisse dienen soll:
Man wird zunächst verlangen, daß die ursprüngliche Minimalforderung
A4: $I(\alpha_1, \ldots\ldots, \alpha_n) \in S$

erfüllt ist. Außerdem soll dieses Mengensystem eine σ - Algebra sein. Beide Forderungen sind derart, daß sie Mindestanforderungen an die Größe des Mengensystems stellen. Wiederum ist darauf zu achten, daß das Mengensystem nicht zu groß wird. Es wurde bereits bei der Diskussion der Ereignisalgebra ein Instrument zur Beschneidung der Größe des Mengensystems kennengelernt, nämlich die Wahl des kleinsten Mengensystems, das die geforderten Eigenschaften erfüllt. Dabei benutzte man den Sachverhalt, daß der Durchschnitt von Algebren wieder Algebra ist. Dieser Sachverhalt sicherte die <u>Existenz</u> eines kleinsten Mengensystems, das die Eigenschaften A1 bis A4 erfüllt. Es liegt nahe, zu überlegen, ob ein derartiges Argument sich auf σ - Algebren übertragen läßt. Tatsächlich gilt folgender
<u>Satz: 2.6:</u> Sei $\{S_i\}_{i \in I}$ ein System von σ - Algebren über dem $\mathbb{R}^n$, d.h. jedes S_i ist ein System von Teilmengen des $\mathbb{R}^n$, das σ - Algebra ist. Es sei darüber hinaus noch A4 erfüllt, d. h. $\forall\, i \in I$ gilt:

$$I(\alpha_1, \ldots\ldots, \alpha_n) \in S_i \;\; \forall\, (\alpha_1, \ldots\ldots, \alpha_n) \in \mathbb{R}^n.$$

Sei

$$S_I = \{A \mid A \in S_i \;\; \forall\, i \in I\}.$$

Dann gilt:

S_I ist σ - Algebra über $\mathbb{R}^n$ und erfüllt die Bedingung A4.

Dieser Satz sichert wiederum die Existenz der kleinsten σ - Algebra über $\mathbb{R}^n$, die außerdem die Bedingung A_4 erfüllt,da sie gewonnen werden kann als Schnittmenge aller σ - Algebren über $\mathbb{R}^n$, die A4 erfüllen. Dies führt zu folgender

Definition 2.8: Die kleinste σ - Algebra über $\mathbb{R}^n$, die die Bedingung A4 erfüllt (und als Durchschnitt aller σ - Algebren über $\mathbb{R}^n$ gewonnen wird, die A4 erfüllen), heißt __Borel'sche σ - Algebra__ oder __Ereignis - σ - Algebra__ über $\mathbb{R}^n$. Dabei gibt $\mathbb{R}^n$ die Menge der Elementarereignisse an, und $\mathcal{B}^n$ ist das System von Teilmengen des $\mathbb{R}^n$, die als Ereignisse im Zahlenbereich interpretiert werden.

2.3.4.3.2. Der Preis für den Übergang zur Ereignis - σ - Algebra: Preisgabe der Entscheidbarkeit von Ereignissen

Aufgrund der Geltung von A4 sind alle Basisereignisse Elemente von $\mathcal{B}^n$, die Eigenschaft der Abgeschlossenheit gegenüber abzählbarer Vereinigung und abzählbarem Durchschnitt sichert, daß alle Elementarereignisse Elemente aus $\mathcal{B}^n$ sind. Der Übergang von Abgeschlossenheit gegenüber endlicher Vereinigung und Durchschnitt zu Abgeschlossenheit gegenüber abzählbarer Vereinigung und Durchschnitt ist so wirkungsvoll, daß das so erhaltene Mengensystem $\mathcal{B}^n$ für die theoretischen Belange __groß genug__ ist; die Beschränkung auf die kleinstmögliche σ -Algebra, die A4 erfüllt, sichert, daß das Mengensystem $\mathcal{B}^n$ aus Sicht der Vertreter der Kolmogoroff - Schule in der Wahrscheinlichkeitstheorie gleichzeitig __nicht zu groß__ ist. Hierzu ist später, wenn der Begriffsapparat weiter ausgebaut ist, das Beurteilungskriterium zu nennen. Dieses Beurteilungskriterium ist die Fähigkeit, Wahrscheinlichkeitsverteilungen, die völlig problemlos auf der Ereignisalgebra $\mathcal{A}^n$ definiert werden können, ohne Verlust von gewünschten Eigenschaften auf $\mathcal{B}^n$ auszudehnen. Eine Ausdehnung auf die Potenzmenge des $\mathbb{R}^n$ wäre nicht immer möglich gewesen, weshalb die Kolmogoroff - Schule die Wahl der Potenzmenge als Ereignis - σ - Algebra abgelehnt hatte. Hierzu wird später ein Beispiel gegeben.

Stützt man sich aber auf das Kriterium, daß man entscheiden können muß, ob ein Ereignis eingetreten ist oder nicht,so stellt sich unter diesem Kriterium heraus, daß die Borelsche σ - Algebra bereits ein zu großes Mengensystem ist. Denn es ist Mathematikern gelungen,nachzuweisen, daß es Elemente aus $\mathcal{B}^n$ gibt, die als Elemente aus $\mathcal{B}^n$ als Ereignisse aufgefaßt werden, ohne daß sie in einer Form beschreibbar wären, die es erlaubt zu beurteilen, ob sie eingetreten sind oder nicht. Die Darlegung eines derartigen Beispiels erfordert ein derart aufwendiges Instrumentarium, daß hier darauf verzichtet sei. Dieser Punkt soll verdeutlichen, daß die Grundlagen der Wahrscheinlichkeitstheorie und damit die Grundlagen allen statistischen Schließens unter Fachleuten durchaus umstritten sind. Es gibt mehrere statistischen Schulen, die sich wechselseitig ablehnen, weil sie die Ergebnisse jeweils an unterschiedlichen Kriterien messen.

2.3.4.3.3. Gründe für die Wahl der Ereignis - σ - Algebra

Es seien abschließend noch einmal die Gründe für die Wahl von $\mathcal{B}^n$ als Ereignis - σ - Algebra zusammengestellt:

1. Das Mengensystem ist groß genug, d.h. es sind keine Teilmengen des $\mathbb{R}^n$ konstruiert worden, die vom Objektbereich her gesehen interpretiert werden sollten und gleichzeitig nicht aus $\mathcal{B}^n$ waren. Dies ist ein anwendungsorientiertes Argument.

2. Eine weitere Vergrößerung würde zwar noch innerhalb der der Kolmogoroff - Schule zugrundeliegenden Kriterien möglich sein, sie würde sich aber erst recht in Gegensatz setzen zur Forderung nach Entscheidbarkeit von Ereignissen. Die Ereignis - σ - Algebra ist also groß genug.

3. Aus Sicht der Kolmogoroff - Schule ist die Borel'sche σ - Algebra nicht zu groß, d. h. sie erlaubt die Fortsetzung von Wahrscheinlichkeitsverteilungen, die auf $\mathcal{A}^n$ definiert sind, ohne Preisgabe von gewünschten Eigenschaften auf $\mathcal{B}^n$. Dieser letzte Satz wird im nächsten Kapitel unter dem Schlagwort "Maßerweiterungssatz" präzisiert, wenn der Begriff der Wahrscheinlichkeitsverteilung zur Verfügung steht.

2.3.4.3.4. Die Borel'sche σ - Algebra, im Falle, daß die Menge der Elementarereignisse echte Teilmenge des $\mathbb{R}^n$ ist

Es wurde bereits angesprochen, daß das Problem des Übergangs von der Ereignis - Algebra $\mathcal{A}^n$ zur Borel'schen σ - Algebra $\mathcal{B}^n$ sich nicht stellt, wenn die Anzahl der Alternativen endlich ist, da dann notwendig jedes Elementarereignis in der Ereignis - Algebra $\mathcal{A}^n$ liegt. Im Falle des $\mathbb{R}^1$ wurde dies damit begründet, daß es zu jedem Elementarereignis $\{x\}$ ein Intervall (a, b] gibt derart, daß x der einzige Punkt des Intervalls ist, der nicht aus logischen Gründen ausgeschlossen ist. Hinter diesem Argument steht ein allgemeineres Konstruktionsprinzip, das nun zu diskutieren ist:
Sei $M \subset \mathbb{R}^n$ echte Teilmenge, es sei bekannt, daß sämtliche Elementarereignisse aus M sind. Dann gewinnt man die zugehörige Borel'sche σ - Algebra $\mathcal{B}^n(M)$ auf

folgende Weise:

$$\mathcal{B}^n(M) = \{A \mid A = B \cap M \ ^\wedge \ B \in \mathcal{B}^n = \mathcal{B}^n(\mathbb{R}^n)\}.$$

In Worten besagt dies folgendes: Man gelangt zu einem Ereignis aus $\mathcal{B}^n(M)$, indem man die Schnittmenge eines Ereignisses $B \in \mathcal{B}^n$ mit M, der Menge der logisch möglichen Ereignisse, bildet. Die Menge der logisch möglichen Ereignisse führt später zum Konzept der <u>Trägermenge</u>. Das allgemeine Konstruktionsprinzip, das zur σ - Algebra $\mathcal{B}^n$ führte, muß also lediglich um die Operation "Durchschnitt mit der Trägermenge" ergänzt werden. Man hätte sich auch damit begnügen können, als Ereignis - σ - Algebra $\mathcal{B}^n$ beizubehalten. Dann hätte man sich die zusätzliche Operation der Schnittbildung mit M dadurch erspart, daß man sich auf den Standpunkt stellt, an der Präzision der Beschreibung ändere sich nichts, wenn man etwas logisch unmögliches nicht explizit ausschließe. Man hat aber diese Vorgehensweise nicht gewählt, weil in vielen Fällen die Ereignis - σ - Algebra $\mathcal{B}^n(M)$ einfacher ist als $\mathcal{B}^n$ und im Gegensatz zu $\mathcal{B}^n$ explizit angegeben werden kann.

<u>Beispiel:</u> Sei M = $\{0, 1, \ldots,n\} \subset \mathbb{R}^1$. Dann fällt die Ereignis - σ - Algebra $\mathcal{B}^1(M)$ mit der Potenzmenge von M überein. Insbesondere hätte es nicht des Übergangs von der endlichen Vereinigung (Durchschnitt) zu abzählbarer Vereinigung (Durchschnitt) bedurft, da die Trägermenge nur endlich viele Elemente besitzt.

<u>Beispiel:</u> M = $\mathbb{Z} \subset \mathbb{R}^1$. Die Menge der ganzen Zahlen ist abzählbar, also gilt: $\mathcal{B}^1(M) = \mathcal{B}^1(\mathbb{Z})$ fällt mit der Potenzmenge von $\mathbb{Z}$ zusammen, da $\mathbb{Z}$ nur abzählbar viele Elemente besitzt. In diesem Fall ist aber der Übergang von der endlichen Vereinigung (Durchschnitt) zu abzählbarer Vereinigung (Durchschnitt) bedeutsam, da die Beschränkung auf endliche Vereinigung (Durchschnitt) zu einem kleineren Mengensystem als dem der Potenzmenge $P(\mathbb{Z})$ geführt hätte.

Beide Beispiele erläutern, daß es bisweilen möglich ist, alle Teilmengen der Menge der Elementarereignisse als Ereignisse zu interpretieren; dies ist immer dann der Fall, wenn die Anzahl der logisch möglichen Elementarereignisse nicht zu mächtig ist. Die Menge der Elementarereignisse ist immer dann nicht zu mächtig, wenn sie sich durch eine <u>diskrete </u>Teilmenge des $\mathbb{R}^n$ beschreiben läßt. Dabei heißt "diskret", daß jeder Punkt vereinzelt liegt, d. h. daß es um jeden Punkt ein offenes Intervall gibt des $\mathbb{R}^n$ gibt derart, daß der Punkt das einzige Elementarereignis ist, das in diesem offenen Interval liegt. Diese Bedingung ist hinreichend, aber nicht notwendig.

Die Menge der Elementarereignisse ist auf jeden Fall zu mächtig, wenn es zwei Punkte x, y in der Trägermenge gibt, so daß alle Punkte der Verbindungslinie zwischen x und y zu der Trägermenge gehören. Dies macht frühere Hinweise auf die Präzision der Messung deutlich, insbesondere wird das Problem der exakten Messung klar, das sich besonders streng für stetige Merkmale (Attribute) stellt.

2.4. Zusammenfassung

In Kapitel 2 wurde diskutiert:
- wie man reale Situationen in Zahlenbereiche "übersetzt"; betont wurde die Vorstellung, die reale Situation sei angemessen zu beschreiben durch die auftretenden Objekte, die diese Objekte charakterisierenden Attribute und den Grad der Erfüllung des jeweiligen Attributs bei jedem Objekt. Insbesondere stützt man sich auf die Vorstellung, dazu benötige man nur endlich viele Objekte und Attribute. Die Übersetzungsarbeit wird nun geleistet durch den Meßvorgang, der besteht
  - in der Nennung von Objekten
  - in der Nennung von Attributen
  - in der Zuweisung von Zahlen an die einzelnen Attribute der einzelnen Objekte, um den Erfüllungsgrad auszudrücken. So wurden Situationen durch Vektoren $(x_1, \ldots \ldots, x_n)$ im Zahlenbereich ausgedrückt.

  Diese Überlegungen führten zum Begriff der Zufallsvariablen.
- Unmittelbar daran schloß sich das Problem der Unterscheidung und der Unterscheidbarkeit an. Es wurde gefragt, was es sinnvollerweise heißen kann, wenn man von Gleichheit zweier Situationen bzw. von Wiederholungen (wiederholten Situationen) spricht. Dies wurde auf die Übereinstimmung von Beschreibungen zurückgeführt. Dies war hilfreich, um zu erkennen, wie viele theoretische Implikationen das Reden von Gleichheit bzw. von Wiederholungen in sich birgt. Was man Fakten nennt, stellt die eigene Sicht der Dinge dar und nicht notwendig die Dinge selbst. Die Diskussion von Wiederholungen von Zufallsexperimenten führte dann zu den Konzepten der Gleichverteilung und der stochastischen Unabhängigkeit von Zufallsexperimenten.
- Obwohl zunächst einmal nur Elementarereignisse eintreten, gibt es zahlreiche Gründe, sich für zusammengesetzte Ereignisse zu interessieren. Da der Meßvorgang Elementarereignisse auf Elemente des $\mathbb{R}^n$ abbildet und zusammengesetzte Ereignisse aus lauter Elementarereignissen bestehen, werden zusammengesetzte Ereignisse als Teilmengen des $\mathbb{R}^n$ dargestellt. Nun

sind nicht ohne Verstoß gegen bestimmte, später noch genauer zu beschrei-
bende Kriterien alle Teilmengen des $\mathbb{R}^n$ (der Potenzmenge des $\mathbb{R}^n$) als Ereignisse interpretierbar; damit steht man vor dem Problem, zu beschrei-
ben, welche Teilmengen des $\mathbb{R}^n$ als Ereignisse aufgefaßt werden können und
welche nicht. Die zugehörige Diskussion fand statt unter dem Aspekt, daß
das zu bestimmende Mengensystem, das schließlich als Modell für die
mathematische Beschreibung von Ereignissen dienen soll, weder zu klein
noch zu groß ist. Die Forderung nach Abgeschlossenheit gegenüber den mengentheoretischen Operationen Vereinigung, Komplement und Durchschnitt sowie die Forderung, daß alle Basisereignisse als Ereignisse interpretiert
werden sollen, führte zur Betrachtung von Mengensystemen, die A1, A2 und
A3 erfüllen und somit Mengenalgebren sind, die darüber hinaus A4 erfüllen
und somit einen Mindestumfang aufweisen müssen. Dem Umstand, daß das Mengensystem nicht zu groß sein darf, um Interpretationsschwierigkeiten zu
vermeiden, wurde Rechnung getragen, indem man das kleinstmögliche Mengensystem suchte, das A1 bis A4 erfüllt. Hier ist zunächst eine Existenzfrage zu stellen: Existiert eine kleinste Mengenalgebra, die die Bedingungen
A1 bis A4 erfüllt? Diese Frage konnte positiv beantwortet werden, da die
Menge der Elemente, die Algebren über $\mathbb{R}^n$ gemeinsam haben, wieder Algebra
über $\mathbb{R}^n$ ist. Dies führte zur Ereignisalgebra $\mathcal{A}^n$. Es zeigte sich aber, daß
$\mathcal{A}^n$ nicht groß genug war, um dem intuitiv sinnvollen Anspruch zu genügen,
daß ein Elementarereignis als Ereignis aufgefaßt werden soll. Anders ausgedrückt, Vektoren des $\mathbb{R}^n$ als mathematische Darstellung von Elementarereignissen sind nicht gleichzeitig Elemente von $\mathcal{A}^n$ als mathematischer Beschreibung aller Ereignisse. Damit ist $\mathcal{A}^n$ als Mengensystem zur Beschreibung von Ereignissen anzureichern um weitere Mengen.
Hierzu sind zwei Wege vorgeschlagen worden. Ein Weg bestand in der
schrittweisen Hinzunahme von Mengen zu $\mathcal{A}^n$; dieser Weg wurde abgebrochen,
weil keine Aussicht auf erfolgreichen Abschluß dieses Weges gesehen wurde. Stattdessen wurde an der Eigenschaft A3 angesetzt. Man ging von der
Forderung nach Abgeschlossenheit gegenüber endlicher Vereinigung und
Durchschnitt ab und verschärfte sie zur Forderung $\sigma 3$ nach abzählbarer
Vereinigung und abzählbarem Durchschnitt. Diese Forderung führte zum Begriff der σ - Algebra über dem $\mathbb{R}^n$. Das Mengensystem, dessen Elemente als
Ereignisse interpretiert werden sollen, muß also σ - Algebra sein. Wiederum ist die Forderung zu beachten, daß das Mengensystem nicht zu groß
sein darf, um Interpretationsschwierigkeiten zu vermeiden (Ereignisse im

Zahlenbereich sollen auch im Objektbereich interpretierbar sein). Jetzt stellt man die Frage nach der Existenz der kleinsten σ - Algebra über $\mathbb{R}^n$, die A4 erfüllt; wieder gelingt eine positive Antwort, weil der Durchschnitt von σ - Algebren wieder σ - Algebra ist. Dies führt zur Borelschen σ - Algebra als Durchschnitt aller σ - Algebren über $\mathbb{R}^n$, die A4 erfüllen.

Anschließend wurde die Eignung von $\mathcal{B}^n$ als Ereignissystem diskutiert. Positiv wurde erwähnt, daß das Ereignissystem groß genug sei. Negativ wurde angemerkt, daß es in $\mathcal{B}^n$ ein Element M (Teilmengen des $\mathbb{R}^n$) gibt, das nicht in einer Form beschrieben werden kann, die die Entscheidung gestattet, ob ein Elementarereignis aus M ist oder nicht. Die Forderung nach Entscheidbarkeit eines Ereignisses ist also preiszugeben, wenn $\mathcal{B}^n$ als System von Ereignissen interpretiert werden soll. Trotz dieses Entscheidungsproblems wird in der auf Kolmogoroff zurückgehenden Wahrscheinlichkeitsrechnung $\mathcal{B}^n$ als Ereignis - σ - Algebra verwendet, da das Kriterium dieser Schule zur Überprüfung der Eignung eines Mengensystems zur Beschreibung von Ereignissen ein anderes ist: nämlich das der Definierbarkeit von Wahrscheinlichkeitsverteilungen. Diesem Begriff ist der nächste Abschnitt gewidmet.

Aufgabe 2.1: Erklären Sie die Konzepte
- Basisereignisse
- Elementarereignisse
- zusammengesetzte Ereignisse.
Erklären Sie, wie man zum Konzept der Ereignis - Algebra $\mathcal{A}^n$ gelangt ist. Welches Problem hat dazu geführt, daß man zur Ereignis - σ - Algebra $\mathcal{B}^n$ übergegangen ist?
Welche Möglichkeit eröffnet der Übergang von der Forderung der Abgeschlossenheit gegenüber endlich häufiger Vereinigung zur Forderung der Abgeschlossenheit gegenüber der abzählbar häufigen Vereinigung?

Aufgabe 2.2: Warum beschränkt man sich bei der Bestimmung der Ereignis - σ - Algebra auf die kleinstmögliche σ - Algebra, die die entsprechenden Bedingungen erfüllt?

Aufgabe 2.3: Welche Ereignis - σ - Algebra können Sie verwenden im Falle, daß die Menge der Elementarereignisse endlich oder abzählbar ist?

Aufgabe 2.4: Ausgehend von A^1 zeigen Sie, daß $\mathbb{Q}$ durch eine Menge von Intervallen der Form $\{(a_i, b_i]\}_{1 \leq i \leq n}$ überdeckt werden kann, so daß gilt:

1. $\mathbb{Q} \in \bigcup_{i \in \mathbb{N}} (a_i, b_i]$

2. $\sum_{i \in \mathbb{N}} (b_i - a_i) < \epsilon$ für beliebiges $\epsilon > 0$.

Anleitung: Zeigen Sie, daß gilt

$$\sum_{i=1}^{n} \frac{1}{i(i+1)} = \frac{n}{n+1}$$

und verwenden Sie, daß $\mathbb{Q}$ abzählbar ist, indem Sie eine Abzählung vorgeben und um jedes Element $f_i \in \mathbb{Q}$ ein Intervall der Form

$$(f_i - \frac{\epsilon}{2i(i+1)} , f_i + \frac{\epsilon}{2i(i+1)}]$$

konstruieren.

Aufgabe 2.5: Zeigen Sie, daß eine Überdeckung der Form

$$\mathbb{Q} \subset \bigcup_{i=1}^{n} (a_i, b_i]$$

mit $-\infty \leq a_i < b_i < \infty$, $1 \leq i \leq n$, nicht existiert, und daß außerdem gilt:

ist $\mathbb{Q}$ durch eine endliche Anzahl von Intervallen der Form

$$\{(a_i, b_i)\}_{1 \leq i \leq n}$$

überdeckbar, so muß für ein i gelten:

$$(a_i, b_i) = (-\infty, \infty) = \mathbb{R}^1.$$

Aufgabe 2.6: Sei $\{a_i\}_{i \in \mathbb{N}}$ Folge von Punkten, für die gilt:

1. $\lim_{n \to \infty} a_i = a$ existiert.

2. $a_i \in (-\infty, b]$ für alle $i \in \mathbb{N}$.

Zeigen Sie, daß gilt: $a \in (-\infty, b]$.

3.   Wahrscheinlichkeitsverteilungen

Ziel dieses Kapitels ist die Einführung von Wahrscheinlichkeitsverteilungen.
Ausgangspunkt von Wahrscheinlichkeitsverteilungen sind Zufallsexperimente. Es
ist bereits bekannt, daß man die unterschiedlichen Ausgänge eines Zufallsexperiments auf der Grundlage des Meßvorgangs als Vektoren des $\mathbb{R}^n$ gewinnt, d.h.
die alternativen Ausgänge werden durch die die Alternativen beschreibenden Objekte, die die Objekte charakterisierenden Attribute und deren Erfüllungsgrad
beschrieben. Der Meßvorgang führt dann zu einem Vektor des $\mathbb{R}^n$, der zugleich
ein Elementarereignis ist. Wahrscheinlichkeiten ordnen jeder Teilmenge des $\mathbb{R}^n$,
die als Ereignis interpretiert wird, die Wahrscheinlichkeit ihres Eintritts
bei Durchführung des Zufallsexperiments zu. Da $\mathcal{B}^n$ als Menge der Ereignisse definiert wurde, ordnen Wahrscheinlichkeitsverteilungen allen Elementen aus $\mathcal{B}^n$
(allen Teilmengen des $\mathbb{R}^n$, die Element aus $\mathcal{B}^n$ sind) die Wahrscheinlichkeit ihres Eintretens bei Durchführung des zugrundeliegenden Zufallsexperiments zu.
Man schreibt das formal in folgender Weise:

$$p(X \in A) = p(A),$$

in Worten: die Wahrscheinlichkeit, daß ein Elementarereignis eintritt, das aus
A ist, beträgt p(A).
Eine Wahrscheinlichkeitsverteilung hat einige Mindestanforderungen zu erfüllen, die eingeführt und begründet werden. Wenn man Mindestanforderungen an
etwas stellt, muß man sicherstellen, daß derartiges existiert. Man hat es wieder mit einem Existenzproblem zu tun. Dieses Existenzproblem ist umso schär-
fer, je größer das Mengensystem ist, das man als Ereignissystem interpretieren
will. Deshalb soll folgendermaßen vorgegangen werden: Zunächst werden die Anforderungen an Wahrscheinlichkeiten formuliert, ohne explizit zu sagen, um
welches Mengensystem es sich handelt. Es wird lediglich unterstellt, daß das
Mengensystem eine Mengenalgebra ist. Dann wird das Existenzproblem wie folgt
diskutiert: zunächst wird gezeigt, daß es Wahrscheinlichkeitsverteilungen
gibt, die sich auf $\mathcal{A}^n$ definieren lassen. Es zeigt sich dabei, daß sich die
Existenz von Wahrscheinlichkeitsverteilungen über $\mathcal{A}^n$ auf die Existenz von
nicht – negativen stetigen Funktionen zurückführen läßt, deren Integral über
$\mathbb{R}^n$ existiert und den Wert 1 annimmt. Anschließend wird ein Konstruktionsverfahren vorgeführt, mit dessen Hilfe die Wahrscheinlichkeitsverteilung auf ein
größeres Mengensystem fortgesetzt werden kann, ohne die Eigenschaft, Wahrscheinlichkeitsverteilung zu sein, zu verlieren. Dieses erweiterte Mengensy-
stem S enthält $\mathcal{A}^n$ als Teilsystem und ist darüber hinaus σ – Algebra. Da $\mathcal{B}^n$ die

kleinste σ - Algebra ist, die $\mathcal{A}^n$ als Teilmenge enthält, muß $\mathcal{B}^n$ Teilsystem von S sein.

Dies ist die Begründung dafür, daß aus Sicht der Kolmogoroff - Statistik die Borel'sche σ - Algebra $\mathcal{B}^n$ nicht zu groß ist.

3.1. Was Wahrscheinlichkeitsverteilungen nicht leisten

Eine Wahrscheinlichkeitsverteilung gibt an, welche Wahrscheinlichkeit einem einzelnen Ereignis beigemessen wird. Sie schildert dabei <u>nicht</u>, wie man derartige Wahrscheinlichkeiten bestimmt, die Definition von Wahrscheinlichkeitsverteilungen erfolgt also nicht auf der Basis einer Messung, sondern sie schildert lediglich das Resultat derartiger Überlegungen, falls sie erfolgreich abgeschlossen worden sind, kurzum: bei der Definition von Wahrscheinlichkeitsverteilungen übergeht man schlicht die Frage, wie man Wahrscheinlichkeitsverteilungen praktisch findet. Tatsächlich stellt sich später heraus, daß Wahrscheinlichkeiten nicht meßbar sind.

Folglich geht es im folgenden darum, einen Minimalkatalog von Forderungen aufzustellen, den man an eine Wahrscheinlichkeitsverteilung stellen muß.

3.2. Minimalanforderungen, denen Wahrscheinlichkeitsverteilungen zu genügen haben

3.2.1. Das unmögliche und das sichere Ereignis, fast - unmögliche und fast - sichere Ereignisse

Ein unmögliches Ereignis hat notwendig die Wahrscheinlichkeit 0, ein sicheres Ereignis notwendig die Wahrscheinlichkeit 1. Die Begriffe "unmögliches Ereignis" und "sicheres Ereignis" treten jetzt zum ersten Mal auf, sie sind also als Teilmengen der Borel'schen σ - Algebra auszudrücken. Ein Ereignis ist nur dann sicheres Ereignis, wenn es auf jeden Fall eintreten muß. Da alle Elementarereignisse als Elemente des $\mathbb{R}^n$ angegeben werden, liegt es also nahe, das sichere Ereignis durch $\mathbb{R}^n$ anzugeben. Ein Ereignis ist sicher dann unmöglich, wenn jedes Elementarereignis, das eintreten kann, nicht zum sicheren Ereignis gehört. Dies weist auf die Mengenoperation "Komplement" hin. Das unmögliche Ereignis ist das Komplement des sicheren Ereignisses. Da das sichere Ereignis durch $\mathbb{R}^n$ angegeben wird und das Komplement des $\mathbb{R}^n$, bezogen auf $\mathbb{R}^n$ als Obermen-

ge, die leere Menge ϕ ist, wird das unmögliche Ereignis durch ϕ angegeben.
Sei also p die Wahrscheinlichkeitsverteilung. Dann lautet die erste Forderung

$$p(\mathbb{R}^n) = 1 \quad \text{und} \quad p(\phi) = 0.$$

Bereits an dieser Stelle sei darauf hingewiesen, daß die Umkehrung nicht gilt,
daß also aus

$$p(A) = 0 \quad \text{bzw.} \quad p(B) = 1$$

A, B Ereignisse, nicht gefolgert werden kann, daß A das unmögliche Ereignis
und B das sichere Ereignis ist. <u>Man nennt vielmehr Ereignisse A, deren Wahrscheinlichkeit 0 ist, fast unmögliche Ereignisse, und Ereignisse, deren Wahrscheinlichkeit 1 ist, fast sichere Ereignisse.</u> Das unmögliche Ereignis ist
also insbesondere fast unmöglich und das sichere Ereignis ist insbesondere
fast sicher. Ursache für diese Terminologie ist die Unterscheidung zwischen
notwendig auszuschließenden (notwendig eintretenden) Ereignissen und solchen
Ereignissen, deren Eintreten nicht logisch ausgeschlossen (logisch gesichert)
werden kann, die aber aufgrund der extremen Spezialisierung (extremen Allgemeinheit) keine Wahrscheinlichkeit > 0 (< 1) zugewiesen werden kann. Es handelt sich also um die Unterscheidung von logisch auszuschließenden (logisch
notwendigen) und empirisch äußerst selten (fast immer) auftretenden Ereignissen.

<u>Beispiel:</u> Skaliert man das Merkmal Geschlecht in der Form

    weiblich = 0

    männlich = 1

und mißt man der Aussage, daß etwas drittes nicht existieren kann, Gesetzes-
charakter bei, so ist eine Realisation 1.5 logisch ausgeschlossen.
Weitere Beispiele für logisch ausgeschlossene Realisationen von Zufallsvariablen findet man überall da, wo als Realisationen nur ganze oder natürliche Zahlen logisch möglich sind. Bei Serien von Münzwürfen ist logisch auszuschließen, daß die realisierte Anzahl von Kronen nicht ganzzahlig ist. Beim Würfeln
ist logisch auszuschließen, daß die gewürfelte Augenzahl nicht ganzzahlig ist.
Die Augenzahl beim Würfeln oder die Anzahl der Kronen beim Münzwurf sind be-
kannte Beispiele für <u>diskrete Skalen.</u>
Das Problem fast unmöglicher bzw. fast sicherer Ereignisse taucht auf bei <u>ste-
tigen oder teilweise stetigen Skalen.</u> Stetige Skalen sind dadurch definiert,
daß mit zwei Werten, die angenommen werden können, auch alle Zwischenwerte
möglich sind. Teilweise stetige Skalen sind dadurch definiert, daß es zwei
Punkte gibt, so daß sämtliche Zwischenpunkte angenommen werden können. Die
Vielzahl der Alternativen, die bei stetigen Skalen möglich sind, führt dazu,

daß möglicherweise jede der (überabzählbar vielen) Alternativen nur mit Wahrscheinlichkeit 0 eintreten kann, weil jedes Elementarereignis derart speziell ist. Komplemente solcher fast unmöglichen Elementarereignisse sind fast sichere Ereignisse.

Zur Erinnerung: es waren stetig skalierte Merkmale, die dazu gezwungen haben, auf die Potenzmenge als Ereignis - σ - Algebra zu verzichten und stattdessen die Borel'sche - Algebra zu konstruieren. Wiederum sind es stetig skalierte Merkmale, die zum das Problem der Unterscheidung zwischen unmöglichen und fast unmöglichen bzw. sicheren und fast sicheren Ereignissen führen. Es stellt sich die Frage, warum man sich auf stetig skalierte Merkmale einläßt, da im täglichen Leben ohnehin immer nur diskret gemessen wird und diskrete Merkmale keine vergleichbaren Schwierigkeiten bereiten. Der Grund liegt darin, daß der numerische Umgang mit diskreten Problemen oft wesentlich schwieriger ist als der numerische Umgang mit stetigen Problemen. Deshalb werden diskrete Probleme häufig durch stetige Probleme "approximiert". Die Frage stetig oder diskret ist also weniger eine Frage des täglichen Lebens, sondern eine Frage der Numerik. Auf diese Zusammenhänge ist noch einzugehen, wenn im 9. Kapitel die zentralen Grenzwertsätze diskutiert werden, ein Paradebeispiel dafür, wie in der Statistik numerisch schwer zu bestimmende diskrete Probleme durch stetige Probleme angemessen ersetzt werden können, wenn hinreichend viele Beobachtungen vorliegen.

3.2.2. Wahrscheinlichkeiten sind nicht - negativ

Man unterstellt, daß gelten muß

$$p(A) \geq 0 \ \forall \ A \in \mathcal{B}^n.$$

Diese Forderung besagt lediglich, daß Wahrscheinlichkeiten nicht negativ sein können, und ist intuitiv völlig klar.

3.2.3. Zur Additivität von Wahrscheinlichkeitsverteilungen

Der intuitive Hintergrund dieser Forderung ist darin zu sehen, daß man die Wahrscheinlichkeit eines Ereignisses zu bestimmen versucht, indem man die Wahrscheinlichkeiten aller Elementarereignisse aufaddiert, die zusammen das Ereignis bilden.

<u>Beispiel:</u> Die Wahrscheinlichkeit, beim Würfeln eine gerade Zahl zu werfen, beträgt 1/2, da von 6 möglichen Ausgängen 3 Ausgänge gerade sind, jeder Ausgang die Wahrscheinlichkeit 1/6 besitzt und $1/6 + 1/6 + 1/6 = 1/2$ gilt.

Diese Überlegung, die intuitiv einsichtig ist, solange man es nur mit endlich vielen oder abzählbar vielen Elementarereignissen zu tun hat, ist die Grundlage für die folgende Forderung:

Seien A, B Ereignisse, $A \cap B = \phi$, also A und B schließen sich wechselseitig aus (das tun Elementarereignisse ohnehin; es tritt immer nur genau ein Elementarereignis ein). Dann gilt

$$p(A \cup B) = p(A) + p(B).$$

Dies ist die Forderung der <u>Additivität</u>.

Es schließen sich unmittelbar folgende Folgerungen an:

- $p(\mathbb{R}^n - A) = 1 - p(A)$ für alle Ereignisse A, denn es gilt:
$A \cap (\mathbb{R}^n - A) = \phi$ und $A \cup (\mathbb{R}^n - A) = \mathbb{R}^n$, $p(\mathbb{R}^n) = 1$.

- $p(A) \leq 1 \; \forall$ Ereignisse A, denn $A \cap C(A) = \phi$, $A \cup C(A) = \mathbb{R}^n$, $p(A) \geq 0$ und
$p(C(A)) \geq 0$, $p(\mathbb{R}^n) = p(A \cup C(A)) = p(A) + p(C(A)) = 1$.

- Seien $\{A_i\}_{1 \leq i \leq n}$ Ereignisse, $A_i \cap A_j = \phi$ für $i \neq j$. Dann gilt:
$$p\left(\bigcup_{i=1}^{n} A_i \right) = \sum_{i=1}^{n} p(A_i).$$

Denn es gilt für $1 \leq t < j \leq n$:
$$\left(\bigcup_{i=1}^{t} A_i \right) \cap A_j = \bigcup_{i=1}^{t} (A_i \cap A_j) = \phi$$

und deshalb (unter Verwendung des Prinzips der vollständigen Induktion)
$$p\left(\bigcup_{i=1}^{n} A_i \right) = p\left(\left(\bigcup_{i=1}^{n-1} A_i \right) \cup A_n \right) = p\left(\bigcup_{i=1}^{n-1} A_i \right) + p(A_n)$$
$$= \sum_{i=1}^{n-1} p(A_i) + p(A_n) = \sum_{i=1}^{n} p(A_i).$$

- Im Falle $A \cap B \neq \phi$ gilt:
$$p(A \cup B) = p(A) + p(B) - p(A \cap B),$$
denn $A = (A - (A \cap B)) \cup (A \cap B)$ und $(A \cap B) \cap (A - (A \cap B)) = \phi$;
$B = (B - (A \cap B)) \cup (A \cap B)$ und $(B \cap A) \cap (B - (A \cap B)) = \phi$;
$(B - (A \cap B)) \cap (A - \cup (A \cap B)) = \phi$
$A \cup B = (A - (A \cap B)) \cup (B - (A \cap B)) \cup (A \cap B).$

Damit erhält man schließlich
$$p(A \cup B) = p(A - (A \cap B)) + p(B - (A \cap B)) + p(A \cap B)$$
$$= (p(A) - p(A \cap B)) + (p(B) - p(A \cap B)) + p(A \cap B)$$
$$= p(A) + p(B) - p(A \cap B).$$

- Seien $\{A_i\}_{1 \leq i \leq n}$ endlich viele Ereignisse; setze

$$B_1 = A_1, \quad B_i = A_i \cap C\left(\bigcup_{j=1}^{i-1} A_j\right).$$

Dann gilt:

$$\bigcup_{i=1}^{n} A_i = \bigcup_{i=1}^{n} B_i$$

$$B_i \cap B_j = \phi$$

$$p\left(\bigcup_{i=1}^{n} A_i\right) = \sum_{i=1}^{n} p(B_i).$$

Offenbar enthält B_2 genau die Elemente aus A_2, die nicht aus A_1 sind, entsprechend enthält B_i genau die Elemente aus A_i, die nicht in einem der $A_1, \ldots, A_{i-1}$ liegen. Damit sind die B_i paarweise disjunkt, ihre Vereinigung stimmt mit der Vereinigung der A_i überein. Daraus folgt aber unmittelbar die Aussage

$$p\left(\bigcup_{i=1}^{n} A_i\right) = \sum_{i=1}^{n} p(B_i).$$

3.2.4. Die σ - Additivität von Wahrscheinlichkeitsverteilungen

Die Wahrscheinlichkeitstheorie verlangt zusätzlich, daß gilt:
Sei $\{A_j\}_{j \in \mathbb{N}}$ Folge paarweise disjunkter Ereignisse, $\bigcup_{j \in \mathbb{N}} A_j$ sei Ereignis. Dann gilt:

$$p\left(\bigcup_{j \in \mathbb{N}} A_j\right) = \sum_{j \in \mathbb{N}} p(A_j) = \lim_{n \to \infty} \sum_{j=1}^{n} p(A_j).$$

Es wird also die Übertragung der Additivität auf abzählbar viele paarweise disjunkte Ereignisse gefordert. Diese Eigenschaft nennt man σ - <u>additiv.</u> Es ist zunächst einmal zu zeigen, daß es sich nicht um eine unvernünftige Forderung handelt, indem gezeigt wird, daß der Limes existiert:
Nach Voraussetzung hat man es mit einer Mengenalgebra zu tun. Also gilt:

$$\bigcup_{i=1}^{n} A_i \text{ ist Ereignis } \forall \, n.$$

Also gilt:

$$p\left(\bigcup_{i=1}^{n} A_i\right) \leq 1.$$

Wegen $A_i \cap A_j = \phi$ für $i \neq j$ gilt

$$p\left(\bigcup_{i=1}^{n} A_i\right) = \sum_{i=1}^{n} p(A_i).$$

Also gilt: die Folge $\left\{p\left(\bigcup_{i=1}^{n} A_i\right)\right\}_{n \in \mathbb{N}}$ ist schwach monoton wachsend und be-

schränkt. Damit existiert $\lim\limits_{n \to \infty} \sum\limits_{j=1}^{n} p(A_j)$.

Die Bedingung der σ - Additivität stellt darauf ab, daß die σ - Algebra $\mathcal{B}^n$ als Ereignisalgebra gewählt wurde, in der also gilt:

$$\{A_i\}_{i \in \mathbb{N}} \text{ System von Ereignissen } \rightarrow \bigcup_{n \in \mathbb{N}} A_i \text{ ist Ereignis.}$$

Damit sichert die Forderung der σ - Additivität, daß die Wahrscheinlichkeit von $\bigcup\limits_{n \in \mathbb{N}} A_i$ durch Grenzwertbetrachtungen auf Wahrscheinlichkeiten von Ereignis-

sen zurückgeführt werden kann, die alle aus $\mathcal{A}^n$ sind. Diese Forderung ist also arbeitserleichternd. Sie ist somit nur mathematisch begründet.

3.2.5. Definition von Wahrscheinlichkeitsverteilungen über einer Mengenalgebra

Sei S^n Mengenalgebra, deren Elemente Teilmengen des $\mathbb{R}^n$ sind. Eine Wahrscheinlichkeitsverteilung über $\{\mathbb{R}^n, S^n\}$ ist eine Abbildung

$$p: S^n \rightarrow [0, 1]$$

mit folgenden Eigenschaften:

1. $p(\mathbb{R}^n) = 1$ und $p(\phi) = 0$

2. $p(A) \geq 0 \; \forall A \in S^n$

3. Für $\{A_i\}_{i \in \mathbb{N}}$ Folge paarweise disjunkter Ereignisse aus S^n, $\bigcup\limits_{j \in \mathbb{N}} A_j \in S^n$ gilt:

$$p\left(\bigcup_{i=1}^{\infty} A_i\right) = \sum_{i=1}^{\infty} p(A_i).$$

Eine Bemerkung noch zur Schreibweise $\{\mathbb{R}^n, S^n\}$: $\mathbb{R}^n$ gibt die Menge der Elementarereignisse an und S^n das System von Teilmengen des $\mathbb{R}^n$, die als Ereignisse interpretiert werden.

3.2.6. Wahrscheinlichkeitsverteilungen auf $\mathcal{A}^n$

Zu diskutieren ist nun die Frage der Existenz von Wahrscheinlichkeitsverteilungen. Diese Frage kann nur in Abhängigkeit vom zugrundeliegenden Mengensystem untersucht werden. Falls man als Mengensystem $\mathcal{A}^n$ wählt, ist die Existenz-

frage besonders einfach zu beantworten in folgender Weise:

<u>Satz aus der Analysis:</u> Es gibt reelle Funktionen f: $\mathbb{R}^1 \to \mathbb{R}^1$ mit folgenden Eigenschaften:

1. $f(x) \geq 0 \; \forall \, x \in \mathbb{R}$

2. $\displaystyle\int_{-\infty}^{\infty} f(x)\, dx = \lim_{a \to -\infty} \left(\lim_{b \to \infty} \int_a^b f(x)\, dx \right) = 1 = \lim_{b \to \infty} \left(\lim_{a \to -\infty} \int_a^b f(x)\, dx \right).$

<u>Beispiel:</u> $f(x) = \begin{cases} 1 & 0 \leq x \leq 1 \\ 0 & \text{sonst} \end{cases}$

Diese Aussage ist auf den $\mathbb{R}^n$ problemlos übertragbar.

Man erinnere sich an die Darstellung von $\mathcal{A}^1$ aus Kapitel 2: Sei nämlich $A \in \mathcal{A}^1$. Dann erlaubt A die Darstellung

(1)
$$A = (a_1, b_1] \cup \ldots \ldots \cup (a_n, b_n]$$
$$\text{mit} - \infty \leq a_1 < b_1 \leq a_2 < b_2 \ldots \ldots \leq a_n < b_n$$

oder

(2)
$$A = (a_1, b_1] \cup \ldots \ldots \cup (a_n, b_n] \cup (a_{n+1}, \infty).$$

A läßt sich also als endliche Vereinigung paarweise disjunkter Intervalle gewinnen. Es genügt also, p auf den Intervallen festzulegen. Dies geschieht mittels

$$p(a, b] = \int_a^b f(x)\, dx.$$

Man sieht sofort, daß $p(\mathbb{R}^n) = 1$ ist. Die σ - Additivität von p ist auf eine entsprechende Eigenschaft des Integrals zurückzuführen.

Das präsentierte Beispiel ist das einfachst mögliche. Die üblichen Funktionen f, die zu Wahrscheinlichkeitsverteilungen über $\mathcal{A}^n$ führen, sind weitaus komplizierter; vor allem der Nachweis, daß gilt

$$\int_{-\infty}^{\infty} f(x)\, dx = 1$$

ist oft nur mit großen Anstrengungen zu führen. Was also konzeptionell ganz einfach ist, ist in der analytischen Durchführung oft schwer nachzuvollziehen wegen der vielen dabei auftretenden mathematischen Details. Analytisch kann man nur in Ausnahmefällen integrieren.

Der dargestellte Weg ist nicht der einzige, der zu Wahrscheinlichkeitsverteilungen führt, aber der praktisch relevante, wenn man es mit Zufallsvariablen zu tun hat, deren Trägermenge (Menge der logisch möglichen Elementarereignisse, muß noch präzisiert werden) Intervalle enthält. Die Funktion f(x) wird später als <u>Dichtefunktion</u>, die Funktion

$$F: \mathbb{R} \to [0, 1]$$

mit

$$F(z) = \int_{-\infty}^{z} f(x) \, dx = p((-\infty, z])$$

$$\lim_{z \to -\infty} F(z) = 0 \qquad \text{und} \quad \lim_{z \to \infty} F(z) = 1$$

als <u>Verteilungsfunktion</u> eingeführt. Man kann aber bereits an dieser Stelle ihre Bedeutung erkennen: Es gilt nämlich wegen

$$\int_{-\infty}^{b} f(x) \, dx = \int_{-\infty}^{a} f(x) \, dx + \int_{a}^{b} f(x) \, dx :$$

$$p((a, b]) = p(-\infty, b] - p(-\infty, a] = F(b) - F(a).$$

In obiger Schreibweise für A als Summe von Intervallen gilt also im Fall (1):

$$p(A) = \sum_{i=1}^{n} p(a_i, b_i] = \sum_{i=1}^{n} (F(b_i) - F(a_i));$$

im Fall (2) gilt:

$$p(A) = \sum_{i=1}^{n} p((a_i, b_i] + p((a_{n+1}, \infty) = \sum_{i=1}^{n} (F(b_i) - F(a_i)) + (1 - F(a_{n+1})).$$

Hierbei wurde ausgenützt, daß gilt

$$p((a_{n+1}, \infty) = \int_{a_{n+1}}^{\infty} f(x) \, dx = \int_{-\infty}^{\infty} f(x) \, dx - \int_{-\infty}^{a_{n+1}} f(x) \, dx = 1 - F(a_{n+1}).$$

Steht also die Dichtefunktion bzw. die Verteilungsfunktion fest, so steht auch die Wahrscheinlichkeitsverteilung über $\mathcal{A}^n$ fest. Dieser Sachverhalt ist später noch genauer zu diskutieren.

3.2.7. Ein Konstruktionsverfahren zur Übertragung von Wahrscheinlichkeitsverteilungen über $\mathcal{A}^n$ auf Wahrscheinlichkeitsverteilungen über $\mathcal{B}^n$

Zur Erinnerung: Die Ereignis - Algebra $\mathcal{A}^n$ war nicht groß genug, da sie keine Elementarereignisse enthält; andererseits ließen sich über ihr sehr gut Wahrscheinlichkeitsverteilungen definieren, insbesondere ließen sich auf ihr Wahrscheinlichkeiten besonders gut durch Verteilungsfunktionen festlegen. Dies erklärt die Bedeutung von $\mathcal{A}^n$ für die Statistik. Es soll nun versucht werden, Wahrscheinlichkeitsverteilungen, die über $\mathcal{A}^n$ definiert sind, auf $\mathcal{B}^n$ auszudehnen (fortzusetzen).

<u>Die Idee:</u> Die Idee der Übertragung von p auf ein größeres Mengensystem läßt sich einfach beschreiben: Sei $M \in \mathbb{R}^n$, $M \notin \mathcal{A}^n$. Dennoch gibt es Elemente A aus $\mathcal{A}^n$ mit $M \subset A$. Ein erster Versuch wäre, $p(M)$ durch solch ein $p(A)$ zu messen. Offenbar liegen in A Elementarereignisse, die nicht aus M sind, denn es gilt:

$$M \subset A \;\hat{}\; M \neq A.$$

Wenn man A_1 und A_2 hinsichtlich ihrer Eignung zu diesem Unterfangen miteinander vergleicht, so muß also gelten:

- A_1, $A_2 \in \mathcal{A}^n$
- $M \subset A_1 \;\hat{}\; M \in A_2$.

Man wird sicher A_1 dann für geeigneter als A_2 halten, wenn $A_1 \subset A_2$ ist, da dann in A_1 weniger Elementarereignisse gegenüber M zu viel sind als in A_2. Ein erster Konstruktionsversuch könnte also darin bestehen, $p(M)$ in folgender Weise zu bestimmen:

$$p(M) = \inf \{p(A) \,|\, M \subset A \;\hat{}\; A \in \mathcal{A}^n\}.$$

Dieser Versuch führt allerdings bereits im Fall $n = 1$ zu einem Widerspruch, der sich wie folgt begründen läßt: Die Mengen aus $\mathcal{A}^1$ sind von der Gestalt

$$\bigcup_{i=1}^{n} (a_i, b_i] \quad \text{bzw.} \quad \bigcup_{i=1}^{n} (a_i, b_i] \cup (a_{n+1}, \infty), \; n \in \mathbb{Z}_o^+ \,.$$

Dies führt dazu, daß es abzählbare Mengen von Elementarereignissen gibt, z.B. $\mathbb{Q}$, die im Falle der Existenz einer Dichtefunktion die Wahrscheinlichkeit 0 annehmen müssen, da dann alle Elementarereignisse eine Wahrscheinlichkeit 0 besitzen, nach einem derartigen Konstruktionsverfahren keine Wahrscheinlichkeit zugewiesen bekommen können. Will ein Konstruktionsverfahren mit dieser Schwierigkeit fertig werden, reicht es nicht aus, das Infimum über Mengen zu bilden, die sich als endliche Vereinigungen von Intervallen darstellen lassen. Vielmehr ist die Betrachtung auf die Vereinigung von unendlich vielen Intervallen auszudehnen, denn nur so kann es gelingen, bestimmte abzählbare Punktmengen durch die Vereinigung abzählbar vieler Intervalle mit beliebig kleiner Gesamtlänge zu überdecken. Das Problem für $\mathbb{Q}$ besteht darin, daß es gleichzeitig abzählbar ist und außerdem dicht im $\mathbb{R}$ liegt, d.h. in jeder noch so kleinen Umgebung $U(r)$ einer reellen Zahl r liegt auch ein Element aus $\mathbb{Q}$ (Vgl. Aufgaben 2.4 und 2.5).

Eine weitere Konstruktionsidee besteht also darin, $p(M)$ in folgender Form zu wählen:

$$p(M) = \inf \left\{ \sum_{i=1}^{\infty} p(A_i) \,\middle|\, M \subset \bigcup_{i=1}^{\infty} A_i \; \hat{} \; A_i \in \mathcal{A}^n \; \forall i \right\}.$$

Diese Wahl ist zwar naheliegend, beinhaltet aber noch kein Kriterium, mit Hilfe dessen man feststellen kann, ob M als Ereignis sinnvoll interpretierbar ist oder nicht. Denn man hat mit folgendem Problem zu rechnen: Es kann nicht ausgeschlossen werden, daß mit dieser Festlegung von p(M) gilt:

$$(*) \qquad\qquad p(M) + p(C(M)) > 1.$$

Dies resultiert daraus, daß gilt

$$p(C(M)) = \inf \left\{ \sum_{i=1}^{\infty} p(B_i) \,\middle|\, C(M) \subset \bigcup_{i=1}^{\infty} B \; \hat{} \; B_i \in \mathcal{A}^n \; \forall i \right\}$$

und daß für $\bigcup_{i=1}^{\infty} A_i$, $\bigcup_{i=1}^{\infty} B_i$ mit $M \subset \bigcup_{i=1}^{\infty} A_i$, $C(M) \subset \bigcup_{i=1}^{\infty} B_i$ gelten muß

$$\bigcup_{i=1}^{\infty} (A_i \cup B_i) = \mathbb{R}^n,$$

daß aber gelten kann

$$\left(\bigcup_{i=1}^{\infty} A \right) \cap \left(\bigcup_{i=1}^{\infty} B_i \right) \neq \phi.$$

Solange

$$p\left(\left(\bigcup_{i=1}^{\infty} A_i \right) \cap \left(\bigcup_{i=1}^{\infty} B_i \right) \right) = 0$$

gilt, stellt sich das Problem nicht; sobald aber, egal, wie man die A_i und B_i mit

$$M \subset \bigcup_{i=1}^{\infty} A_i, \; C(M) \subset \bigcup_{i=1}^{\infty} B_i, \; A_i, \; B_i \in \mathcal{A}^n$$

wählt, gilt:

$$p\left(\left(\bigcup_{i=1}^{\infty} A_i \right) \cap \left(\bigcup_{i=1}^{\infty} B_i \right) \right) \geq c > 0,$$

kann mit der obigen Definition von p(M) nicht die Beziehung

$$p(M) + p(C(M)) = 1$$

gesichert werden. p ist dann nicht auf M ausdehnbar. Es ist also etwas derartiges auszuschließen, und zwar so, daß die Ausschlußregel zu einem Mengensystem führt, auf das sich p widerspruchsfrei fortsetzen läßt.

Das gleiche Argument läßt sich übertragen, um zu zeigen, daß für jede Teilmenge N des $\mathbb{R}^n$ gilt:

$$p(M \cap N) + p(C(M) \cap N) \geq p(N).$$

Falls M aus $\mathcal{A}^n$ gewählt wird, gilt offenbar:

$$p(N) = \inf \left\{ \sum_{i=1}^{\infty} p(A_i) \,\middle|\, N \subset \bigcup_{i=1}^{\infty} A_i \ \hat{} \ A_i \in \mathcal{A}^n \ \forall i \right\}$$

$$= \inf \left\{ \sum_{i=1}^{\infty} p(A_i \cap M) \,\middle|\, N \subset \bigcup_{i=1}^{\infty} A_i \ \hat{} \ A_i \in \mathcal{A}^n \ \forall i \right\}$$

$$+ \inf \left\{ \sum_{i=1}^{\infty} p(A_i \cap C(M)) \,\middle|\, N \subset \bigcup_{i=1}^{\infty} A_i \ \hat{} \ A_i \in \mathcal{A}^n \ \forall i \right\},$$

da $A_i \cap M \in \mathcal{A}^n$ ist, falls A_i, $M \in \mathcal{A}^n$ gilt.

Falls jedoch M nicht aus $\mathcal{A}^n$ ist, kann nicht ausgeschlossen werden, daß es ein N gibt, für das gilt

$$(**) \qquad\qquad p(M \cap N) + p(C(M) \cap N) \geq p(N) + c \text{ mit } c > 0.$$

Es läßt sich zeigen, daß (**) genau dann gilt, wenn (*) gilt. Das bedeutet aber, daß (**) nur gelten kann, wenn M nur unzureichend durch Mengen aus $\mathcal{A}^n$ approximierbar ist, denn schlechte Approximierbarkeit von M durch Elemente aus $\mathcal{A}^n$ heißt gerade, daß es ein $N \subset \mathbb{R}^n$ gibt, dessen Approximation sich verschlechtert, wenn man gleichzeitig $N \cap M$ und $N \cap C(M)$ durch Elemente aus $\mathcal{A}^n$ approximieren möchte. (*) geht aus (**) hervor durch die Wahl $N = \mathbb{R}^n$.

Constantin Caratheodory hat aus beweistechnischen das Kriterium (**) als Kriterium für die gute Approximierbarkeit von M durch Elemente aus $\mathcal{A}^n$ vorgeschlagen. Zusammenfassend läßt sich also sagen:

Sei M Teilmenge des $\mathbb{R}^n$. Gilt für jede Teilmenge N des $\mathbb{R}^n$

$$p(M \cap N) + p(C(M) \cap N) = p(N) = \inf \left\{ \sum_{i=1}^{\infty} p(A_i) \,\middle|\, N \subset \bigcup_{i=1}^{\infty} A_i \ \hat{} \ A_i \in \mathcal{A}^n \ \forall i \right\},$$

so kann M in das erweiterte Mengensystem aufgenommen werden und die Definition von $p(M)$ mittels

$$p(M) = \inf \left\{ \sum_{i=1}^{\infty} p(A_i) \,\middle|\, M \subset \bigcup_{i=1}^{\infty} A_i \ \hat{} \ A_i \in \mathcal{A}^n \ \forall i \right\}$$

führt zu keinerlei Widerspruch.

Definiere also

$$S^n(p) = \left\{ M \,\middle|\, M \text{ Teilmenge des } \mathbb{R}^n \text{ und für N Teilmenge des } \mathbb{R}^n \text{ gilt} \right.$$

$$\left. p(M \cap N) + p(C(M) \cap N) = p(N) \right\}$$

Offenbar ist $S^n(p)$ nicht leer, denn alle Elemente aus $\mathcal{A}^n$ gehören zu $S^n(p)$. Caratheodory hat nun nachgewiesen, daß $S^n(p)$ σ - Algebra ist. Es gilt nämlich der folgende

Maßerweiterungssatz: $S^n(p)$ ist σ - Algebra und es gilt weiterhin:

1. $\mathcal{A}^n \subset S^n(p)$

2. $\mathcal{B}^n \subset S^n(p)$

3.   Sei p^* eine Wahrscheinlichkeitsverteilung über $S^n(p)$ derart, daß gilt:

$$p(A) = p^*(A) \quad \forall A \in \mathcal{A}^n.$$

Dann gilt:

$$p(M) = p^*(M) \quad \forall M \in S^n(p).$$

Die Menge $S^n(p)$ kann nicht über die Definition von $S^n(p)$ hinaus beschrieben werden, sie ist also insbesondere nicht aufschreibbar. Man sieht aber am Konstruktionsverfahren, daß für verschiedene Wahrscheinlichkeitsverteilungen p und q $S^n(p)$ und $S^n(q)$ nicht übereinstimmen müssen. Wichtig ist aber, daß $\mathcal{B}^n$ die Bedingungen

$$\mathcal{B}^n \subset S^n(p) \quad \text{und} \quad \mathcal{B}^n \subset S^n(q)$$

erfüllt. Unabhängig davon, wie also die Wahrscheinlichkeitsverteilung p über $\mathcal{A}^n$ aussieht, sie kann zu einer Wahrscheinlichkeitsverteilung über $\mathcal{B}^n$ nach dem angegebenen Verfahren fortgesetzt werden.

<u>Hinweis:</u> Das angegebene Verfahren ist natürlich keines, mit dem man rechnet. Es dient lediglich dem Existenznachweis, da es nur prinzipiell, nicht aber praktisch durchführbar ist.

Jetzt ist geklärt, warum die Borel'sche - Algebra nicht zu groß ist aus Sicht der Kolmogoroff - Schule: Wahrscheinlichkeitsverteilungen p über $\mathcal{A}^n$ lassen sich zu Wahrscheinlichkeitsverteilungen über $\mathcal{B}^n$ fortsetzen. $\mathcal{B}^n$ ist also auf der einen Seite groß genug, da $\mathcal{B}^n$ alle Ereignisse enthält, die man als Ereignisse interpretiert wissen wollte; dies leistet die Ereignisalgebra $\mathcal{A}^n$ nicht. Andererseits können auf $\mathcal{B}^n$ alle die Wahrscheinlichkeitsverteilungen definiert werden, die auf $\mathcal{A}^n$ definierbar sind.

3.2.8. Ein Beispiel dafür, daß $S^n(p)$ nicht mit der Potenzmenge von $\mathbb{R}^n$ übereinstimmen muß

Betrachte folgendes einfache Beispiel im $\mathbb{R}^1$: Die Dichte einer Zufallsvariablen X sei gegeben durch:

$$f(x) = \begin{cases} 1 & 0 \leq x \leq 1 \\ 0 & \text{sonst} \end{cases}$$

Dies führt zu

$$F(z) = \begin{cases} 0 & z \leq 0 \\ z & 0 \leq z \leq 1. \\ 1 & z \geq 1 \end{cases}$$

Man erkennt sofort, daß gilt:

$$p((a, b]) = p((c, d])$$

falls $(a, b] \subset [0, 1]$, $(c, d] \subset [0, 1]$ und $c - a = d - b$. Generell gilt also: Die Wahrscheinlichkeit eines Intervals $(a, b] \subset [0, 1]$ stimmt mit seiner Länge überein. Die Wahrscheinlichkeit von Ereignissen $A \in \mathcal{A}^n$, die die Bedingung

$$A \subset [0, 1]$$

erfüllen, besitzen also eine Wahrscheinlichkeit, die sich als Summe der einzelnen Intervallängen ergibt. Aus dieser Eigenschaft ergibt sich folgende weitere Eigenschaft:

Sei

$$z+A = \left\{ x \mid x = \begin{cases} z + a & 0 \leq z+a \leq 1 \\ z + a -1 & 1 \leq z + a \end{cases} \quad \text{und } a \in A, z \in [0, 1] \right\}.$$

Dann gilt für $A \in \mathcal{B}^1([0, 1])$:

$$p(z+A) = p(A).$$

Diese Eigenschaft besagt, daß Ereignisse, die man um eine feste Zahl verschiebt, gleiche Wahrscheinlichkeit haben, solange man alles, was über 1 hinausschiebt, bei 0 wieder anstückelt. Man nennt dies die Eigenschaft der Translationsinvarianz.

Skizze:

Es gilt:

$$p((a, b]) = p((a, c]) + p((c, b]) = p((a', 1]) + p((0, b'']).$$

Dies skizziert, was unter anstückeln zu verstehen ist.

Es ist den Mathematikern gelungen, in der Potenzmenge von $[0, 1]$ eine Menge M zu finden, die folgendes leistet:

1. $a, b \in \mathbb{Q} \cap [0, 1] \to (a + M) \cap (b + M) = \phi$;

2. $[0, 1] = \bigcup\limits_{a \in W} a + M$ mit $W = [0, 1] \cap \mathbb{Q}$.

Die Beschreibung dieser Menge setzt einige grundlegende Kenntnisse der Mengenlehre voraus und wird hier unterlassen. Es zeigt sich aber, daß es unmöglich ist, p auf die Potenzmenge von $[0, 1]$ so fortzusetzen, daß p translationsinvariant bleibt.

Denn dies würde ja heißen, daß gelten müßte

$$p(M) = p(a + M) \quad \forall\, a \in W.$$

Wie soll aber nun $p(M)$ festgesetzt werden?

Fall 1: p(M) = 0 führt zu

$$p([0,\ 1]) = p(\bigcup_{a_j \in W} (a_j + M)) = \sum_{a_j \in W} p((a + M)) = \sum_{a_j \in W} 0 = 0,$$

da W abzählbar ist.

Fall 2: p(M) = α > 0 führt zu

$$p([0,\ 1]) = p(\bigcup_{a_j \in W} (a_j + M)) = \sum_{a_j \in W} p(a_j + M)) = \sum_{a_j \in W} \alpha = \infty.$$

Mehr Möglichkeiten gibt es nicht; also kann p nicht zu einer translationsin-
varianten Wahrscheinlichkeitsverteilung über der Potenzmenge von [0, 1] fortgesetzt werden. Diese Eigenschaft wird aber nach obigem Konstruktionsverfahren
notwendig erhalten; also gilt für obiges Beispiel:

$$S^1(p) \neq P([0,\ 1]), \qquad P([0,\ 1]) \text{ Potenzmenge von } [0,\ 1].$$

Damit ist erklärt, warum die Frage, welche Teilmengen des $\mathbb{R}^n$ als Ereignisse
heranzuziehen sind, nicht in der Weise beantwortet werden kann, daß einfach
die Potenzmenge zu wählen ist. Das kann erfolgreich sein, muß es aber nicht.
Der Erfolg hängt ab von der genauen Gestalt der Verteilungsfunktion F(z). Wie
bereits ausgeführt, gibt es keine Probleme, wenn die Trägermenge diskret ist.

3.3. Zusammenfassung

Den Begriff der Wahrscheinlichkeitsverteilung wurde eingeführt. Wahrscheinlichkeitsverteilungen weisen jedem Ereignis die Wahrscheinlichkeit seines Eintretens zu und müssen den Anforderungen

- $p(\phi) = 0$, $P(\mathbb{R}^n) = 1$

- $p(A) \geq 0$

- p σ - additiv

genügen. Je größer das System von Ereignissen ist, desto schwerer ist es, die
Existenz solcher Wahrscheinlichkeitsverteilungen zu zeigen.
Besonders einfach ist die Situation, falls die Menge der Ereignisse durch $\mathcal{A}^n$
gegeben ist. Zugehörige Überlegungen führten zu den Begriffen Verteilungsfunktion und Dichtefunktion, die später noch ausführlich eingeführt werden.
Es wurde ein Konstruktionsverfahren vorgestellt, das es erlaubt, Wahrscheinlichkeiten von $\mathcal{A}^n$ auf $\mathcal{B}^n$ (eindeutig) fortzusetzen. Dies erklärte die früher
getroffene Aussage, daß $\mathcal{B}^n$ als Ereignissystem nicht zu groß sei. Abschließend
wurde anhand eines einfachen Gegenbeispiels vorgeführt, warum man die Potenzmenge nicht als Ereignis - σ - Algebra wählen kann: es gelingt nicht, Vertei-

lungsfunktionen auf die Potenzmenge unter Beibehaltung charakteristischer Eigenschaften (hier die der Translationsinvarianz) fortzusetzen.

Aufgabe 3.1: Warum stellt sich das Problem, welche Teilmengen der Menge der Elementarereignisse als Ereignisse aufgefaßt werden dürfen, für stetige Wahrscheinlichkeitsverteilungen, aber nicht für diskrete?

Aufgabe 3.2: Definieren Sie, was man unter einer Wahrscheinlichkeitsverteilung versteht.

Aufgabe 3.3 Formulieren Sie die Aussage des Maßerweiterungssatzes mit eigenen Worten. Welches Problem löst er?

Aufgabe 3.4: Greifen Sie an dieser Stelle noch einmal die Frage aus dem vorigen Kapitel auf: Warum wählt man als Ereignis $- \sigma -$ Algebra die kleinste σ - Algebra, die entsprechende Bedingungen erfüllt? Nennen Sie diese Bedingungen.

Aufgabe 3.5: Schildern Sie den Zielkonflikt, unter dem die Festlegung dessen, was als Ereignis anzusehen ist, stattfindet.

Aufgabe 3.6: Erklären Sie den Begriff der Wahrscheinlichkeitsverteilung.

Aufgabe 3.7: Zeigen Sie, daß $\mathbb{R}$ das einzige Element A aus $\mathcal{A}^1$ ist, für das gilt:
$- \mathbb{Q} \subset A$.
Zeigen Sie, daß $\mathbb{R}$ das einzige Element aus $\mathcal{A}^1$ ist, für das gilt:
$- \mathbb{R} - \mathbb{Q} \subset A$.

Aufgabe 3.8: (nur für mathematisch weiter vorgebildete Leser zur Vertiefung des in 3.2.7. angeführten Gegenbeispiels:
Sei durch H das folgende Mengensystem bestimmt:
$$H = \{S \,|\, S \subset [0, 1] \text{ und für } a, b \in S \text{ gilt: } a - b \notin \mathbb{Q}\}$$
In Worten: H besteht aus allen Teilmengen S des Intervalls [0, 1], die folgende Eigenschaft erfüllen: sind a, b Elemente von S, so ist die Differenz a - b keine rationale Zahl.
Beweise, daß H maximale Elemente besitzt, d.h. solche, die um kein Element erweitert werden können, ohne die Eigenschaft zu verlieren, aus H zu sein. (verwende dazu das Zorn'sche Lemma); wähle M als ein derartiges maximales Element und führe nun die Argumente unter 3.2.7. aus.
(Aufgabe 3.7, 3.8, wenden sich nur an den mathematisch interessierten Leser.)

4. Beispiele
4.1. Einleitung

In diesem Kapitel sollen verschiedene Wahrscheinlichkeitsverteilungen eingeführt werden, die folgende Gemeinsamkeit aufweisen: Die Menge der Elementarereignisse ist endlich oder abzählbar. Derartige Wahrscheinlichkeitsverteilungen nennt man <u>diskret.</u> Sie sind besonders einfach zu diskutieren, weil das
im zweiten Kapitel angesprochene Problem, welche Teilmengen der Menge der Elementarereignisse als Ereignisse interpretierbar sind, sich für diskrete Wahrscheinlichkeitsverteilungen nicht stellt. Gemäß den Ausführungen in Kapitel 2
und 3 kann man als Menge der Ereignisse die Potenzmenge der Menge der Elementarereignisse wählen, d.h. jede Teilmenge der Menge der Elementarereignisse
ist als Ereignis interpretierbar..
Als praktisch auftretende Instanzen derartiger Wahrscheinlichkeitsverteilungen
wurde bereits das Urnenschema eingeführt, insbesondere wurde der Unterschied
zwischen Ziehungen mit Zurücklegen und Ziehungen ohne Zurücklegen diskutiert.
Das Urnenschema interessiert nicht nur den Spieler, sondern ist auch ein wichtiges Instrument der Qualitätskontrolle, um die bei einer Qualitätsprüfung zu
untersuchenden Werkstücke auszuwählen. Man kann also etwa alle Werkstücke nu-
merieren, ihre Nummern in eine Urne stecken und nacheinander die Nummern der
zu prüfenden Werkstücke ziehen. Notiert man die gezogenen Nummern und legt sie
dann wieder zurück, so handelt es sich um ein Urnenschema mit Zurücklegen,
legt man die gezogene Nummer nicht zurück, so handelt es sich um ein Urnenschema ohne Zurücklegen. Sind die Werkstücke entsprechend klein und unempfind-
lich, kann man sie auch selbst in die Urne stecken und die zu prüfenden Werkstücke direkt ziehen. Man muß nun durch angemessene Rotation der Urne und den
daraus resultierenden Mischvorgang dafür Sorge tragen, daß die Arbeitshypothe-
se, jedes Werkstück werde mit gleicher Wahrscheinlichkeit gezogen, für die
praktische Durchführung der Qualitätskontrolle akzeptabel erscheint.
Die einzelnen Verteilungen in Abschnitt 4.2. werden zunächst der Reihe nach
mathematisch eingeführt. Dazu gibt man die Menge der Elementarereignisse T vor
und führt anschließend die Wahrscheinlichkeitsverteilungen ein, indem man die
Wahrscheinlichkeiten der Elementarereignisse angibt. Die Festlegung der Wahrscheinlichkeit der Elementarereignisse reicht bei diskret verteilten Zufallsvariablen aus, um die Wahrscheinlichkeit jedes Ereignisses zu bestimmen, denn
es gilt für ein Ereignis E:

$$p(E) = \sum_{x \in E} p(x).$$

Dabei ist die Wahrscheinlichkeitsverteilung mit p bezeichnet, mit x seien die **Elementarereignisse** bezeichnet. Gleichzeitig wird die benötigte mathematische Terminologie, hier insbesondere die mit der Kombinatorik zusammenhängenden Termini, erläutert. Insbesondere wird der Ausdruck n! (gesprochen n - Fakultät) sowie der für die Kombinatorik fundamentale Binomiallehrsatz diskutiert. Der Binomiallehrsatz führt zusammen mit einer Grenzwertbetrachtung zur für die Statistik zentralen Exponentialfunktion.

In Kapitel 4.3. sollen praktische Probleme beschrieben werden, bei deren Behandlung die einzelnen Wahrscheinlichkeitsverteilungen eingesetzt werden. Es handelt sich dabei um folgende Wahrscheinlichkeitsverteilungen:

1. Multinomialverteilung

   mit den Sonderfällen

   2. Binomialverteilung $B(n, \alpha)$

   3. Hypergeometrische Verteilung $H(m_1, m, n)$

4. Poisson - Verteilung $P(\alpha)$ als Grenzfall der Binomialverteilung

5. negative Binomialverteilung $NB(r, \alpha)$, die ebenfalls in enger Beziehung zur Binomialverteilung zu sehen ist.

Dabei ist die Menge der Elementarereignisse bei der Multinomialverteilung endlich, bei der Poisson - Verteilung und der negativen Binomialverteilung besitzt die Menge der Elementarereignisse abzählbar unendlich viele Elemente.

4.2. Mathematische Einführung einiger wichtiger diskreter Verteilungen

4.2.1. Die Multinomialverteilung

Die Menge T der Elementarereignisse ist endlich und sei mit

$$T = \{0, 1, \ldots, n\}$$

bezeichnet.

Definition 4.1. Eine Zufallsvariable X mit $T = \{0, 1, \ldots, n\}$ heißt multinomialverteilt mit den Parametern $\alpha_0, \alpha_1, \ldots, \alpha_{n-1}$, wenn gilt:

1. $p(i) = \alpha_i > 0 \qquad 0 \leq i \leq n \quad \hat{} \quad i \in \mathbb{Z}$

2. $\sum\limits_{i=0}^{n} p(i) = 1$.

Bemerkung: Wegen der zweiten Bedingung ist α_n festgelegt, wenn $\alpha_0, \ldots, \alpha_{n-1}$ festgelegt sind, die Verteilung hängt also nur von n Parametern ab, falls es n+1 Elementarereignisse gibt.

In zahlreichen Anwendungen werden die Parameter $\alpha_0, \alpha_1, \ldots, \alpha_{n-1}$ als Funktionen der Parameter $\lambda_1, \ldots, \lambda_m$, $m < n$, aufgefaßt in der Form

$$\alpha_i = f_i(\lambda_1, \ldots, \lambda_m),$$

wobei die Funktionen f_i fest bestimmt, die $\lambda_1, \ldots, \lambda_m$ unbestimmt sind. In diesem Fall sind also nur m Parameter wählbar, die die $\alpha_0, \ldots, \alpha_{n-1}$ bestimmen. Ein Sonderfall dieser Situation ist die gleich einzuführende Binomialverteilung.

Bemerkung: Man kann selbstverständlich die Menge der Elementarereignisse auch mit anderen Zahlen bezeichnen, dies ist eine Frage der Messung, wichtig ist lediglich, daß die Menge der Elementarereignisse endlich ist. Üblich ist auch,

$$T = \{1, \ldots, n+1\}$$

zu wählen. Hier wurde $T = \{0, 1, \ldots, n\}$ im Hinblick auf die noch zu diskutierenden Sonderfälle gewählt.

4.2.2. Die Binomialverteilung
4.2.2.1. Die $B(1, \alpha)$ - Verteilung

Der einfachste Fall einer Wahrscheinlichkeitsverteilung ist gegeben durch die $B(1, \alpha)$ - Verteilung. Die Menge der Elementarereignisse ist gegeben durch

$$T = \{0, 1\}.$$

Definition 4.2.: Eine Zufallsvariable X heißt B(1, α) - verteilt, wenn gilt:

1. $p(1) = \alpha$ $0 < \alpha < 1$
2. $p(0) = 1 - \alpha$.

4.2.2.2. Die $B(n, \alpha)$ - Verteilung

Die Trägermenge ist gegeben durch

$$T = \{0, 1, \ldots, n\}.$$

Definition 4.3: Eine Zufallsvariable X heißt binomialverteilt mit den Parametern n und α, wenn gilt:

$$p(i) = \frac{n!}{i!\,(n-i)!}\,\alpha^i\,(1-\alpha)^{n-i} \qquad 0 \leq i \leq n.$$

Offenbar handelt es sich um einen Sonderfall der Multinomialverteilung. Die α_i sind Funktionen eines Parameters α. Von Interesse ist, wie das Bildungsgesetz

$$f_i = \frac{n!}{i!\,(n-i)!}\,\alpha^i\,(1-\alpha)^{n-i}$$

zu interpretieren ist. Dazu sei zunächst erläutert der Ausdrucks

$$\begin{bmatrix} n \\ i \end{bmatrix} = \frac{n!}{i! \ (n-i)!} :$$

<u>Definition 4.3:</u> Der Ausdruck n! ist definiert für alle $n \in \mathbb{N} \cup \{0\}$ mittels

$$0! = 1$$
$$(n+1)! = n! \ (n+1).$$

<u>Beispiel:</u> 5! = 1*2*3*4*5 = 4!*5.

Ausdrücke der Form n! beantworten die Frage, auf wie viele Arten n Gegenstände angeordnet werden können.

<u>Beispiel:</u> Ein Skatspiel hat 32 Karten. Die Frage, wie viele Möglichkeiten es gibt, die 32 Karten zu sortieren, beantwortet man auf folgende Weise: Die erste Karte kann man auf 32 Weisen wählen. Ist die erste Karte bestimmt, so kann man die zweite Karte aus den verbleibenden 31 Karten wählen, diese Überlegung setzt man fort, bis schließlich nach Festlegung von 31 Karten die letzte zu wählende Karte eindeutig bestimmt ist.

Ausdrücke der Form

$$\begin{bmatrix} n \\ i \end{bmatrix} = \frac{n!}{i! \ (n-i)!}$$

beantworten die Frage, auf wie viele Arten i Gegenstände aus n Gegenständen ausgewählt werden können, wenn die Reihenfolge, in der diese n Gegenstände ausgewählt werden, nicht als Unterscheidungsmerkmal herangezogen wird.

<u>Beispiel:</u> Das Blatt eines der drei Skatspieler besteht aus 10 Karten. Von Interesse ist die Frage, wie viele verschiedene Blätter es gibt.

Zunächst überlegt man, auf wie viele Arten man 10 Karten aus 32 Karten auswählen kann. Die Überlegung verläuft analog dem obigen Beispiel: die erste Karte kann man auf 32 Weisen wählen, die zweite Karte auf 31 Weisen, und schließlich die zehnte Karte auf 23 Weisen wählen. Dies ergibt

$$s = 32*31*30*29*28*27*26*25*24*23 = \frac{32!}{22!}$$

Möglichkeiten, 10 Karten aus 32 Karten auszuwählen. Allerdings dient bei dieser Überlegung die Reihenfolge, in der 10 Karten gezogen werden, als zusätzliches Unterscheidungsmerkmal. Da die Reihenfolge, in der die 10 Karten gezogen werden, kein Unterscheidungsmerkmal sein soll, werden alle Blätter (ein Blatt besteht aus 10 Karten) als gleich angesehen, bei denen die 10 Karten, die gezogen worden sind, übereinstimmen und sich lediglich in der Reihenfolge ihrer

Ziehung unterscheiden. 10 feste Karten können aber in genau 10! verschiedenen Reihenfolgen ausgegeben werden. Damit erhält man als Lösung des Problems folgendes Ergebnis:

Ein Skatspieler kann

$$\frac{32!}{10!\ 22!}$$

verschiedene Blätter ziehen.

Zurück zur Binomialverteilung: zum weiteren Verständnis dieser Verteilung sei der Binomiallehrsatz genannt:

<u>Satz 4.1: (Binomiallehrsatz)</u> Es gilt:

$$(a + b)^n = \sum_{j=0}^{n} \frac{n!}{j!\ (n-j)!}\ a^j b^{n-j} \qquad \forall\ n \in \mathbb{N}.$$

Daß dieser Satz richtig ist, kann man sich auf der Basis bisheriger Darlegungen folgendermaßen überlegen: $(a + b)^n$ ist ein Produkt mit n Faktoren, bei dem jeder Faktor als Summe $a + b$ gegeben ist. Man rechnet diesen Ausdruck aus, indem man der Reihe nach alle Klammern auflöst. Man gelangt auf diese Weise zu einem Ausdruck, der aus einer Summe von Produkten besteht, die jeweils n Faktoren besitzen (es sind ja n Klammern aufzulösen, und diese Faktoren sind entweder durch a oder b bestimmt. Der einzelne Summand hat also die Form

$$a^i b^{n-i},$$

wobei $0 \le i \le n$ gilt. Es ist nun die Frage zu beantworten, vie viele Summanden der Form $a^i b^{n-i}$ existieren. Die Frage ist beantwortet, wenn bekannt ist, auf wie viele Arten man i Faktoren a aus den n Klammerausdrücken auswählen kann. Dies ist nach obigen Ausführungen auf genau

$$\frac{n!}{i!\ (n-i)!}$$

Weisen möglich, dies bestätigt den Binomiallehrsatz.

<u>Bemerkung:</u> Man kann dies natürlich auch formal mit Hilfe der vollständigen Induktion nachweisen, indem man folgende Formel ausnutzt:

$$\frac{n!}{(j-1)!\ (n-j+1)!} + \frac{n!}{j!\ (n-j)!} = \frac{(n+1)!}{j!\ (n+1-j)!}\ .$$

Anwendung des Binomiallehrsatzes liefert nun:

$$1^n = (\alpha + (1-\alpha))^n = \sum_{j=0}^{n} \frac{n!}{j!\ (n-j)!}\ \alpha^j (1-\alpha)^{n-j}.$$

Damit gilt offenbar:

$$\sum_{j=0}^{n} p(j) = \sum_{j=0}^{n} \frac{n!}{j!\ (n-j)!}\ \alpha^j (1-\alpha)^{n-j} = 1.$$

Gilt außerdem noch

$$0 < \alpha < 1,$$

so ist $\alpha > 0$ und $1-\alpha > 0$, es gilt also

$$p(j) > 0 \qquad 0 \le j \le n.$$

Es handelt sich also bei der Binomialverteilung um eine Wahrscheinlichkeits-verteilung.

4.2.3. Die hypergeometrische Verteilung

T ist wiederum gegeben durch

$$T = \{0, 1, \ldots\ldots, n\}$$

Sei $n \le \min \{m_1, m-m_1\}$ und $m_1 \le m$ gegeben.

<u>Definition 4.4</u>: Eine Zufallsvariable X heißt <u>hypergeometrisch</u> mit Parametern m_1, m (H(m, m_1, n)) verteilt, wenn gilt:

1. Die Menge der Elementarereignisse ist durch $T = \{0, 1, \ldots, n\}$ gegeben.

2. $p(j) = \dfrac{\dfrac{m_1!}{j! \, (m_1-j)!} \cdot \dfrac{(m-m_1)!}{(n-j)! \, (m-m_1-n+j)!}}{\dfrac{m!}{n! \, (m-n)!}} \qquad 0 \le j \le n.$

Weitere Ausführungen zu dieser Verteilungen, insbesondere eine Begründung der Form von p(j), findet man im nächsten Abschnitt; hier ist nur festzuhalten, daß die hypergeometrische Verteilung durch die zwei Parameter m_1 und m fest-gelegt ist.

4.2.4. Die Poisson - Verteilung P(α)

Es werden nun zwei Verteilungen vorgestellt, deren Menge T von Elementarereig-nissen gegeben ist durch

$$T = \{z \mid z \in \mathbb{Z} \ \hat{}\ z \ge 0\}.$$

<u>Definition 4.5:</u> Eine Zufallsvariable heißt Poisson - verteilt mit Parameter α, $\alpha > 0$, wenn gilt:

1. $T = \{z \mid z \in \mathbb{Z} \ \hat{}\ z \ge 0\}$

2. $p(j) = e^{-\lambda} \dfrac{\lambda^j}{j!} \qquad \forall j \in T.$

Die folgenden Überlegungen dienen dazu, den Zusammenhang zwischen der Binomialverteilung und der Poisson - Verteilung herzustellen. Dazu sind einige Limesbetrachtungen erforderlich.

Gehe also aus von einer B(n, α) - Verteilung, setze nun aber

$$\alpha = \frac{\lambda}{n} \qquad 0 < \frac{\lambda}{n} < 1.$$

Dann gilt

$$p(j) = \frac{n!}{j! \ (n-j)!} \ \frac{\lambda^j}{n^j} \ (1 - \frac{\lambda}{n})^{n-j}.$$

Untersuche nun, was passiert, wenn λ festgehalten wird und n über alle Grenzen wächst. Teile dazu p(j) in die drei Faktoren

$$\frac{n!}{j! \ (n-j)! \ n^j} \ , \ \lambda^j, \ (1 - \frac{\lambda}{n})^{n-j}$$

auf und untersuche sie dazu einzeln in Abhängigkeit von n:

Es gilt:

1: $\quad \lim_{n \to \infty} \dfrac{n!}{j! \ (n-j)! \ n^j} = \dfrac{1}{j!} \lim_{n \to \infty} \dfrac{n!}{(n-j)! \ n^j} = \dfrac{1}{j!} \lim_{n \to \infty} \dfrac{n}{n} \dfrac{n-1}{n} \ \cdots \cdots \dfrac{n-j+1}{n}$

$$= \frac{1}{j!} \lim_{n \to \infty} \frac{n}{n} \ \lim_{n \to \infty} \frac{n-1}{n} \ \cdots \cdots \ \lim_{n \to \infty} \frac{n-j+1}{n} = \frac{1}{j!} \ .$$

Dabei resultierte das zweite Gleichheitszeichen daraus, daß gilt

$$\frac{n!}{(n-j)!} = n(n-1)(n-2)\ldots(n-j+1).$$

Das dritte Gleichheitszeichen resultiert aus der Produktregel für Limiten, und das vierte Gleichheitszeichen resultiert aus

$$\lim_{n \to \infty} \frac{n-k}{n} = 1 \ \text{für} \ 0 \leq k \leq j-1.$$

Hierbei wird ausgenutzt, daß j festgehaltem wird.

2. Der zweite Faktor ist unabhängig von n.

3. Für den dritten Faktor gilt:

$$\lim_{n \to \infty} (1 - \frac{\lambda}{n})^{n-j} = \lim_{n \to \infty} (1 - \frac{\lambda}{n})^{n-j} \ \lim_{n \to \infty} (1 - \frac{\lambda}{n})^{j} = \lim_{n \to \infty} (1 - \frac{\lambda}{n})^{n}.$$

<u>Definition 4.6:</u> Die Funktion f: $\mathbb{R} \to \mathbb{R}$, die gegeben ist durch

$$f(x) = \lim_{n \to \infty} (1 + \frac{x}{n})^n : = \exp(x) = e^x$$

heißt Exponentialfunktion.

Man zeigt in der Mathematik, daß die Exponentialfunktion folgende Eigenschaften besitzt:

- $\exp(0) = 1$

- $\exp(x) > 0 \; \forall \, x \in \mathbb{R}$

- $\exp(x) \, \exp(y) = \exp(x+y)$

- $\exp(-x) = \dfrac{1}{\exp(x)} \quad$ für $x \in \mathbb{R}$

- $(\exp(x))^r = \exp(rx)$

- $\lim_{x \to -\infty} \exp(x) = 0$

- $\dfrac{d}{dx} \exp(x) = \exp(x)$

- $\displaystyle\int_a^b \exp(x) \, dx = \exp(b) - \exp(a)$

- Eine andere Darstellung von $\exp(x)$ ist gegeben durch

$$\exp(x) = \sum_{j=0}^{\infty} \frac{x^j}{j!} \; .$$

Diese Darstellung kann zur Berechnung von $\exp(x)$ herangezogen werden und ergibt sich durch Anwendung des Binomiallehrsatzes in folgender Weise:

$$(1 + \frac{x}{n})^n = \sum_{j=0}^{n} \frac{n!}{j! \, (n-j)!} \frac{x^j}{n^j} 1^{n-j} = \sum_{j=0}^{n} \frac{n!}{j! \, (n-j)!} \frac{x^j}{n^j}.$$

Läßt man nun n über alle Grenzen gehen, erhält man

$$\lim_{n \to \infty} (1 + \frac{x}{n})^n = \lim_{n \to \infty} \sum_{j=0}^{k} \frac{n!}{j! \, (n-j)!} \frac{x^j}{n^j} + \lim_{n \to \infty} \sum_{j=k+1}^{\infty} \frac{n!}{j! \, (n-j)!} \frac{x^j}{j!}$$

$$= \sum_{j=0}^{k} \lim_{n \to \infty} \frac{n!}{j! \, (n-j)! \, n^j} x^j + \lim_{n \to \infty} \sum_{j=k+1}^{\infty} \frac{n!}{j! \, (n-j)!} \frac{x^j}{n^j}$$

$$= \sum_{j=0}^{k} \frac{x^j}{j!} + \lim_{n \to \infty} \sum_{j=k+1}^{\infty} \frac{n!}{j! \, (n-j)!} \frac{x^j}{n^j} \; .$$

Diese Bezeihung gilt für jedes $k \in \mathbb{N}$. Da gleichzeitig gilt

$$\lim_{k \to \infty} \lim_{n \to \infty} \sum_{j=k+1}^{\infty} \frac{n!}{j!\,(n-j)!} \frac{x^j}{n^j} = 0,$$

(man schätze dies ab unter Verwendung der geometrischen Reihe)

erhält man unmittelbar

$$\lim_{n \to \infty} (1 + \frac{x}{n})^n = \lim_{k \to \infty} \sum_{j=0}^{k} \frac{x^j}{j!} = \sum_{j=0}^{\infty} \frac{x^j}{j!} \; .$$

Diese Darstellung liefert zusammen mit

$$1 = \exp(0) = \exp(\lambda + (-\lambda)) = \exp(\lambda)\,\exp(-\lambda),$$

also

$$\exp(-\lambda) = \frac{1}{\exp(\lambda)} \; :$$

$$\sum_{j=0}^{\infty} p(j) = \sum_{j=0}^{\infty} \exp(-\lambda)\,\frac{\lambda^j}{j!} = \exp(-\lambda) \sum_{j=0}^{\infty} \frac{\lambda^j}{j!} = \exp(-\lambda)\,\exp(\lambda) = 1.$$

Da $p(j) > 0$ ist wegen $\lambda > 0$, ist damit gezeigt, daß die Poisson - Verteilung eine Wahrscheinlichkeitsverteilung ist. In Abschnitt 4.3 werden noch weitere Informationen zur Poisson - Verteilung geliefert.

4.2.5. Die negative Binomialverteilung NB(r, α)

Auch die negative Binomialverteilung besitzt

$$T = \{z \mid z \in \mathbb{Z} \,\hat{}\, z \geq 0\}$$

als Menge der Elementarereignisse.

<u>Definition 4.7:</u> Eine Zufallsvariable X heißt <u>negativ binomialverteilt mit Parametern</u> $r \in \mathbb{N}$, α, $0 < \alpha < 1$, wenn gilt:

1. $\quad T = \{z \mid z \in \mathbb{Z} \,\hat{}\, z \geq 0\}$

2. $\quad p(j) = \dfrac{(j+r-1)!}{(r-1)!\,j!}\, \alpha^r\,(1-\alpha)^j \qquad \forall\, j \in T.$

Es ist zu zeigen, daß die negative Binomialverteilung eine Wahrscheinlichkeitsverteilung ist.

Offenbar gilt:

$$p(j) > 0 \;\; \forall\, j \in T.$$

Es ist also zu zeigen, daß gilt

$$\sum_{j=0}^{\infty} \frac{(r+j-1)!}{(r-1)!\ j!}\ \alpha^r\ (1-\alpha)^j = 1.$$

Zunächst gilt für r = 1:

$$\sum_{j=0}^{\infty} \frac{(1+j-1)!}{0!\ j!}\ \alpha\ (1-\alpha)^j = \alpha \sum_{j=0}^{\infty} \frac{j!}{j!}\ (1-\alpha)^j = \alpha \sum_{j=0}^{\infty} (1-\alpha)^j = \alpha \frac{1}{1-(1-\alpha)} = 1.$$

Für r = 1 ist die Aussage also richtig. Die Aussage sei für r-1 richtig, d.h. es gelte

$$\sum_{j=1}^{\infty} \frac{(r-1+j-1)!}{(r-2)!\ j!}\ \alpha^{r-1}\ (1-\alpha)^j = 1.$$

Dann gilt für r:

1: Anwendung des Quotientenkriteriums liefert die Existenz von

$$\lim_{n\to\infty} \sum_{j=0}^{n} \frac{(r+j-1)!}{(r-1)!\ j!}\ \alpha^r\ (1-\alpha)^j = s < \infty.$$

2: Verwende nun, daß wegen

$$(\alpha + (1-\alpha)s = s \to s = 1)$$

folgt, daß auch für r gilt

$$\sum_{j=0}^{\infty} \frac{(r+j-1)!}{(r-1)!\ j!}\ \alpha^r\ (1-\alpha)^j = s = 1.$$

Betrachte also:

$$\alpha + (1-\alpha)s = \alpha \sum_{j=0}^{\infty} \frac{(r-1+j-1)!}{(r-2)!\ j!}\ \alpha^{r-1}\ (1-\alpha)^j + (1-\alpha) \sum_{j=0}^{\infty} \frac{(r-1+i)!}{(r-1)!\ j!}\ \alpha^r\ (1-\alpha)^j$$

$$= \sum_{j=0}^{\infty} \frac{(r-2+j)!}{(r-2)!\ j!}\ \alpha^r\ (1-\alpha)^j + \sum_{j=0}^{\infty} \frac{(r-j+1)!}{(r-1)!\ j!}\ \alpha^r\ (1-\alpha)^{j+1}$$

$$= \alpha^r + \sum_{j=1}^{\infty} \frac{(r-2+j)!}{(r-2)!\ j!}\ \alpha^r\ (1-\alpha)^j + \sum_{j=0}^{\infty} \frac{(r+j-1)!}{(r-1)!\ j!}\ \alpha^r (1-\alpha)^{j+1}$$

$$= \alpha^r + \sum_{j=0}^{\infty} \frac{(r+j-1)!}{(r-2)!\ (j+1)!}\ \alpha^r\ (1-\alpha)^{j+1} + \sum_{j=0}^{\infty} \frac{(r+j-1)!}{(r-1)!\ j!}\ \alpha^r (1-\alpha)^{j+1}$$

$$= \frac{(r-1+0)!}{(r-1)!\ 0!}\ \alpha^r\ (1-\alpha)^0 + \sum_{j=0}^{\infty} \left[\frac{(r+j-1)!}{(r-2)!\ (j+1)!} + \frac{(r+j-1)!}{(r-1)!\ j!} \right] \alpha^r\ (1-\alpha)^{j+1}$$

$$= \frac{(r-1+0)!}{(r-1)! \; 0!} \; \alpha^r \; (1-\alpha)^0 + \sum_{j=0}^{\infty} \frac{(r-1+j+1)!}{(r-1)! \; (j+1)!} \; \alpha^r \; (1-\alpha)^{j+1}$$

$$= \frac{(r-1+0)!}{(r-1)! \; 0!} \; \alpha^r \; (1-\alpha)^0 + \sum_{j=1}^{\infty} \frac{(r-1+j)!}{(r-1)! \; j!} \; \alpha^r \; (1-\alpha)^j = s.$$

Damit ist gezeigt, daß auch für r eine Wahrscheinlichkeitsverteilung vorliegt. Im nächsten Abschnitt wird der Zusammenhang zur Binomialverteilung hergestellt.

4.3. Zur Interpretation einzelner Verteilungen
4.3.1. Interpretation der Multinomialverteilung

Die Multinomialverteilung ist immer dann von Interesse, wenn die Menge der Elementarereignisse endlich ist. Dies ist vor allem dann der Fall, wenn das Skalenniveau ordinal oder nominal ist. Dabei ist von vornherein klar, daß bei nominalen Skalenniveaus immer nur endlich viele Elementarereignisse auftreten, da Nominalskalen aus Klassifizierungen resultieren, die nur "=" und "$\neq$" unterscheiden. Bei Ordinalskalen ist nicht von vornherein klar, daß die Anzahl der Elementarereignisse endlich ist, da man etwa aus der Ökonomie weiß, daß Nutzen als nur ordinal meßbare Kategorie aufgefaßt wird, ohne daß man von der Existenz nur endlich vieler Nutzenniveaus ausgehen würde. So resultiert das Interesse an der Multinomialverteilung im Falle von Ordinalskalen vor allem daraus, daß man mangels Fähigkeit zur Unterscheidung sich auf endlich viele, meist wenige Kategorien beschränkt, auf die alle auftretenden Fälle aufzuteilen sind.

Beispiel: Leistungen aller deutschen Studenten werden mit Noten zwischen 1.0 und 5.0 bewertet, wobei eine 1.0 offenbar auf eine bessere Leistung hinweisen soll als eine 3.0. Obwohl man von etwa 1.4 Millionen Studenten eine größere Differenzierung der Leistung erwarten sollte, als sie durch diese 5 (mit Zwischennoten 13) Noten zum Ausdruck kommen, reicht das Unterscheidungsvermögen der Bewertenden im Regelfall noch nicht einmal aus, um wirklich exakt alle Leistungen in diese Notenskala einzufügen.

Beispiel: Eine Versicherung klassifiziert ihre Versicherten gemäß des unterschiedlichen Versicherungsrisikos. Millionen Versicherte werden in wenige Risikoklassen eingeteilt, wobei die Zugehörigkeit zu einer höheren Risikoklasse ungünstiger ist als eine niedrigere Risikoklasse, was man den unterschiedlichen Beiträgen entnehmen kann.

Es wurde bereits bei der mathematischen Diskussion der Multinomialverteilung mit

$$T = \{0, 1, \ldots, n\}$$

darauf hingewiesen, daß die α_i in

$$p(i) = \alpha_i \qquad 0 \leq i \leq n-1$$

in vielen Fällen in der Form

$$p(\alpha_i) = f_i(\lambda_1, \ldots, \lambda_m), \qquad m < n$$

geschrieben werden.

Dahinterstehende Überlegungen seien etwa am Beispiel einer medizinischen Diagnose aufgezeigt: Ein Patient klagt beim Arzt über verschiedene Beschwerden, die sich mit zahlreichen Krankheiten verbinden lassen. Im Rahmen seiner Diagnostik führt der Arzt einige Tests durch, deren Ausgang es ihm erlauben, über das Vorliegen der einzelnen Krankheiten Wahrscheinlichkeitsaussagen vorzunehmen. In Symbolen:

Seien die verschiedenen Krankheiten, mit denen die Beschwerden des Patienten verträglich sind, mit K_O, $K_1, \ldots, K_n$ bezeichnet.

Die Tests seien mit $T_1, \ldots, T_m$ bezeichnet.

Der jeweilige Testausgang sei mit $(\lambda_1, \ldots, \lambda_m)$ bezeichnet.

Der Arzt gelangt zu folgender Diagnose:

Die Wahrscheinlichkeit, daß der Patient an der Krankheit i leidet, ist gegeben durch

$$p(i) = f_i(\lambda_1, \ldots, \lambda_m), \qquad 0 \leq i \leq n.$$

Dabei erfolgt die Wahrscheinlichkeitsbewertung des Arztes auf der Basis statistisch ausgewerteter Krankenberichte, als Anhaltspunkt für den Wert der Wahrscheinlichkeit wird die relative Häufigkeit gewählt, in der die jeweilige Krankheit bei entsprechender Symptomlage und entsprechenden Testergebnissen in den Aufzeichnungen vorlag. Der Arzt wird den Patienten zunächst in der Weise behandeln, daß die als wahrscheinlichste angenommene Krankheit bekämpft wird. Dieses Beispiel ist zweifellos eine Idealisierung der ärztlichen Diagnose, oft fehlen empirische Erfahrungen, die einen derartigen Schluß rechtfertigen. Auf keinen Fall beruht die ärztliche Diagnose auf einem Kausalschluß; der Kausalschluß tritt erst dann auf, wenn der Arzt unterstellt, eine bestimmte Krankheit liege vor, und daran anknüpfend dem Patienten seine Beschwerden begründet. Dieser Kausalschluß ließe sich für jede der mit den Symptomen verträgliche Krankheit formulieren.

Der Schluß von der Symptomatik auf mögliche Ursachen ist also ein wichtiger Anwendungsfall für die Multinomialverteilung.

Später wird zur Diskussion nominal skalierter Zufallsvariabler noch das Konzept der Kontingenztafel vorgestellt, für deren statistische Analyse die Multinomialverteilung fundamental ist.

4.3.2. Interpretation der Binomialverteilung

Man stelle sich die n - fache Wiederholung eines Zufallsexperiments vor, das nur zwei Ausgänge 0 und 1 kennt. Man sehe (unter dem Beschreibungsaspekt) zwei Serien der Länge n von Realisationen einer solchen Folge von Zufallsexperimenten (mit Versuchszahl n) als gleich an, wenn die Anzahl der Experimente mit dem Ausgang 1 übereinstimmt.

Die Forderung der Wiederholung impliziert, daß der Ausgang eines Experiments nicht die Wahrscheinlichkeit für den Ausgang eines anderen Experiments beeinflußt. Mathematisch beschreibt man dies, indem man verlangt, daß gilt:

$$p(X_1 \in A \ ^\frown X_2 \in B) = p(X_1 \in A) \, p(X_2 \in B)$$

für alle Ereignisse A, B. Diese Formel ist die Idealisierung folgender Überlegung: Es liege eine Stichprobe des Umfanges n vor, deren Elemente Vektoren mit zwei Komponenten sind (etwa die Augenzahlen zweier Würfel beim Monopoli). Man unterteilt die gesamte Stichprobe in zwei Teilstichproben S_1 und S_2 mit

$$S_1 = \{(x_{1i}, \ x_{2i}) \, | \, 1 \leq i \leq n \, ^\frown x_{1i} \in A\},$$
$$S_2 = \{(x_{1i}, \ x_{2i}) \, | \, 1 \leq i \geq n \, ^\frown x_{1i} \notin A\}.$$

Mit der Aussage, daß die beiden Merkmale unabhängig voneinander sind, verbindet man die Vorstellung, daß der relative Anteil der Elemente $(x_{1i}, \ x_{2i})$, der außerdem die Bedingung $x_{2i} \in B$ erfüllt, für beide Serien S_1 und S_2 annähernd gleich ist, da die Serien S_1 und S_2 nach einem Merkmal gebildet wurden, das unabhängig vom Ausgang von X_2 ist. Man wird also mit einem relativen Anteil von Elementen $(x_{1i}, \ x_{2i})$ mit $x_{1i} \in A$ und $x_{2i} \in B$ rechnen, der sich als Produkt der Längen der Serien S_1 und S_3, jeweils dividiert durch n, ergibt. Dabei ist S_3 gegeben

$$S_3 = \{(x_{1i}, \ x_{2i}) \, | \, 1 \leq i \leq n \ ^\frown x_{2i} \in B\}.$$

Die Wahrscheinlichkeit einer Serie wird also gewonnen als Produkt der Wahrscheinlichkeiten der Ausgänge der einzelnen Experimente.

Eine Serie der Länge n mit j Ausgängen 1 und mit der Erfolgswahrscheinlichkeit

$$p(1) = \alpha$$

für das einzelne Experiment besitzt also die Wahrscheinlichkeit

$$\alpha^j (1 - \alpha)^{n-j}.$$

Aus den mathematischen Ausführungen ist bereits bekannt, daß es

$$\frac{n!}{j! \, (n-j)!}$$

Serien der Länge n mit j Einsen und n-j Nullen gibt. Damit gilt:

$$p(j) = \frac{n!}{j! \, (n-j)!} \, \alpha^j (1-\alpha)^{n-j} \qquad 0 \leq j \leq n.$$

<u>Beispiel:</u> Als Beispiel für ein derartiges Versuchsschema sei das Bernoulli - Schema genannt, das besondere Bedeutung in der Qualitätskontrolle besitzt:
Ein Fabrikant überprüft regelmäßig die Qualität seiner Ware. Eine Einheit dieser Ware gilt als qualitativ gut, wenn sie in einem genau beschriebenen Test alle Testinstanzen ohne Einschränkungen passiert. Ist dies der Fall, wird der Einheit der Wert 0 zugewiesen, falls mindestens eine Testeinheit nicht passiert wird, gilt die Einheit als fehlerhaft, ihr wird eine 1 zugeordnet. Bei Durchführung des Testverfahrens (etwa bei Crash - Versuchen) wird die Einheit zerstört, der Fabrikant will also nur einen Teil seiner Ware einem derartigen Test unterziehen. Er wählt die zu testenden Einheiten nach folgendem Verfahren aus: Jede Einheit wird numeriert, ihre Nummer wird in eine Lostrommel geworfen. Nach eingehender Mischung wird folgender Ziehungsvorgang durchgeführt: Es wird eine Nummer gezogen, die Nummer notiert und das Los zurückgelegt, es schließt sich wieder ein gründlicher Mischungsvorgang an.
Wenn von den vorhandenen 1000 Einheiten 25 Einheiten fehlerhaft sind, so geht man aufgrund der idealisierten Vorstellung, daß jede Nummer die gleiche Chance hat, gezogen zu werden, davon aus, daß die Wahrscheinlichkeit, eine zu einer fehlerhaften Einheit gehörige Nummer zu ziehen, durch

$$p = 0.025.$$

brauchbar geschätzt werden kann. Man beachte, daß man immer nur relative Häufigkeiten und nie Wahrscheinlichkeiten beobachten kann. Zusammenhänge zwischen relativer Häufigkeit und Wahrscheinlichkeit werden in Kapitel 9 diskutiert für den Fall, daß die Anzahl der Beobachtungen, die der Bestimmung der relativen Häufigkeit zugrundegelegt wird, hinreichend groß ist.
Das Zurücklegen der gezogenen Nummer wird damit begründet, daß im anderen Fall

nicht mehr bei jedem Ziehungsvorgang die gleichen Verhältnisse herrschen, weil sich nach Entfernen einzelner Nummern die Gesamtzahl der in der Urne vorhandenen Nummer ebenso ändert wie die Aufteilung der zu guten und zu fehlerhaften Einheiten gehörigen Nummern. Dies führt möglicherweise dazu, daß Nummern mehrfach gezogen werden, obwohl das zugehörige Werkstück nur einmal zu untersuchen ist. Man wird also auch an einer Versuchsanordnung interessiert sein, bei der die gezogene Nummer nicht zurückgelegt wird. Diese Überlegungen führen zur hypergeometrischen Verteilung.

4.3.3. Interpretation der hypergeometrischen Verteilung

Gegeben sei eine Urne, in der m Kugeln liegen. Unter diesen m Kugeln sind m_1 weiß und $m-m_1$ schwarz. Es werden n Ziehungen so vorgenommen, daß nach jedem Ziehungsvorgang die gezogene Kugel nicht zurückgelegt wird, jedoch während jedes Ziehungsvorganges jeder der in der Urne verbliebenen Kugel die gleiche Chance beizumessen ist, gezogen zu werden. Dies ist eine Anweisung an den Ziehungsvorgang, der so stattzufinden hat, daß keine Anhaltspunkte für eine bevorzugte Ziehung einer speziellen Kugel vorliegen. Die Anzahl der Ziehungen n sei höchstens so groß wie die kleinere der beiden Anzahlen der weiß bzw. schwarz gefärbten Kugeln, in Formel:

$$n \leq \min \{m_1, m-m_1\}.$$

Damit sind einfarbige Serien der Länge n in beiden Farben möglich.

Serien werden als gleich angesehen, wenn sie bei gleicher Serienlänge n zu gleicher Anzahl j weißer und n-j schwarzer Kugeln führen.

Unter den genannten Bedingungen ist die Wahrscheinlichkeit dafür, im ersten Versuch eine weiße Kugel zu ziehen ($X_1 = 1$), durch

$$p(X_1 = 1) = m_1/m$$

gegeben; die Wahrscheinlichkeit, im ersten Versuch eine schwarze Kugel zu ziehen ($X_1 = 0$), ist durch

$$p(X_1 = 0) = (m - m_1)/m$$

gegeben.

Es seien k Kugeln gezogen worden, von denen i Kugeln weiß seien. Dann sind noch m_1-i weiße und $m-m_1-(k-i)$ schwarze Kugeln in der Urne. Die Wahrscheinlichkeit, im k+1 - ten Versuch eine weiße Kugel zu ziehen, wenn in den ersten k Versuchen i weiße Kugeln gezogen worden sind, lautet:

$$p(X_{k+1} = 1 \mid \sum_{t=1}^{k} X_t = i) = (m_1 - i)/(m - k).$$

$p(A \mid B)$ bezeichnet dabei die Wahrscheinlichkeit von A unter der Bedingung, daß B bereits eingetreten ist. Man spricht kurz von <u>bedingten Wahrscheinlichkeiten.</u> Diese werden ausführlich in Kapitel 8 diskutiert.

Analog gilt

$$p(X_{k+1} = 0 \mid \sum_{t=1}^{k} X_t = i) = \frac{m - m_1 - (k-i)}{m-k}.$$

Die Wahrscheinlichkeit für eine bestimmte Serie $(x_1, \ldots\ldots, x_n)$ ist also gegeben durch

$$p(x_1, \ldots\ldots, x_n) = p(X_1 = x_1 \, \hat{} \, \ldots\ldots \, \hat{} \, X_n = x_n) =$$

$$p(X_1 = x_1) \, p(X_2 = x_2 \mid x_1) \, p(X_3 = x_3 \mid \sum_{j=1}^{2} x_j) \ldots\ldots p(X_n = x_n \mid \sum_{j=1}^{n-1} x_j).$$

In dieser speziellen Serie seien j Kugeln weiß. Es sieht zunächst einmal so aus, als sei die Wahrscheinlichkeit dieser Serie abhängig von der Reihenfolge, in der die Kugeln gezogen werden, denn offenbar ist jeder Faktor von dieser Reihenfolge abhängig.

Eine genaue Untersuchung zeigt aber:

- Der Nenner in jedem Faktor ist unabhängig vom einzelnen Experimentausgang, sondern bestimmt durch die Versuchsnummer, zu der der jeweilige Faktor gehört.

- Die Zähler unterschiedlicher Serien mit gleicher Anzahl weißer Kugeln unterscheiden sich nur durch die Reihenfolge, in der sie aufgeführt werden, denn für jedes i, $0 \leq i \leq j$ muß es ein kleinstes k, $k \leq n$ geben mit

$$\sum_{t=1}^{k} x_t = i,$$

ebenso muß für irgendein s, $0 \leq s \leq n-j$ ein kleinstes q, $q \leq n$ existieren mit

$$q - \sum_{t=1}^{q} x_t = s.$$

Damit lautet die Wahrscheinlichkeit <u>einer beliebigen</u> Serie von n Ziehungen mit j weißen Kugeln

$$\frac{m_1 \, (m_1-1) \, .. \, (m_1-j+1) \quad (m-m_1)(m-m_1-1) \, .. \, (m-m_1-(n+j+1))}{m \quad (m-1) \, ... \, (m-j+1) \quad (m-j) \, (m-j+1) \, ... \, (m-n+1)} =$$

$$= \frac{\dfrac{m_1!}{(m_1-j)!} \, \dfrac{(m-m_1)!}{(m-m_1-(n-j))!}}{\dfrac{m!}{(m-n)!}} \, .$$

Insgesamt existieren

$$\frac{n!}{j! \, (n-j)!}$$

verschiedene Serien der Länge n, von denen j Kugel n weiß sind (es wurde ja davon abgesehen, welche der n Kugeln weiß sind). Die Wahrscheinlichkeit, bei n Ziehungen j weiße Kugeln zu ziehen, lautet also:

$$p(j) = \frac{n!}{j! \, (n-j)!} \; \frac{\dfrac{m_1!}{(m_1-j)!} \, \dfrac{(m-m_1)!}{(m-m_1-(n-j))!}}{\dfrac{m!}{(m-n)!}}$$

$$= \frac{\dfrac{m_1!}{(m_1-j)! \, j!} \, \dfrac{(m-m_1)!}{(m-m_1-(n-j))! \, (n-j)!}}{\dfrac{m!}{n! \, (m-n)!}} \, .$$

In Worten: Im Urnenschema ohne Zurücklegen mit m_1 weißen und $m - m_1$ schwarzen Kugeln ist die Wahrscheinlichkeit, bei n , $n \leq \min \{m_1, \, m - m_1\}$ Versuchen j weiße Kugeln zu ziehen, gegeben durch das Produkt der Anzahl der Möglichkeiten, aus m_1 weißen Kugeln j weiße Kugeln auszuwählen, mit der Anzahl der Möglichkeiten, aus $m - m_1$ schwarzen Kugeln $n - j$ schwarze Kugeln auszuwählen, dividiert durch die Anzahl der Möglichkeiten, aus m Kugeln n Kugeln auszuwählen. Dabei wurde jeweils von der Reihenfolge, in der die Kugeln gezogen wurden, als Unterscheidungsmerkmal abgesehen.

Beispiel: Eine Ladung von Schrauben soll auf ihre Qualität hin untersucht werden. Im Gegensatz zum Beispiel zur Binomialverteilung versieht man wegen des zu hohen Aufwandes nicht die einzelnen Schrauben mit Nummern, sondern wird sie gleich selbst in die Urne schütten. Es ist durch nichts einzusehen, weshalb fehlerhafte Schrauben nach Feststellung des Fehlers wieder zu den übrigen Schrauben zurückgelegt werden. Die als ordnungsgemäß festgestellten Schrauben könnte man gleich nach der Überprüfung zurücklegen, dies gestaltet die mathematische Situation aber schwieriger, deshalb zieht man zuerst alle zu prüfenden Schrauben und führt deren Prüfung erst nach Abschluß des Ziehungsvorgangs durch.

4.3.4. Interpretation der Poisson - Verteilung

Es wurde bereits bei den mathematischen Ausführungen zur Poisson - Verteilung dargestellt, wie sich die Poisson - Verteilung aus der Binomial - Verteilung durch Grenzbetrachtungen ergibt. Hier soll die Interpretation dieses Vorgehens erfolgen.

Zur Erinnerung: man hielt λ fest und erhöht n. λ/n wird damit immer kleiner. Grenzbetrachtungen führt man durch, um zu untersuchen, was bei großem n passiert. Die Existenz von Grenzwerten weist darauf hin, daß der Grenzwert eine gute Annäherung für einen Wert ist, der sich aufgrund eines großen n ergibt. Dabei ist nicht wichtig, genau wie groß n ist, wichtig für die Genauigkeit ist lediglich, daß n groß genug ist.

Der Bezug auf die Binomial - Verteilung mit

$$\alpha = \lambda/n$$

weist darauf hin, daß die Poisson - Verteilung sich auf eine Situation bezieht, die weitgehend mit der der Binomialverteilung übereinstimmt, sich aber in folgenden Punkten unterscheidet:

1. Die Versuchszahl ist sehr groß, ohne dabei genau bestimmt zu sein.
2. Die Erfolgswahrscheinlichkeit im Einzelfall ist sehr klein.

Beispiel: Unfälle bei sehr häufig pro Periode wiederholten Tätigkeiten: Die deutschen Hausfrauen putzen sehr häufig während eines Jahres ihre Fenster. Man kann in Deutschland von mindestens 150 000 000 Vorgängen ausgehen, bei denen innerhalb eines Jahres Fenster geputzt werden. Die Wahrscheinlichkeit, beim Fensterputzen von der Leiter zu fallen und dabei tötlich zu verunglücken, ist sehr klein. Will man eine Wahrscheinlichkeitsverteilung dafür aufstellen, wie viele deutsche Hausfrauen innerhalb eines Jahres beim Fensterputzen verunglükken, so wird man zu diesem Zweck auf die Poisson - Verteilung zurückgreifen. Dieses Beispiel zeigt beide Charakteristika der Poisson - Verteilung deutlich:

-    Die Unfallwahrscheinlichkeit beim einzelnen Vorgang ist gering
-    Die Anzahl der Vorgänge innerhalb einer Periode ist in jeder Periode sehr groß, schwankt aber von Periode zu Periode.

Beispiel: In einer Kompanie werden periodisch die Waffen gereinigt. Normalerweise fällt dabei kein Schuß. Es kann aber passieren, daß sich ein Schuß löst. Die Wahrscheinlichkeitsverteilung dafür, wieviele Soldaten innerhalb einer Periode beim Reinigen der Waffen ums Leben kommen, wird als Poisson - Verteilung gewählt.

Beispiel: Daß bei einem Blitz eine Scheune in einer Versicherungsregion abbrennt, ist ein sehr unwahrscheinliches Ereignis. Landwirtschaftliche Versicherungsbetriebe berechnen also ihr Versicherungsrisiko und die zu fordernden Prämien auf der Basis der Poisson - Verteilung, wobei sie von einer erwarteten Zahl von Versicherungsfällen, multipliziert mit den Durchschnittskosten je Fall, ausgehen, um die Prämien zu kalkulieren. Weiterhin unterstellen sie, daß die Anzahl der Blitze innerhalb der jeweiligen Versicherungsperioden nicht zu stark schwankt.

4.3.5. Interpretation der negativen Binomial - Verteilung

Wie bei der Binomialverteilung handelt es sich um ein Urnenschema mit Zurücklegen. Wie bei der Binomial - Verteilung hat man es mit einer Folge von Zufallsexperimenten zu tun, bei denen es nur zwei Ausgänge "Erfolg" ($X = 1$) und "Mißerfolg" ($X = 0$) gibt. Während bei der Binomial- Verteilung die Versuchszahl feststeht und die Erfolgszahl zufällig ist, liegt der negativen Binomial - Verteilung ein Versuchsschema zugrunde, bei dem die Erfolgszahl r feststeht und die Zahl der Versuche, die bis zum Erreichen der Erfolgszahl erforderlich sind, dem Zufall unterworfen ist. Die Serie bricht also mit dem r - ten Erfolg ab. Statt der Versuche kann man auch die Mißerfolge bis zum Eintreten des r - ten Erfolges zählen.

Sei also n die Anzahl der Mißerfolge vor Eintreten des r - ten Erfolges. Dann liegen insgesamt $n+r$ Versuche vor. Die Wahrscheinlichkeit für das Eintreten einer derartigen Serie ist gegeben durch

$$\alpha^r \, (1-\alpha)^n .$$

Wie bei der Binomial - Verteilung ist nun zu fragen, wieviele Serien der Länge $n+r$ es gibt, die r Erfolge aufweisen und mit einem Erfolg enden. Diese Frage beantwortet man folgendermaßen: Da der letzte Versuch ein Erfolg ist, entfallen auf die vorhergehenden n-r-1 Versuche r-1 Erfolge. Dies ist auf

$$\frac{(n-r-1)!}{(r-1)! \; n!}$$

Arten möglich. Damit gilt:

$$p(n+r) = \frac{(n+r-1)!}{(r-1)! \; n!} \; \alpha^r \; (1-\alpha)^n, \qquad n \in \mathbb{N} \cup \{0\}.$$

In dieser Darstellung wurde die Gesamtzahl der Versuche gemessen. Damit gelangt man zur Menge der Elementarereignisse

$$T = \{z \mid z \in \mathbb{Z} \; \hat{} \; z \geq r\}.$$

Ändert man die Darstellung und wählt statt der Versuchszahl die Anzahl n der Mißerfolge, so gilt:

$$p(n) = \frac{(n+r-1)!}{(r-1)! \; n!} \; \alpha^r \; (1-\alpha)^n.$$

Bei dieser Darstellung ist die Menge der Elementarereignisse bestimmt durch

$$T = \{z \mid z \in \mathbb{Z} \; \hat{} \; z \geq 0\}.$$

Diese Darstellung lag den mathematischen Ausführungen in 4.2.5. zugrunde.

<u>Beispiel:</u> Die negative Binomial – Verteilung ist z.B. für die Analyse biologischer Zusammenhänge wichtig. Ein Ehepaar wünscht sich ein Kind. Der beratende Arzt erklärt den Eheleuten, daß die Wahrscheinlichkeit einer Befruchtung innerhalb einer Periode aufgrund der gesundheitlichen und sonstigen Lebensdaten der Eheleute etwa durch $\alpha = 0.2$ gegeben sei. Die Wahrscheinlichkeit dafür, daß die Ehefrau ihr erstes Kind in der n-ten Periode empfängt, bestimmt der Arzt auf der Basis der negativen Binomial – Verteilung mit r = 1 zu

$$p(n) = \frac{(n-1)!}{0! \; (n-1)!} 0.2 * 0.8^{n-1} = 0.2 * 0.8^{n-1}.$$

Unterstellt man für ein Jahr 13 Perioden, so ist die Wahrscheinlichkeit dafür, daß die Ehefrau innerhalb des nächsten Jahres ein Kind empfängt, durch

$$\sum_{t=0}^{12} p(t) = \sum_{t=0}^{12} 0.2 * 0.8^t = 0.2 * \frac{1 - 0.8^{13}}{0.2} = 1 - 0.8^{13} \approx 0.945.$$

<u>Beispiel:</u> Traugott Leichtfuß hat jeden Mittwoch seinen Kegelabend, bei dem er ein gepflegtes Bierchen zu schätzen weiß. Es bleibt nicht bei einem, und die 0.8 Promille sind jedesmal überschritten, nicht viel, und Traugott Leichtfuß fühlt sich jedesmal fahrtüchtig und steuert sein Auto selbst nach Hause. Die Wahrscheinlichkeit, in Wuppertal erwischt zu werden, setzt er als informierter

Zeitungleser und um die Existenz der Wuppertaler Polizeischule wissend mit 1/100 an und ist der Meinung, sein Kegelvergnügen ohne Änderung seines Verhaltens fortsetzen zu können. Sein Freund Waldemar Scharfsinn ist auch Kegelbruder, trinkt ebenfalls gern Bier, fährt aber mit dem Taxi nach Hause und behauptet, er lebe billiger als Traugott Leichtfuß, obwohl jede Taxifahrt 12 DM kostet. Er rechnet:

Traugott Leichtfuß fährt 52 mal im Jahr gefährdet. Die Wahrscheinlichkeit, daß er innerhalb eines Jahres in das berühmte Röhrchen pusten muß, ist gegeben durch

$$\sum_{t=0}^{51} 0.01 * 0.99^t = 1 - 0.99^{52} \approx 1 - 0.593 = 0.407.$$

Dem sicheren Taxigeld von 624 DM im Jahr stellt er also entgegen etwa 650 DM Strafe und Gebühren sowie die Kosten für einen Monat Fahrverbot, die er mit 40 DM pro Tag veranschlagt. Seine Rechnung:

100 Leute mit Waldemar's Verhalten zahlen im Jahr 62400 DM Taxi, von 100 Leuten mit dem Verhalten von Traugott zahlen etwa 40 Leute

$$40 * (650 + 1200) \text{ DM} = 74000 \text{ DM}.$$

Dazu kommt der Ärger am Abend, an dem man blasen muß, die Zeit, die man mangels Fahrerlaubnis verliert, sowie die Punkte in Flensburg, von denen man nie weiß, wie die sich auswirken.

Seine Rechnung geht weiter: Entweder muß Traugott Leichtfuß sein Verhalten abändern, wenn er das erste Mal erwischt worden ist, oder er läuft Gefahr, nach dem zweiten Mal 30 Tagesätze je 100 DM + Gerichtskosten zuzüglich einem 6 - monatigen Fahrverbot in Kauf nehmen zu müssen. Die Gefahr, in 2 Jahren zweimal erwischt zu werden, bestimmt Waldemar Scharfsinn auf der Basis der NB(2, 0.01) - Verteilung zu

$$\sum_{t=0}^{102} \frac{(t+1)!}{1! \, t!} 0.01^2 \, 0.99^t \approx 0.28.$$

Hierbei hat Waldemat Scharfsinn allerdings das Problem vereinfacht, weil er das vierwöchige Fahrverbot nicht einbezogen hat, das ausgesprochen wurde, nachdem Traugott das erste Mal erwischt wurde.

4.4. Zusammenfassung

In diesem Kapitel wurden einige diskrete Wahrscheinlichkeitsverteilungen eingeführt, und zwar
- mit endlicher Menge von Elementarereignissen
  - die Multinomialverteilung
    mit den Sonderfällen
    - Binomial - Verteilung
    - Hypergeometrische Verteilung
  mit abzählbar unendlicher Menge von Elementarereignissen
    - die Poisson - Verteilung
    - die negative Binomial - Verteilung.

Um zu zeigen, daß dies wirklich Verteilungen sind, wurde zunächst bewiesen, daß die Wahrscheinlichkeiten der Elementarereignisse positiv sind; das sah man sofort in den einzelnen Fällen.

Wesentlich aufwendiger war der Nachweis, daß die Summe der Wahrscheinlichkeiten aller Elementarereignisse 1 ist.

Anschließend wurden zu den einzelnen Wahrscheinlichkeitsverteilungen Beispiele ihrer praktischen Anwendung gegeben. Hier sollte der Leser versuchen, die Anwendungssituation so genau wie möglich abstrakt zu beschreiben, so daß er in der Lage sind, anhand dieser abstrakten Beschreibung selbst weitere Anwendungsbeispiele zu formulieren.

Ein weiteres Anwendungsfeld für die Multinomial - Verteilung ist die Untersuchung von Glückspielen, deren mathematisches Instrumentarium die Kombinatorik ist. Hier weist man meist allen Möglichkeiten gleiche Wahrscheinlichkeiten zu, die Kombinatorik kommt zum Einsatz bei der Überprüfung, wie viele Möglichkeiten es jeweils gibt, um zu einem bestimmten Ereignis zu gelangen. Man denke etwa an Würfelspiele mit mehreren Würfeln, bei denen nur die Gesamtaugenzahl interessiert, oder bei denen gewisse Konstellationen überboten werden sollen, man denke an jede Form von Lotterien oder Kartenspielen oder an das Roulette.

Aufgabe 4.1: Welche Situationen charakterisiert man mit der
Binomial - Verteilung
Hypergeometrischen Verteilung
Poisson - Verteilung
negativen Binomial - Verteilung?

Aufgabe 4.2: Beweisen Sie: Für $m \geq 1$, $m, n \in \mathbb{N}$, $n \geq m$ gilt: (leicht)

$$\frac{n!}{(m-1)!\ (n-m+1)!} + \frac{n!}{m!\ (n-m)!} = \frac{(n+1)!}{m!\ (n+1-m)!}$$

Aufgabe 4.3: Beweisen Sie mit vollständiger Induktion nach k: Für $m \geq 1, n \geq m$, $n, m, k \in \mathbb{N}$ gilt: (schwerer)

$$\frac{n!}{(m-1)!\ (n-m-1)!} + \sum_{j=0}^{k} \frac{(n+j)!}{(m+j)!\ (n-m)!} = \frac{(n+k+1)!}{(m+k)!\ (n+1-m)!}$$

Aufgabe 4.4: Zeigen Sie, daß gilt: zu $x \in \mathbb{R}$ gibt es $s(x) < \infty$ derart daß gilt

$$\left| \sum_{j=0}^{n} x^j/j! \right| \leq s(x) \text{ für } n \in \mathbb{N}.$$

Hinweis: zu x gibt es $j_o(x) \in \mathbb{N}$ mit

$$|x/j_o| < 1 \quad \text{und} \quad |x^j/j!| \leq \left|\frac{x^{j_o}}{j_o!}\right| \left|\frac{x^{j-j_o}}{j_o^{\,j-j_o}}\right| \quad \text{für } j > j_o.$$

Verwende nun die geometrische Reihe zur Abschätzung.

Aufgabe 4.5: Beweise: $\exp(x) * \exp(y) = \exp(x + y)$.

Hinweis: Verwende

$$\sum_{i=0}^{n} \sum_{j=0}^{n} a_i b_j = \sum_{k=0}^{2n} \left(\sum_{\substack{i+j=k \\ i,j \geq 0}} a_i b_j \right)$$

und benutze den Binomiallehrsatz.

Aufgabe 4.6: Lesen Sie in einem Analysis - Buch, etwa bei Courant, nach, unter welchen Bedingungen Sie folgende Grenzprozesse vertauschen dürfen:

- die Reihenfolge der Summierung bei unendlichen Summen
- Summation und Differentiation
- Summation und Integration

Im Anschluß daran zeigen Sie unter Verwendung von

$$\exp(x) = \sum_{j=0}^{\infty} x^j/j!,$$

daß gilt:

- $d/dx \exp(x) = \exp(x)$

- $\displaystyle\int_a^b \exp(x)\ dx = \exp(b) - \exp(a).$

Aufgabe 4.7: Lesen Sie etwa bei Courant die Ausführungen über den Satz von Taylor nach. Zeigen Sie anschließend, daß die Exponentialfunktion vollständig durch folgende beiden Bedingungen festgelegt ist:

- exp(0) = 1

- d/dx exp(x) = exp(x) für x $\in \mathbb{R}$.

Gewinnen Sie nun aus dem Satz von Taylor die Darstellung

$$\exp(x) = \sum_{j=0}^{\infty} x^j/j!$$

Aufgabe 4.8: Beweisen Sie, daß für x $\geq$ 0 gilt:

$$\sum_{j=0}^{n} x^j/j! \leq (1 + x/n)^n.$$

Zeigen Sie nun, daß für x $\geq$ 0 gilt:

$$\lim_{n \to \infty} (1 + x/n)^n = \lim_{n \to \infty} \sum_{j=0}^{n} x^j/j!.$$

Schließen Sie jetzt, daß für x $\in \mathbb{R}$ gilt:

$$\lim_{n \to \infty} (1 + x/n)^n = \lim_{n \to \infty} \sum_{j=0}^{n} x^j/j!$$

5. Empirische Verteilungsfunktion, Verteilungsfunktion, Dichtefunktion

5.1. Einleitung

Ziel dieses Kapitels ist die Einführung wichtiger Hilfsmittel zur <u>Charakterisierung von Zufallsvariablen bzw. von Stichproben.</u> Dabei wurden die einzuführenden Begriffe der Verteilungsfunktion und der Dichtefunktion bereits im Zusammenhang mit der Diskussion der Menge von Ereignissen bzw. bei Einführung von Wahrscheinlichkeitsverteilungen in Kapitel 2 und 3 angesprochen. Zur Erinnerung: Es wurde gezeigt, daß Wahrscheinlichkeitsverteilungen über A^n existieren. Dies wurde bewiesen durch Betrachtung bestimmter Integrale. Die dort auftretenden Integrale werden jetzt als <u>Verteilungsfunktionen</u> eingeführt, die Integranden als <u>Dichtefunktionen</u>. Während sich Verteilungsfunktion und Dichtefunktion als theoretische Konstrukte zur Charakterisierung von Zufallsprozessen verstehen lassen, dienen <u>empirische Verteilungsfunktionen</u> der Charakterisierung vorliegender Stichproben. Empirische Verteilungen ergeben sich als endliche Summen und sind nicht differenzierbar; es gibt also ein empirisches Analogon zu Verteilungsfunktionen, aber nicht zu Dichtefunktionen, die man auch kurz Dichten nennt.

Nach Einführung der genannten Begriffe werden weitere Wahrscheinlichkeitsverteilungen eingeführt, ihr Anwendungsfeld beschrieben und schließlich eine Klassifikation von Verteilungsfunktionen geliefert. Es wird der Begriff der Trägermenge präzisiert, der es erlaubt, den Unterschied zwischen fast - unmöglichen und unmöglichen Ereignissen mathematisch zu beschreiben. Denn es wird ein hinreichendes Kriterium dafür geliefert, wann ein Elementarereignis mit Wahrscheinlichkeit 0 logisch möglich ist. Was das Konzept der Trägermenge inhaltlich bedeutet, wurde bereits in Kapitel 2 und Kapitel 3 erklärt.

Falls die zugrundeliegende Wahrscheinlichkeitsverteilung diskret ist, läßt sich die Trägermenge als Menge der logisch möglichen Elementarereignisse beschreiben, die dann alle eine positive Wahrscheinlichkeit aufweisen. Falls eine Dichtefunktionen existiert, wird die Trägermenge als die Menge der Elementarereignisse definiert, an denen die Dichtefunktion einen positiven Wert annimmt. Falls die Dichtefunktion für ein Elementarereignis den Wert 0 annimmt, kann man nicht folgern, daß dieses Elementarereignis logisch unmöglich sei; es ist mir aber keine statistische Betrachtungsweise bekannt, in der es von Belang wäre, ob derartige Elementarereignisse logisch ausgeschlossen sind oder nicht. Die Frage der logisch möglichen Elementarereignisse mit Dichte 0 erscheint noch nicht einmal als akademisch sinnvolle Frage, geschweige denn als Frage von praktischem Interesse.

5.2. Empirische und theoretische Verteilungsfunktion
5.2.1. Die empirische Verteilungsfunktion

Ausgangspunkt der Einführung der empirischen Verteilungsfunktion ist eine Serie von T n – dimensionalen Vektoren $\{v_1,\ldots,v_T\}$, die Realisationen einer Folge von T Wiederholungen eines Zufallsexperiments sein können. Definiere

$$H: \mathbb{R}^n \to [0, 1]$$

mittels

$$H(x) = \frac{1}{T}\,\left|\{v,\ v_1 \leq x_1 \ \hat{} \ v_2 \leq x_2 \ \hat{} \ \ldots \ \hat{} \ v_n \leq x_n\}\right|.$$

Dabei bezeichnet $|S|$ die Anzahl der Elemente einer Menge S.

<u>Definition 5.1:</u> H(x) heißt <u>empirische Verteilungsfunktion</u> der Serie $\{v_1,,\ldots, v_T\}$.

Die obige Formel liest sich in Worten: H(x) ist gegeben als relative Häufigkeit der Serienelemente v_i, die komponentenweise kleiner oder gleich x sind.

<u>Beispiel:</u> Sei T = 5, n = 1:

$$v_1 = 3 \quad v_2 = 1 \quad v_3 = 2 \quad v_4 = 3 \quad v_5 = 4$$

Dann gilt:

$$
\begin{aligned}
H(x) &= 0 & &\forall\, x < 1 \\
H(x) &= 1/5 & &1 \leq x < 2 \\
H(x) &= 2/5 & &2 \leq x < 3 \\
H(x) &= 4/5 & &3 \leq x < 4 \\
H(x) &= 1 & &\forall\, x \geq 4.
\end{aligned}
$$

<u>Graph der empirischen Verteilungsfunktion</u>

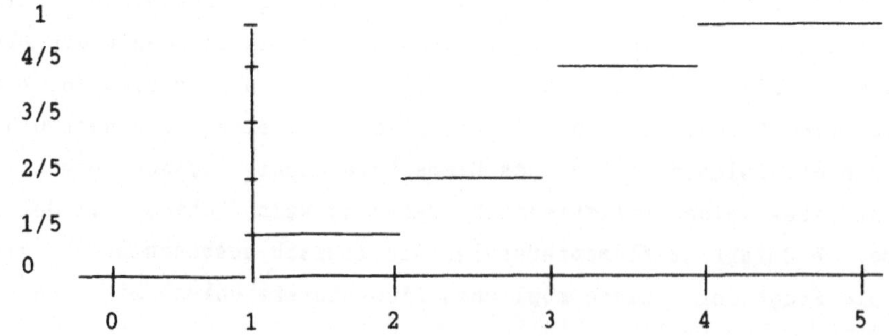

Offenbar gilt:

1: H(x) ist Treppenfunktion

2. H(x) ist schwach monoton steigend

3. $0 \leq H(x) \leq 1$ $\forall x \in \mathbb{R}^n$

4. $\lim\limits_{x_i \to -\infty} H(x_1,\ldots\ldots,x_n) = 0$

5. $\lim\limits_{x_1 \to \infty} \lim\limits_{x_2 \to \infty} \ldots\ldots \lim\limits_{x_n \to \infty} H(x_1,\ldots\ldots,x_n) = 1.$

6. Sei $a_1 \leq b_1 \ ^\wedge a_2 \leq b_2 \ ^\wedge \quad ^\wedge a_n \leq b_n$. Dann gilt:

$$H(b) - H(a) = T^{-1} \ |\{v \,|\, v_1 \leq b_1 \ ^\wedge v_2 \leq b_2 \ ^\wedge \ldots \ ^\wedge v_n \leq b_n \ ^\wedge \ \exists \ i: a_i \ \langle \ v_i\}|$$

In Worten: $H(b) - H(a)$ gibt an die relative Häufigkeit für das Auftreten von Vektoren, die im Intervall

$$\prod_{j=1}^{n} (-\infty, b_j],$$

aber nicht im Intervall

$$\prod_{j=1}^{n} (-\infty, a_j]$$

liegen. Dazu reicht aus, daß alle $v_i \leq b_i$ sind, aber mindestens ein $v_j \ \rangle \ a_j$ ist.

7. $1 - H(b) = T^{-1} \ |\{v \,|\ \exists \ i: 1 \leq i \leq n, \text{ mit } v_i \ \rangle \ b_i\}|$.

7. ist ein Sonderfall von 6.

Der Unterschied zwischen 4 und 5 ist folgender: während es unter 4. ausreicht, daß irgendein x_i gegen $-\infty$ strebt, müssen unter 5. alle x_i gemeinsam gegen ∞ streben. Dies liegt darin, daß unter 4. das unmögliche Ereignis angesprochen ist, und hier reicht es aus, wenn eine Komponente unter alle Grenzen fällt, während 5. auf das sichere Ereignis abstellt, und dabei müssen alle Komponenten beliebige Werte annehmen können, deshalb müssen also alle Komponenten gegen ∞ streben.

5.2.2. Die Verteilungsfunktion

Sei X n - dimensionale Zufallsvariable. Definiere

$$F: \mathbb{R}^n \to [0, 1]$$

mittels

$$F(a) = p(X_1 \leq a_1 \ ^\wedge X_2 \leq a_2 \ ^\wedge \ldots\ldots \ ^\wedge X_n \leq a_n).$$

<u>Definition 5.2.</u> F heißt <u>Verteilungsfunktion der n - dimensionalen Zufalls-</u>
<u>variablen X = $(X_1, \ldots, X_n)$.</u>
Man kann die Begriffe der empirischen Verteilungsfunktion und der (theoretischen) Verteilungsfunktion dadurch unterscheiden, daß in der Definition der
empirischen Verteilungsfunktion relative Häufigkeiten von Realisationen, in
der Definition der (theoretischen) Verteilungsfunktion hingegen Wahrscheinlichkeiten bestimmter Ereignisse charakterisierendes Merkmal sind. <u>Dieser</u>
<u>Unterschied läßt sich auf alle künftigen Unterscheidungen zwischen empirischen</u>
<u>und theoretischen Größen übertragen.</u>

Die Verteilungsfunktion F ordnet also jedem $a \in \mathbb{R}^n$ die Wahrscheinlichkeit zu,
daß eine Realisation eines Zufallsprozesses X im Intervall

$$\prod_{i=1}^{n} (-\infty, a_i] = (-\infty, a_1] \oplus (-\infty, a_2] \oplus \ldots \oplus (-\infty, a_n]$$

liegt. Dies ist lediglich eine andere Schreibweise für

$$X_i \leq a_i , \quad 1 \leq i \leq n.$$

Es ist also festzuhalten: Genau so wie sich eine empirische Wahrscheinlichkeitsverteilung nur in Bezug zu einer Serie definieren läßt, genau so läßt
sich eine Verteilungsfunktion nur in Bezug zu einer Zufallsvariablen X definieren. Verteilungsfunktionen untersucht man in einer ex - ante - Betrachtung,
d.h. vor Durchführung eines Zufallsexperiments, denn nach Durchführung des Zufallsexperiments steht ja der Ausgang fest und ist nicht mehr zufällig. Empirische Größen hingegen sind Gegenstand einer ex - post - Betrachtung.

Verteilungsfunktionen $F: \mathbb{R}^n \rightarrow [0, 1]$ besitzen folgende Eigenschaften:

1. $0 \leq F(x) \leq 1 \qquad \forall x \in \mathbb{R}^n$

2.   Sei $a_1 \leq b_1 \hat{\ } a_2 \leq b_2 \hat{\ } \ldots \hat{\ } a_n \leq b_n$. Dann gilt:
$$F(a) \leq F(b).$$

   Also sind Verteilungsfunktionen schwach monoton steigend.

3. $\lim\limits_{x_i \to -\infty} F(x_1, \ldots, x_n) = 0 = p(\phi).$

4. $\lim\limits_{x_1 \to \infty} \lim\limits_{x_2 \to \infty} \ldots \lim\limits_{x_n \to \infty} F(x_1, \ldots, x_n) = 1$ (Wahrscheinlichkeit des sicheren
   Ereignisses).

5.   Sei $\{a_t\}_{t \in \mathbb{N}} = \{(a_{1t}, \ldots, a_{nt})\}_{t \in \mathbb{N}}$ Folge von Vektoren derart, daß gilt:

$$\lim\limits_{t \to \infty} a_{it} = a_i \qquad 1 \leq i \leq n$$

und

$$a_{it} \geq a_i \quad \forall\, t,\ 1 \leq i \leq n.$$

Dann gilt mit $a = (a_1, \ldots \ldots, a_n)$:

$$\lim_{t \to \infty} F(a_t) = F(a).$$

Diese Eigenschaft nennt man die <u>rechtsseitige Stetigkeit</u> von F.

Eine entsprechende Eigenschaft im Falle $a_{it} \leq a_i$ muß nicht gelten, denn sonst wären Verteilungsfunktionen sogar stetig. Verteilungsfunktionen diskreter Zufallsvariabler besitzen aber Sprungstellen, da sie wie alle empirischen Verteilungsfunktionen Treppenfunktionen sind. Mit mathematisch einfachen Mitteln kann man beweisen den folgenden

<u>Satz 5.1.</u> Sei $F: \mathbb{R}^n \to [0, 1]$ Funktion, die die Eigenschaften 1 bis 5 besitzt. Dann besitzt F höchstens abzählbar viele Unstetigkeitsstellen.

5.2.3. Klassifikation von Verteilungsfunktionen

Die Eigenschaft der Stetigkeit ist ein wichtiges Klassifikationsmerkmal für Zufallsvariable. Denn Stetigkeit ist dadurch definiert, daß gilt

$$\lim_{t \to \infty} a_t = a \quad \longrightarrow \quad \lim_{t \to \infty} F(a_t) = F(a).$$

Das heißt aber: gilt für eine Folge von Intervallen

$$\left\{ I_t \right\}_{t \in \mathbb{N}} = \left\{ \prod_{i=1}^{n} (a_{it},\ a_i] \right\}_{t \in \mathbb{N}} :$$

$$\lim_{t \to \infty} a_{it} = a_i \quad \hat{}\quad a_{it} < a_i \quad 1 \leq i \leq n$$

so gilt sogar:

$$\lim_{t \to \infty} p(I_t) = \lim_{t \to \infty} p(a_{1t} < X_1 \leq a_1 \quad \hat{} \ldots \ldots \hat{}\ a_{nt} < X_n \leq a_n) = 0.$$

Dies heißt aber: Ist die Verteilungsfunktion F einer Zufallsvariablen X stetig, so kann es keine Punkte geben, die eine Wahrscheinlichkeit größer als 0 besitzen. Jeder Punkt muß also Wahrscheinlichkeit 0 besitzen.

Zu unterscheiden ist also zunächst zwischen <u>stetigen und nicht stetigen</u> Verteilungsfunktionen.

Die stetigen Verteilungsfunktionen werden danach unterscheiden, ob sie differenzierbar sind oder nicht. Diese Unterscheidung führt zu folgender

<u>Definition 5.3:</u> Sei $F: \mathbb{R}^n \to [0, 1]$ Verteilungsfunktion einer Zufallsvariablen X. Es existiere an jeder Stelle $a \in \mathbb{R}^n$ die Ableitung

$$\frac{\partial}{\partial x_1} \; \frac{\partial}{\partial x_2} \; \cdots \cdots \; \frac{\partial}{\partial x_n} \; F(a_1, \; \ldots, \; a_n) = f(a_1, \; \ldots, \; a_n).$$

Dann heißt $f(a_1, \; \ldots, \; a_n)$ die Dichtefunktion (oder kurz Dichte) der Zufallsvariablen X.

In allen praktisch relevanten Fällen ist die Dichte überall da, wo sie definiert ist, eine stetige Funktion.

5.2.4. Der Zusammenhang zwischen Verteilungsfunktion und Wahrscheinlichkeitsverteilung

Bekannt aus Kapitel 2 und 3 ist bereits das Problem, das sich stellt bei der Festlegung der Teilmengen des $\mathbb{R}^n$, die sich als Ereignisse interpretieren lassen; man denke an den Zielkonflikt, der bei der Lösung dieses Problems zu bewältigen war: es ging darum, auf der einen Seite möglichst viele Teilmengen als Ereignisse interpretieren zu können, aber umgekehrt auch in der Lage zu sein, jedem Ereignis eine Eintrittswahrscheinlichkeit zuzuordnen. Es wurde gezeigt, daß das zweite Problem sich ganz leicht dann lösen läßt, wenn man sich auf $\mathcal{A}^n$ als Menge von Ereignissen beschränkt, denn dann diente als Argument zur Begründung der Existenz von Wahrscheinlichkeitsbewertungen über $\mathcal{A}^n$ die Existenz von Funktionen $f: \mathbb{R}^n \to \mathbb{R}_0^+$ mit der Eigenschaft

$$\int\limits_{-\infty}^{\infty} \int\limits_{-\infty}^{\infty} \cdots \cdots \int\limits_{-\infty}^{\infty} f(x_1, \; \ldots, \; x_n) \; dx_1 \cdots dx_n = 1 \text{ an.}$$

Man erkennt unschwer, daß in diesem Abschnitt $f(x_1, \ldots, x_n)$ als Dichte einer Zufallsvariablen X eingeführt wurde. Entsprechend gewinnt man aus der Dichte von X die Verteilungsfunktion $F: \mathbb{R}^n \to [0, 1]$ mittels

$$F(x) = \int\limits_{-\infty}^{x_1} \int\limits_{-\infty}^{x_2} \cdots \cdots \int\limits_{-\infty}^{x_n} f(z) \; dz_1 \; \ldots \; dz_n.$$

Die Interpretation der Verteilungsfunktion als

$$F(x) = p(X \leq x)$$

und die Tatsache, daß $\mathcal{A}^n$ die kleinste Mengenalgebra ist, die alle Intervalle enthält, garantierte, daß Kenntnis dieser Funktion F die Wahrscheinlichkeiten aller Ereignisse aus $\mathcal{A}^n$ festlegt. Also ist zunächst einmal die Kenntnis der Wahrscheinlichkeit aller Ereignisse aus $\mathcal{A}^n$ gleichwertig mit der Kenntnis der

Verteilungsfunktion, da mit Kenntnis der Verteilungsfunktion die Wahrscheinlichkeit jedes Ereignisses aus A^n bestimmbar ist.

Der Übergang zur σ - Algebra B^n fand auf der Basis von Grenzwertbetrachtungen statt, es wurden nämlich die Teilmengen des $\mathbb{R}^n$ in die Borel'sche σ - Algebra B^n aufgenommen, die eine Wahrscheinlichkeitszuweisung widerspruchsfrei durch Grenzwertbetrachtung von Folgen von Ereignissen $\{E_n\}_{n \in \mathbb{N}}$ erlaubten, die die Bedingung

$$E_n \in A^n$$

erfüllten. Die Wahrscheinlichkeit von Ereignissen E aus B^n ist also festgelegt, wenn die Wahrscheinlichkeiten für alle Ereignisse aus A^n festgelegt sind. Diese Wahrscheinlichkeiten sind aber bereits durch die Verteilungsfunktion festgelegt, so daß man zusammenfassend resümieren kann:

Die Verteilungsfunktion beinhaltet die gleiche Information wie die zugehörige Wahrscheinlichkeitsverteilung, da die Kenntnis der Verteilungsfunktion prinzipiell die Berechnung jedes Ereignisses aus der Borel'schen σ - Algebra B^n erlaubt. Der Kreis schließt sich also: Das Konzept der Borel'schen σ - Algebra und damit das der Menge der Ereignisse ist so konzipiert, daß Wahrscheinlichkeitsverteilungen und Verteilungsfunktionen lediglich unterschiedliche Betrachtungsweisen des gleichen Problems sind: Wahrscheinlichkeitsverteilungen weisen jedem Ereignis seine Wahrscheinlichkeit zu, Verteilungsfunktionen nur bestimmten Ereignissen, nämlich den Basisereignissen; diese Zuweisung reicht aber aus, um auf die Wahrscheinlichkeitsverteilung zu schließen; anders gesagt: Teilmengen des $\mathbb{R}^n$, die eine derartige Reduktion auf Basisereignisse nicht gestatten, werden nicht als Ereignisse angesehen. Wahrscheinlichkeitsverteilungen, Verteilungsfunktionen und Ereignis - σ - Algebra B^n sind also drei Konzepte, die in engstem Zusammenhang miteinander stehen und nur in dem eben nochmals beschriebenen Zusammenhang voll verstanden werden können.

5.3. Der Begriff der Trägermenge

Jetzt soll zunächst für den Fall diskret verteilter Zufallsvariabler und für den Fall von Zufallsvariablen, die eine Dichtefunktion besitzen, die bereits im zweiten Kapitel getroffene Unterscheidung zwischen unmöglichen und fast unmöglichen Ereignissen mathematisch formuliert werden.

Diskret verteilte Zufallsvariable sind dadurch definiert, daß die Menge der logisch möglichen Elementarereignisse abzählbar ist und daß außerdem jedes Elementarereignis eine Wahrscheinlichkeit größer als 0 besitzt.

<u>Beispiel:</u> Beim Münzwurf betrachtet man üblicherweise die Ausgänge Krone
(X = 1) oder Zahl (X = 0). Unter dieser Betrachtungsweise ist X diskret verteilte Zufallsvariable, denn es werden nur zwei Elementarereignisse für logisch möglich erachtet, und beide Elementarereignisse besitzen positive Wahrscheinlichkeiten.

Nun ist aber möglicherweise überhaupt nicht auszuschließen, daß die Münze auf
der Kante stehenbleibt. Man mißt diesem Ereignis allerdings keine positive
Wahrscheinlichkeit zu. Dann geht die Eigenschaft der Diskretheit verloren,
denn die Eigenschaft, daß jedes für möglich erachtete Elementarereignis eine
positive Wahrscheinlichkeit besitzt, ist nicht erfüllt. Weiterhin liegt kein
Kriterium dafür vor, ob "Kante" ein logisch möglicher Ausgang ist oder nicht.
Per Definition besitzen also bei diskreten Zufallsvariablen alle logisch möglichen Elementarereignisse positive Wahrscheinlichkeiten. Man spricht auch davon, daß die Elementarereignisse bei diskreten Zufallsvariablen Träger von
Wahrscheinlichkeit sind.

Besitzt eine Zufallsvariable X die Dichte $f(x)$, so kann man unterscheiden zwischen Punkten, in denen $f(x)$ positiv ist, und solchen, in denen $f(x) = 0$ ist.
Negative Werte für $f(x)$ sind nicht möglich, da $f(x)$ Ableitung einer <u>schwach</u>
<u>monoton steigenden Funktion</u> ist. Zwar besitzen in diesem Fall alle Punkte die
Wahrscheinlichkeit 0, aber im Falle $f(x) > 0$ steigt die Verteilungsfunktion F
in x, während sie im Falle $f(x) = 0$ nicht ansteigt. Offenbar steigt die Verteilungsfunktion einer diskret verteilten Zufallsvariablen an jedem Elementarereignis an, sonst bleibt sie konstant. Hier fallen also definitionsgemäß die
Punkte des $\mathbb{R}^n$, die logisch mögliche Elementarereignisse repräsentieren, mit
den Stellen überein, an denen die Verteilungsfunktion F ansteigt. Man gelangt
somit zu folgender

<u>Definition 5.4</u>: Sei X n – dimensionale Zufallsvariable. Sei M die Teilmenge
des $\mathbb{R}^n$, in der die Verteilungsfunktion F von X ansteigt. M heißt <u>Trägermenge</u>
von X.

Offenbar sind Punkte, die als Realisationen von X logisch ausgeschlossen sind,
keine Punkte, in denen F ansteigt. Punkte, die zur Trägermenge gehören, sind
als Punkte, in denen F ansteigt, logisch mögliche Ereignisse. Somit sind also
bei Zufallsvariablen X, die eine Dichte besitzen, alle Punkte mit positiver
Dichte logisch mögliche Ereignisse, die eine Wahrscheinlichkeit 0 besitzen.
Welche Information liefert nun die Größe der Dichte, wo jedes Elementarereignis eine Wahrscheinlichkeit 0 besitzt, die Punktwahrscheinlichkeit also
kein Unterscheidungsmerkmal ist. Geht man aber zu Intervallen gleicher Länge

über, so stellt man fest, daß die Wahrscheinlichkeit solcher Intervalle mit dem Mittelpunkt variiert. Je größer also die Dichte an einer Stelle ist, desto größer ist tendentiell die Wahrscheinlichkeit eines kleinen Intervalls mit diesem Punkt als Mittelpunkt. Unterschiedliche Dichte an verschiedenen Punkten weist also auf unterschiedliche Wahrscheinlichkeiten hin, mit denen die Zufallsvariable Werte in unmittelbarer Nähe dieser Punkte annimmt.

5.4. Beispiele

5.4.1. Die Binomial - Verteilung $B(1, \alpha)$

Die Verteilungsfunktion F lautet:

$$F(x) = 0 \qquad x < 0$$
$$F(x = 1 - \alpha \qquad 0 \leq x < 1$$
$$F(x) = 1 \qquad 1 \leq x$$

5.4.2. Die Binomial - Verteilung $B(n, \alpha)$

Die Verteilungsfunktion lautet:

$$F(x) = 0 \qquad x < 0$$
$$F(x) = \sum_{j=0}^{i} \frac{n!}{j! \, (n-j)!} \, \alpha^j \, (1-\alpha)^{n-j} \qquad i \leq x < i+1, \ i < n \ \hat{} \ i \in \mathbb{N} \cup \{0\}$$
$$F(x) = 1 \qquad x \geq n.$$

Aufgabe 5.1. Man bestimme die Verteilungsfunktion der $B(5, 0.4)$ - Verteilung.

Aufgabe 5.2. Man bestimme die Verteilungsfunktion der $H(m_1, m, n)$ - Verteilung mit $m_1 = 5$, $m = 20$, $n = 4$.

Aufgabe 5.3. Man bestimme bis auf 3 Stellen genau die Verteilungsfunktion einer $P(1)$ - verteilten Zufallsvariablen.

Aufgabe 5.4. Man bestimme die Verteilungsfunktion einer $NB(4, 0.8)$ - Verteilung bis auf 3 Stellen genau.

5.5. Einige stetige Verteilungen

5.5.1. Die Rechteckverteilung R(a, b)

<u>Definition 5.5</u>: Eine Zufallsvariable X mit der Verteilungsfunktion

$$F(x) = \begin{cases} 0 & x \leq a \\[2mm] \dfrac{x-a}{b-a} & a \leq x \leq b \\[4mm] 1 & x \geq b \end{cases}$$

heißt <u>Rechteck – verteilt mit den Parametern a und b, a $<$ b</u>.

Für den Fall a = -1, b = 2 erhält man folgenden Graphen:

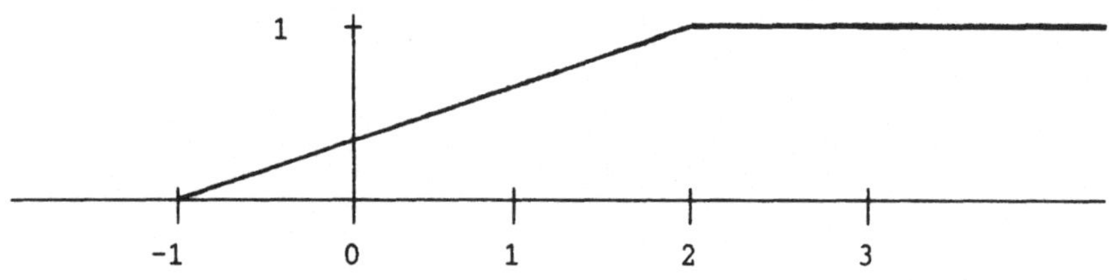

Offenbar besitzt F(x) im Intervall (a, b) eine Ableitung

$$f(x) = \frac{1}{b - a} \; .$$

5.5.2. Die eindimensionale Normalverteilung $N(\mu, \sigma^2)$

<u>Definition 5.6</u>: Sei $\mu \in \mathbb{R}$, $\sigma^2 \in \mathbb{R}^+$. Sei X Zufallsvariable mit der Verteilungs-
funktion F(x), die gegeben ist durch

$$F(x) = \int_{-\infty}^{x} \frac{1}{\sqrt{2\pi}\,\sigma} \, \exp\!\left(- \frac{(z-\mu)^2}{2\sigma^2}\right) dz.$$

X heißt <u>normalverteilt mit den Parametern μ und σ^2.</u>
Da der Integrand stetig ist, stimmt die Ableitung von F(x) mit dem Integrand

an der oberen Grenze x überein. Man erhält also als Dichtefunktion

$$f(x) = \frac{1}{(2\pi)^{1/2}\,\sigma} \exp\left(-\frac{(x-\mu)^2}{2\sigma^2}\right).$$

Der Graph von $f(x)$ ist für verschiedene μ, σ^2 auf S. 261 abgedruckt.

5.5.3. Die Standard - Normalverteilung N(0, 1)

Für den Sonderfall $\mu = 0$, $\sigma^2 = 1$ erhält man

<u>Definition 5.7:</u> Sei X Zufallsvariable mit Verteilungsfunktion

$$F(x) = \int_{-\infty}^{x} \frac{1}{\sqrt{2\pi}} \exp\left(-\frac{z^2}{2}\right)\, dz.$$

X heißt <u>standard - normalverteilt</u>.

Als Dichte erhält man

$$f(x) = \frac{1}{\sqrt{2\pi}} \exp\left(-\frac{x^2}{2}\right).$$

Man gelangt von der Verteilungsfunktion der $N(\mu, \sigma^2)$ - Verteilung zur Verteilung der $N(0, 1)$ - Verteilung durch Übergang

$$y = \frac{z-\mu}{\sigma},$$

denn diese Variablentransformation liefert

$$F(x) = \int_{-\infty}^{x} \frac{1}{\sqrt{2\pi}\,\sigma} \exp\left(-\frac{(z-\mu)^2}{\sigma^2}\right)\, dz = \int_{-\infty}^{(x-\mu)/\sigma} \frac{1}{\sqrt{2\pi}} \exp\left(-\frac{y^2}{2}\right)\, dy.$$

Es gilt also der folgende

<u>Satz 5.2:</u> Sei X $N(\mu, \sigma^2)$ - verteilt, Y sei $N(0, 1)$ - verteilt. Dann gilt:

$$F_X(x) = p(X \leq x) = p\left(Y \leq \frac{x-\mu}{\sigma}\right) = F_Y\left(\frac{x-\mu}{\sigma}\right).$$

Dabei ist F_X die Verteilungsfunktion von X, F_Y die Verteilungsfunktion von Y.

<u>Definition 5.8:</u> Die Transformation aus Satz 5.2. heißt <u>Standardisierung</u> der $N(\mu, \sigma^2)$ - verteilten Zufallsvariablen X.

Die mathematische Bedeutung der Standardisierung ist offenbar: hat man die Verteilungsfunktion der Standardnormalverteilung tabelliert, so kann man die Verteilungsfunktion der $N(\mu, \sigma^2)$ - verteilten Zufallsvariablen durch Anwendung von Satz 5.2 unmittelbar bestimmen. Es reicht also aus, die Standardnormalverteilung zu tabellieren. Was man inhaltlich beim Standardisieren tut, ist im nächsten Kapitel zu erläutern, wo die Momente von Verteilungen eingeführt werden.

5.5.4. Die Exponentialverteilung $Exp(\mu, \lambda)$

<u>Definition 5.9:</u> Eine Zufallsvariable X mit Trägermenge $T = [\mu, \infty)$ heißt exponentialverteilt mit den Parametern μ, λ, $\mu \geq 0$, $\lambda > 0$, wenn ihre Verteilungsfunktion F gegeben ist durch

$$F(x) = \begin{cases} 0 & x \leq \mu \\ \lambda \int_{\mu}^{x} \exp(-\lambda(z-\mu)) \, dz & x \geq \mu \end{cases}$$

5.5.5. Die n - dimensionale Normalverteilung $N(\mu, \Omega)$

Die eindimensionale Normalverteilung läßt sich wie folgt auf den n - dimensionalen Fall verallgemeinern:
Sei A eine invertierbare Matrix mit n Zeilen und Spalten, definiere
$$\Omega = AA^t.$$

<u>Definition 5.10:</u> Eine n - dimensionale Zufallsvariable X heißt <u>$N(\mu, \Omega)$ - verteilt</u> mit $\mu = (\mu_1, \ldots, \mu_n)^t$, wenn sie folgende Verteilungsfunktion besitzt:

$$F(x) = \int_{-\infty}^{x_1} \int_{-\infty}^{x_2} \ldots \int_{-\infty}^{x_n} \frac{1}{\sqrt{2\pi}^n \sqrt{\det(AA^t)}} \exp(-\frac{1}{2}(z-\mu)^t \Omega^{-1}(z-\mu)) \, dz_1 \ldots dz_n.$$

Die Dichtefunktion lautet:

$$f(x) = \frac{1}{\sqrt{2\pi}^{\,n} \sqrt{\det(AA^t)}} \exp\left(-\frac{1}{2}(x-\mu)^t \Omega^{-1}(x-\mu)\right).$$

Folgende Sonderfälle, die auch numerisch einfacher zu handhaben sind, stoßen auf besonderes Interesse:

5.5.5.1. Sonderfall $\Omega = I$ (Einheitsmatrix)

Dann lautet die Dichtefunktion

$$f(x) = \frac{1}{\sqrt{2\pi}^{\,n}} \exp\left(-\sum_{j=1}^{n}(x_j-\mu_j)^2/2\right) = \prod_{j=1}^{n} \frac{1}{\sqrt{2\pi}} \exp\left(-(x_j-\mu_j)^2/2\right).$$

Die gemeinsame Dichte der $x_1,.. \ldots\ldots,x_n$ läßt sich also schreiben als Produkt von n Dichten eindimensionaler normalverteilter Zufallsvariabler mit den Parametern μ_i und $\sigma_i^2 = 1$.

5.5.5.2. Sonderfall $n = 2$

In diesem Fall erhält man für die Dichtefunktion von $x = (x_1, x_2)$ folgenden komplizierten, aber ohne Verwendung von Matrizenrechnung darstellbaren Ausdruck

$$f(x_1, x_2) = \frac{1}{2\pi \sqrt{\omega_{11}\omega_{22} - \omega_{12}\omega_{21}}} *$$

$$* \exp\left\{-\frac{1}{2(\omega_{11}\omega_{22} - \omega_{21}\omega_{12})}\left[\omega_{22}(x_1-\mu_1)^2 - 2\omega_{12}(x_1-\mu_1)(x_2-\mu_2) + \omega_{11}(x_2-\mu_2)^2\right]\right\}.$$

Graphen der zweidimensionalen Dichte finden Sie für verschiedene ρ auf S. 262.

5.5.6. Der Begriff der parametrischen Klasse von Verteilungen

Die im vergangenen Kapitel angegebenen Verteilungen sind durch folgende Merkmale gekennzeichnet:

1. Die mathematische Formulierung der einzelnen Verteilungen in Abhängigkeit von den jeweiligen Parametern erfolgt auf der Basis eines festen Funktionstyps.

2. Ändert man die einzelnen Parameter, aber hält man den Funktionstyp bei, so gelangt man zu einer neuen Verteilung. Da diese Verteilung sich vom Typ her von den anderen Verteilungen, die auf dem gleichen Funktionstyp basieren, nicht unterscheiden, sondern nur durch die Festlegung der Parameter, spricht man von Verteilungen gleichen Typs.

Alle Verteilungen gleichen Typs, die lediglich unterschieden werden durch die unterschiedliche Festlegung der jeweiligen Parameter, faßt man zu einer Klasse von Verteilungen zusammen. Um den engen Zusammenhang zu den die spezielle Verteilung aus einer Klasse bestimmenden Parameter hervorzuheben, spricht man von einer k - parametrischen Klasse von Verteilungen mit der Parametermenge Γ. Die Zahl k weist auf die Anzahl der Parameter hin, die zur Festlegung der einzelnen Verteilung benötigt werden. Γ ist also eine Teilmenge des $\mathbb{R}^k$.

Beispiel 1: Man spricht von der Klasse der binomialverteilten Zufallsvariablen mit der Parametermenge Γ,

$$\Gamma = \mathbb{N} \oplus (0, 1).$$

Solange n nicht festgelegt hat man es mit einer zweiparametrischen Klasse von Verteilungen zu tun, ist einer der Parameter festgelegt, hat man es mit einer einparametrischen Klasse zu tun, die Teilklasse der ursprünglichen zweiparametrischen Klasse ist. Wichtig ist der Fall, daß n festgesetzt wird.

Beispiel 2: Man spricht von der einparametrischen Klasse der Poisson - verteilten Zufallsvariablen mit Parametermenge Γ,

$$\Gamma = \mathbb{R}_1^+.$$

Der Parameter ist durch λ gegeben, $\lambda > 0$.

Beispiel 3: Man spricht von der dreiparametrischen Klasse der hypergeometrischen Verteilungen mit der Parametermenge Γ,

$$\Gamma = \{(m_1, m, n) \,|, m_1, m, n \in \mathbb{N}, m_1 < m, n \leq \min \{m_1, m - m_1\}.$$

Beispiel 4: Man spricht von der zweiparametrischen Klasse der negativen Binomialverteilungen mit der Parametermenge Γ,

$$\Gamma = \mathbb{N} \oplus (0, 1).$$

Setzt man r fest, so gelangt man wieder zu einer einparametrischen Teilklasse.

Beispiel 5: Man spricht von der zweiparametrischen Klasse der eindimensionalen Normalverteilungen mit der Parametermenge Γ,

$$\Gamma = \mathbb{R} \oplus \mathbb{R}^+.$$

Aufgabe 5.5: Nennen Sie die Parametermengen folgender k - parametrischer Klassen von Verteilungen:

- Klasse der Rechteckverteilungen
- Klasse der Multinomialverteilungen mit Trägermenge $T = \{0, 1, \ldots, n\}$
- Klasse der eindimensionalen Normalverteilungen mit $\sigma^2 = 1$
- Klasse der eindimensionalen Normalverteilungen mit $\mu = 0$
- Klasse der Exponentialverteilungen
- Klasse der Exponentialverteilungen mit $\mu = 0$
- Klasse der Exponentialverteilungen mit $\lambda = 1$

5.6. Zur Interpretation einzelner Verteilungen
5.6.1. Zur Interpretation der Rechteckverteilung

Die Rechteckverteilung kommt immer dann zur Anwendung, wenn man die statistische Analyse auf das Indifferenzprinzip stützt und alle Punkte eines Intervalls als logisch mögliche Elementarereignisse angesehen werden. Von besonderer Bedeutung ist die R(0, 1) - Verteilung, denn es ist gelungen, für diese Verteilungen "Zufallsgeneratoren" zu bauen; da die Verteilungsfunktion nur Werte zwischen 0 und 1 annimmt, kann man durch die Transformation

$$x \rightarrow F^{-1}(x)$$

Zufallsvariable für zahlreiche Verteilungen finden. Dies findet seinen Niederschlag im wissenschaftlichen Entwurf von Scenarios im Rahmen von Monte - Carlo - Simulationsstudien.

5.6.2. Zur Bedeutung der Normalverteilung

Im 9. Kapitel wird erklärt, warum die standardisierte Normalverteilung von großer Bedeutung ist für die statistische Betrachtung von Gesamtwirkungen, die sich als Summe von Einzelwirkungen auffassen lassen. Dies ist der Inhalt der zentralen Grenzwertsätze, die im Kapitel 9 diskutiert werden.

Anwendungsbeispiele wurden bereits eingeführt, als bei der Diskussion der Binomial - Verteilung Ausdrücke der Form

$$j = \sum_{t=1}^{n} X_j$$

untersucht wurden, wobei die einzelnen X_j Wiederholungen von Zufallsexperimenten waren, die nur zu Erfolg oder Mißerfolg führten. Die genaue Bestimmung von $p(j)$ für große n und j ist numerisch sehr aufwendig; die genannte Eigenschaft der Normalverteilung, Summenwirkungen bei hinreichend vielen Summanden unter entsprechenden Bedingungen angemessen wiederzugeben, erlaubt, oft benötigte Ausdrücke der Form

$$\sum_{t=i}^{j} p(t) = F(j) - F(i-1)$$

angemessen durch die Verteilungsfunktion der Normalverteilung anzunähern. Die Normalverteilung ist also ein ganz wichtiges Hilfsmittel zur statistischen Untersuchung großer Stichproben. Zu weiteren Ausführungen siehe Kapitel 9.

Zu mehrdimensionalen Verteilungen gelangt man auf zwei Arten: zum einen hat man es mit dem Ausgang eines Zufallsexperimentes zu tun, dessen Meßergebnis durch mehrere Zahlen dargestellt wird; man kann es aber auch mit mehreren Zufallsexperimenten zu tun haben, die man aus verschiedenen Gründen einer gemeinsamen Betrachtung unterwirft. Eine Ursache der gemeinsamen Betrachtung kann sein, daß man es mit einer Folge von Wiederholungen des gleichen Zufallsexperiments zu tun hat, man betrachtet in diesem Fall die gemeinsame Verteilung einer Folge stochastisch unabhängiger gleichverteilter Zufallsvariabler, eine andere Ursache der gemeinsamen Betrachtung kann darin liegen, daß sich die Experimentausgänge teilweise wechselseitig beeinflussen; in diesem Fall hat man es nicht mit Wiederholungen des gleichen Experimentes zu tun, denn Wiederholung setzte die Fähigkeit zur Wiederherstellung der Ausgangssituation voraus, was in der Wahrscheinlichkeitstheorie durch den Begriff gleichverteilter stochastisch unabhängiger Zufallsvariabler ausgedrückt wurde. Eine Serie von Zufallsexperimenten, bei denen für jeden Versuch nicht genau die Ausgangslage wieder hergestellt werden kann, führt zum allgemeineren Begriff des <u>stochastischen Prozesses.</u> Dieser Begriff ist im nächsten Kapitel einzuführen.

5.6.3. Interpretation der Exponentialverteilung

Die Exponentialverteilung ist von großem Interesse innerhalb der Physik für die Darstellung des radioaktiven Zerfalls. Dies ist zu begründen mit einer Eigenschaft, die in Kapitel 8 eingehend besprochen wird, wenn der Begriff der bedingten Wahrscheinlichkeit eingeführt wird. Diese Eigenschaft wird in der Physik dazu benutzt, die theoretische Vorstellung auszudrücken, daß die Tendenz eines Teilchens zum Zerfall allein von seiner Halbwertszeit, aber nicht von seiner bisherigen Existenzdauer abhängt. Dies ist in Kapitel 8 noch genauer zu erläutern. Dieses Beispiel ist in der wissenschaftstheoretischen Definition deshalb von besonders großer Bedeutung, da es ein Fall ist, in dem die Realtheorie, in diesem Fall die Atomphysik, Aufschluß über den zur Erfassung der Überlebenswahrscheinlichkeit eines Teilchens heranzuziehenden Verteilungstyps gibt. Wo Statistik in der Ökonomie angewandt wird, ist man üblicherweise nicht in der gleichen glücklichen Situation, man tut sich also schwerer mit der Interpretation der statistisch erzielten Ergebnisse.

5.7. Zusammenfassung

Ziel dieses Kapitels war die Einführung der Konzepte der Verteilungsfunktion und Dichtefunktion. Der Verteilungsfunktion als theoretischem Konzept steht als empirisches Konzept das der empirischen Verteilungsfunktion gegenüber; ein empirisches Analogon zum theoretischen Konzept der Dichtefunktion existiert nicht. Verteilungsfunktion und Dichtefunktion erlaubten eine weitere Diskussion des Unterschiedes zwischen unmöglichen und fast - unmöglichen Ereignissen.

Weiterhin wurde der enge Zusammenhang zwischen den bereits früher diskutierten Begriffen der Ereignis - Algebra $\mathcal{A}^n$, der Borel'schen σ - Algebra $\mathcal{B}^n$, dem Konzept der Wahrscheinlichkeitsverteilung p:

$$p: \mathcal{B}^n \to [0, 1]$$

und dem Konzept der Verteilungsfunktion F:

$$F: \mathbb{R}^n \to [0, 1]$$

hergestellt; frühere Überlegungen wurden noch einmal kurz skizziert, um zu zeigen, daß Verteilungsfunktion und Wahrscheinlichkeitsverteilung trotz ihrer Verschiedenartigkeit sich auf das gleiche Problem beziehen, nämlich auf die Festlegung von Wahrscheinlichkeiten von Ereignissen, es wurde noch einmal begründet, warum B^n als Ereignis - σ - Algebra Verwendung findet.

Verteilungsfunktion und Dichtefunktion lassen sich also dazu heranziehen, Wahrscheinlichkeitsverteilungen einzuführen. Dies wurde am Beispiel der Rechteckverteilung und der Normalverteilung vorgeführt. Später werden weitere Wahrscheinlichkeitsverteilungen beschrieben. Das Kapitel endete mit ersten Hinweisen auf den Einsatz und die Bedeutung der neu eingeführten Verteilungen, um bereits jetzt Hinweise auf noch zu diskutierende Fragestellungen zu liefern.

Aufgabe 5.6: Nennen Sie Kriterien, nach denen Wahrscheinlichkeitsverteilungen klassifiziert werden können.

Aufgabe 5.7: Nennen Sie ein Kriterium, anhand dessen Sie entscheiden können, daß ein Ereignis mit Wahrscheinlichkeit 0 fast - unmöglich und nicht sogar unmöglich ist. Welches einzige Kriterium haben Sie, um zu entscheiden, daß ein Ereignis unmöglich ist?

Aufgabe 5.8: Erklären Sie das Konzept der Trägermenge.

Aufgabe 5.9: Diskutieren Sie den Zusammenhang zwischen Wahrscheinlichkeitsverteilungen und Verteilungsfunktionen. Wieso sind beide Konzepte gleich informativ, obwohl durch Verteilungen nur die Wahrscheinlichkeiten ganz bestimmter Ereignisse (welcher?) angegeben werden?

Aufgabe 5.10: Erklären Sie das Konzept der Dichtefunktion.

Aufgabe 5.11: Erzeugen Sie mit Hilfe zweier Würfel eine Stichprobe vom Umfang 20 über die Summe der Augenzahlen beider Würfel und stellen Sie die zugehörige empirische Verteilungsfunktion auf.

Aufgabe 5.12: Ausgehend davon, daß jede Würfelkombination gleichwahrscheinlich ist, stellen Sie die Verteilungsfunktion für das Produkt der Augenzahlen beider Würfel auf.

Kombinatorik:

Aufgabe 5.13: Wie groß ist die Wahrscheinlichkeit, im Lotto 6 richtige Zahlen anzukreuzen, wenn jede Zahlenkombination gleichwahrscheinlich ist?

Aufgabe 5.14: Wie viele Möglichkeiten gibt es, 10 Paar Strümpfe auf 10 Schubladen zu verteilen, wenn jedes Strumpfpaar andersfarbig ist? Welche Bedeutung hat der Hinweis auf die verschiedenen Farben der Strümpfe?

Aufgabe 5.15: Auf wie viele Arten können 10 Paar verschiedenfarbige Strümpfe in 20 Schubladen liegen, wenn in jeder Schublade höchstens ein Paar Strümpfe liegen darf?

Aufgabe 5.16: Wie viele verschiedene Lottoergebnisse sind möglich, wenn eine 15, eine 25, zwei Zahlen kleiner als 15 und 2 Zahlen größer als 25 sein sollen?

Aufgabe 5.17: Wie viele verschiedenen Lottoergebnisse sind möglich, wenn die Differenz zwischen der drittgrößten und viertgrößten gezogenen Zahl 25 ist?

Aufgabe 5.18: Wie viele verschiedenen Lottoergebnisse sind möglich, wenn es zwei aufeinanderfolgende Zahlen gibt, deren Differenz 25 beträgt?

Aufgabe 5.19: In einer Kneipe würfelt eine Gruppe von 10 Studenten das Spiel "Meier". Dieses Spiel wird mit drei Würfeln gespielt. Mit Sicherheit muß derjenige, der einen Wurf mit gleichen Augen auf jedem Würfel vorlegt, die Runde nicht bezahlen. Wie wahrscheinlich ist es, daß keiner der 10 Studenten in einem Durchgang diesen Wurf schafft?

Üblicherweise werden mehrere Durchgänge, etwa 10, gespielt. Wie wahrscheinlich ist es, daß keiner innerhalb der 10 Durchgänge einen derartigen Wurf schafft? Hierbei wird Wahrscheinlichkeit definiert als Anzahl der günstigen Fälle, dividiert durch Anzahl der möglichen Fälle.

Die folgenden Aufgaben dienen dem Nachweis, daß gilt:

$$\int_{-\infty}^{\infty} \exp(- x^2/2)\, dx = (2\pi)^{1/2}$$

und sind nur für mathematisch interessierte Leser gedacht.

Aufgabe 5.20: Zeige, daß gilt:

$$\int_0^{\pi/2} \sin^{n+1}(x)\, dx = \begin{cases} \displaystyle\prod_{j=1}^{n/2} \frac{2j}{2j + 1} & n+1 \text{ ungerade} \\[3ex] \displaystyle\frac{\pi}{2} \prod_{j=1}^{(n+1)/2} \frac{2j - 1}{2j} & n+1 \text{ gerade} \end{cases}$$

Anleitung: Beweise diese Aussage mit Hilfe vollständiger Induktion unter Anwendung der Produktformel unter Verwendung folgender Faktoren:

$$u = \sin^n(x) \qquad v' = \sin(x)$$

und gewinne folgende Rekursionsformel:

$$\int_0^{\pi/2} \sin^{n+1}(x)\, dx = \frac{n}{n+1} \int_0^{\pi/2} \sin^{n-1}(x)\, dx.$$

Aufgabe 5.21: Beweise, daß gilt:

$$\lim_{n\to\infty} \frac{\displaystyle\int_0^{\pi/2} \sin^{2n+1}(x)\ dx}{\displaystyle\int_0^{\pi/2} \sin^{2n}(x)\ dx} = 1.$$

Anleitung: $\sin^{2n}(x) \geq \sin^{2n+1}(x) \geq \sin^{2n+2}(x)$ für $x \in [0,\ \pi/2]$. Also gilt:

$$\int_0^{\pi/2} \sin^{2n}(x)\ dx \geq \int_0^{\pi/2} \sin^{2n+1}(x)\ dx \geq \int_0^{\pi/2} \sin^{n+2}(x)\ dx.$$

Wende nun Aufgabe 5.20 an.

Aufgabe 5.22: Beweise die Gültigkeit der Wallis'schen Formel:

$$\pi/2 = \lim_{n\to\infty} \prod_{j=1}^{n} \frac{\frac{2j}{2j+1}}{\frac{2j-1}{2j}} = \lim_{n\to\infty} \frac{1}{2n+1} \prod_{j=1}^{n} \frac{(2j)^2}{(2j-1)^2}\ .$$

Anleitung: Betrachte

$$1 = \lim_{n\to\infty} \frac{\displaystyle\int_0^{\pi/2} \sin^{2n}(x)\ dx}{\displaystyle\int_0^{\pi/2} \sin^{2n+1}(x)\ dx}$$

und setze für die Integrale das Ergebnis aus Aufgabe 5.19 ein.

Aufgabe 5.23: Zeige mit Aufgabe 5.22, daß gilt:

$$(\pi/2)^{1/2} = \lim_{n\to\infty} (2n)^{1/2} \prod_{j=1}^{n} \frac{2j}{2j+1} = \lim_{n\to\infty} 2^{2n} \frac{(n!)^2}{(2n)!} \frac{1}{(2n)^{1/2}}$$

Aufgabe 5.24: Zeige, daß gilt:

$$\int_0^{\pi/2} \sin^{2n+1}(x)\ dx = \int_0^{1} (1 - u^2)^n\ du.$$

Anleitung: Verwende $u = \cos(x)$ und schreibe

$$\int_0^{\pi/2} \sin^{2n+1}(x)\ dx = \int_0^{\pi/2} (1 - \cos^2(x))^n \sin(x)\ dx.$$

Aufgabe 5.25: Zeige, daß gilt:

$$\lim_{n \to \infty} (2n)^{1/2} \int_0^1 (1 - u^2)^n \, du = \lim_{n \to \infty} \int_0^\infty (1 - u^2/2n)^n \, du = \int_0^\infty \exp(- x^2/2) \, dx$$

Anleitung: Zerlege den Konvergenznachweis in zwei Teile: zeige zunächst, daß gilt

$$\lim_{n \to \infty} \int_0^A (1 - u^2/2n)^n \, du = \int_0^A \exp(- x^2/2) \, dx \quad \text{für jedes } A > 0.$$

Zeige anschließend, daß gilt:

$$(1 - u^2/2n)^n \leq \exp(- u) \quad \text{für } u, n \text{ hinreichend groß.}$$

Zeige schließlich, daß gilt:

$$\lim_{A \to \infty} \int_A^\infty \exp(- x) \, dx = 0.$$

Damit ist der Nachweis abgeschlossen, daß gilt:

$$\int_{-\infty}^\infty \exp(- x^2/2) \, dx = (2\pi)^{1/2}.$$

Die folgenden Aufgaben dienen der Darstellung des Zusammenhangs zwischen Binomialverteilung bei großem n und Normalverteilung; dieser Zusammenhang ist aus historischen Gründen interessant, da er einen Einstieg in die Entdeckung der Normalverteilung gibt, deren Dichte ja keineswegs naheliegt.

Aufgabe 5.26: Gewinnen Sie aus der in Aufgabe 5.22 angegebenen Gestalt der Wallis'schen Formel den folgenden Audruck:

$$\pi^{1/2} = \lim_{n \to \infty} \frac{(n!)^2 \, 2^{2n}}{(2n)! \, n^{1/2}} \, .$$

Aufgabe 5.27: Zeigen Sie, daß gilt:

$$\lim_{n \to \infty} \frac{n!}{n^{(2n+1)/2} \, e^{-n}} = (2\pi)^{1/2}$$

Dies ist die berühmte Stirling'sche Formel.

Anleitung:

a: Zeigen Sie, daß gilt:

$$\ln (n-1)! \leq \int_1^n \ln x \, dx = x (\ln x - 1) \Big|_1^n \leq \ln n! \leq \int_1^{n+1} \ln x \, dx$$

$$= (n + 1) (\ln (n+1) - 1) - 1$$

b: Folgern Sie, daß gilt:
$$n^n \, e^{-(n-1)} \leq n! \leq (n+1)^{n+1} \, e^{-n} = n^{n+1} \, (1 + 1/n)^n \, e^{-n}.$$

c: Setzen Sie
$$n! = a_n \, n^{(2n+1)/2} \, e^{-n}$$

und beweisen Sie über das Quotientenkriterium, daß $\lim\limits_{n\to\infty} a_n$ existiert.

d: Verwenden Sie nun die Wallis'sche Formel nach Aufgabe 5.26 und zeigen Sie, daß gilt:
$$\lim_{n\to\infty} a_n = (2\pi)^{1/2}$$

Aufgabe 5.28: Unter Verwendung der Stirling' schen Formel beweisen Sie folgendes Ergebnis: Sei
$$x = \frac{j - n\alpha}{(n\alpha(1-\alpha))^{1/2}}.$$

Dann gilt für $|x| \leq A$:
$$\lim_{n\to\infty} \frac{n!}{j! \, (n-j)!} \, \alpha^j \, (1 - \alpha)^{n-j} = \frac{1}{(2\pi)^{1/2} \, (n\alpha \, (1-\alpha))^{1/2}} \exp(- x^2/2).$$

Anleitung: Falls $|x| < A$ gilt, muß wegen des definitorischen Zusammenhangs zwischen x und α gelten:
$$(n \to \infty) \to (j \to \infty).$$

Dies erlaubt, für n, j, n-j die Stirling'sche Formel anzuwenden, und führt mit $z = j - n\alpha$ zu
$$\lim_{n\to\infty} \frac{\dfrac{n!}{j! \, (n-j)!} \, \alpha^j \, (1-\alpha)^{n-j}}{\left(\dfrac{n}{2\pi(n\alpha+z)(n(1-\alpha)-z)}\right)^{1/2} \left(1 - \dfrac{z}{n\alpha + z}\right)^{n\alpha+z} \left(1+\dfrac{z}{n(1-\alpha)-z}\right)^{n(1-\alpha)-z}} = 1.$$

Zeige nun, daß gilt:
$$\lim_{n\to\infty} \left(\frac{n}{2\pi \, (n\alpha+z) \, (n(1-\alpha) - z)} \right)^{1/2} = \frac{1}{(2\pi\alpha(1-\alpha))^{1/2}}$$

und
$$\lim_{n\to\infty} \left\{ \left\{ n\alpha + x \, (n\alpha(1-\alpha))^{1/2} \right\} \ln \left(1 - \frac{x \, (n\alpha(1-\alpha))^{1/2}}{n\alpha + x \, (n\alpha(1-\alpha))^{1/2}} \right) + \right.$$
$$\left. \left\{ n(1-\alpha) - x \, (n\alpha(1-\alpha))^{1/2} \right\} \ln \left(1 + \frac{x \, (n\alpha(1-\alpha))^{1/2}}{n(1-\alpha) - x \, (n\alpha(1-\alpha))^{1/2}} \right) \right\} = - x^2/2 .$$

Die zweite Beziehung weist man nach, indem man für hinreichend großes n für die Logarithmen die Reihenentwicklung einsetzt und diese nach dem quadratischen Glied abbricht, da der Rest für hinreichend großes n gegen 0 strebt. Begründen Sie das Verhalten des Restes!

6. Charakterisierung eindimensionaler Wahrscheinlichkeitsverteilungen und eindimensionaler Stichproben durch Kennzahlen

6.1. Einleitung

Wie bereits festgestellt wurde, charakterisieren Verteilungsfunktionen Wahrscheinlichkeitsverteilungen vollständig; verzichtet man auf die Information, die sich aus der Reihenfolge ergibt, in der Realisationen von Zufallsvariablen eingetreten sind, so kann man die verbleibende Information der Stichprobe durch empirische Verteilungsfunktionen vollständig darstellen. Allerdings benötigt man zur Darstellung dieser Information nicht nur ein paar Kennzahlen, sondern eine komplette Funktion.

Jedoch ist ein Verteilungsgesetz häufig vollständig bekannt, wenn einzelne Parameter bekannt sind und man gleichzeitig unterstellen kann, daß die Verteilungsfunktion oder die Dichte einem angebbaren Bildungsgesetz unterliegt. Zur Beschreibung dieser Situation wurde der Begriff einer k - parametrischen Klasse von Verteilungen eingeführt.

Weiterhin genügen alle Verteilungsfunktionen, die bisher explizit angegeben werden konnten, einem bestimmten Bildungsgesetz und sind eindeutig festgelegt, wenn einige wenige Parameter bekannt sind. Es ist auch gar nicht vorstellbar, eine Verteilungsfunktion vollständig anzugeben, wenn sie nicht einem bestimmten Bildungsgesetz unterliegt und bis auf die Festlegung einzelner Parameter durch dieses Bildungsgesetz bereits vollständig bestimmt ist, weil jede Beschreibung notwendig endlich ist.

Dies legt den Versuch nahe, die auftretenden Parameter inhaltlich zu deuten. Es hat sich gezeigt, daß der Versuch, jeden Parameter inhaltlich zu deuten, zur Untersuchung von Summen oder Integralen führt, die eine Beziehung zwischen den Elementarereignissen und ihrer Dichte bzw. ihrer Wahrscheinlichkeit herstellen. Dies führt zur Einführung von Momenten von Wahrscheinlichkeitsverteilungen.

Die Bestimmung der Momente stellt auf die Durchführbarkeit spezieller Rechenoperationen an, mit denen Elementarereignisse verknüpft werden. Eine inhaltliche Deutung von mit derartigen Rechenoperationen gewonnenen Kennzahlen setzt voraus, daß das Ergebnis derartiger Rechenoperationen eine inhaltliche Deutung zuläßt. So verlangt die Interpretation der Differenz zweier Elementarereignisse, daß diese Differenz inhaltlich interpretierbar ist. Man hat also Anforderungen vorauszusetzen an das Skalenniveau, auf dem der zu untersuchende Zufallsprozeß meßbar ist. So scheidet etwa Addition und Subtraktion als Rechenoperation zwischen Elementen eines Zahlenbereiches, die ja das Ergebnis eines Meßprozesses sind, aus, falls die zugrundeliegende Skala nicht kardinal ist. Gewinnung von Kennzahlen durch rechnerische Verknüpfungen setzt also Überlegungen über aufgrund des Skalenniveaus zulässige Rechenoperationen voraus. Die Konsequenz davon ist, daß Kennzahlen in Abhängigkeit vom Skalenniveau der den Zahlen zugrundeliegenden Messung vorgeschlagen werden.

Ein zweiter zu diskutierender Aspekt ist die Korrespondenz zwischen Kennzahlen eines Verteilungsgesetzes, die dann Wahrscheinlichkeitsaussagen beinhalten, und Kennzahlen einer Stichprobe, die den empirische Befund für das theoretische Konzept Wahrscheinlichkeit darstellt. Es sind also auch Kennzahlen für Stichproben zu entwickeln. Insbesondere sind Korrespondenzen zwischen den theoretischen und empirischen Kennzahlen aufzudecken.

Beachte, daß die Beschränkung auf wenige Kennzahlen im Regelfall zu einem Verlust von Informationen führt, man also allein auf der Basis dieser Kennzahlen weder eine Wahrscheinlichkeitsverteilung noch eine Stichprobe rekonstruieren kann. Dies führt dazu, daß verschiedene Kennzahlen miteinander im Wettbewerb stehen, die ähnliche Sachverhalte in kondensierter Form ausdrücken sollen und zu Informationsverlusten unterschiedlicher Art führen.

Man wird feststellen, daß zwar für jede Stichprobe gleichen Skalenniveaus die gleichen Kennzahlen existieren, daß dies aber nicht gilt für alle Wahrscheinlichkeitsverteilungen von Zufallsvariablen gleichen Skalenniveaus. Für die Kennzahlen der Wahrscheinlichkeitsverteilungen stellt sich also ein zusätzliches Existenzproblem. So wird eine Verteilung vorgestellt, die keine Momente besitzt, umgekehrt existieren Verteilungen, für die Momente beliebiger Ordnung existieren.

6.2. Charakterisierung von Stichproben durch Kennzahlen

<u>Beispiel:</u> Die Ergebnisse einer Klausur liegen vor in der Form

Note	1	2	3	4	5
Anzahl	10	10	20	10	10

6.2.1. Mittelwerte

Man interessiert sich zunächst für den Klausurdurchschnitt, der ermittelt wird
durch

$$\frac{1*10 + 2*10 + 3*20 + 4*10 + 5*10}{10 + 10 + 20 + 10 + 10} = \frac{180}{60} = 3.$$

Diese Zahl läßt sich interpretieren als
Summe von eingetretenen Elementarereignissen, multipliziert mit der relativen
Häufigkeit ihres Eintritts.
<u>Definition 6.1:</u> Die Summe der eingetretenen Elementarereignisse, multipliziert
mit der relativen Häufigkeit ihres Eintretens, heißt <u>Mittelwert einer eindi-</u>
<u>mensionalen Stichprobe.</u>
Der Mittelwert charakterisiert das Klausurergebnis nur teilweise. Man betrach-
te nämlich folgenden Klausurausgang

Note	1	2	3	4	5
Anzahl	0	0	60	0	0

Man erhält als Mittelwert ebenfalls 3. Unter dem Gesichtspunkt Mittelwert un-
terscheiden sich also beide Klausurergebnisse nicht. Man hat jedoch bei der
ersten Klausur das Gefühl, daß die Verfasser Klausuren recht unterschiedlicher
Qualität abgelegt haben, im zweiten Fall hat man entweder den Eindruck einer
Fehlbewertung oder das Gefühl, daß die Verfasser Klausuren recht einheitlicher
Qualität abgelegt haben. Das erste Ergebnis <u>streut</u> mehr.

6.2.2. Streuungsmaße

Eine denkbare Methode, zu einer Maßzahl für die Streuung zu gelangen, besteht
im Versuch, die Summe aus der Differenz der einzelnen Noten vom Mittelwert,
multipliziert mit der relativen Häufigkeit ihres Eintretens, zu wählen. Für
das erste Klausurergebnis würde dies führen zu

$$\frac{(1-3)*10 + (2-3)*10 + (3-3)*10 + (4-3)*10 + (5-3)*10}{60} = 0$$

Diese Maßzahl ist ungeeignet,da wegen (1-3) = -(5-3) sich entgegengesetzte Abweichungen vom Mittelwert gegenseitig aufheben. Der oben beschriebene Versuch, eine Maßzahl für Streuung als Summe der Differenzen zum Mittelwert, multipliziert mit ihrer relativen Häufigkeit, zu konstruieren, muß also scheitern, da das Ergebnis immer 0 ist. Dies ist als Übung zu beweisen.

Ein Ausweg bietet sich an, indem man das Vorzeichen der Differenz eliminiert. Beseitigung von Vorzeichen ist auf mehrere Weisen möglich:

Erste Vorgehensweise: Man bilde die Summe aus den Beträgen der Differenzen der eingetretenen Ereignisse vom Mittelwert, multipliziert mit der relativen Häufigkeit ihres Eintretens. Man verbindet dies anschaulich mit dem Begriff der Abweichung, die im Vergleich zur Differenz auf die Angabe des Vorzeichens verzichtet. Dies führt im Beispiel der ersten Klausur zu

$$\frac{|1-3|*10 + |2-3|*10 + |3-3|*20 + |4-3|*10 + |5-3|*10}{60} = \frac{60}{60} = 1 \ .$$

Zweite Vorgehensweise: Man bilde die Summe aus den Quadraten der Differenz der eingetretenen Ereignisse und des Mittelwertes, multipliziert mit der relativen Häufigkeit ihres Eintretens. Dies hat zur Konsequenz, daß große Abweichungen einen stärkeren Einfluß auf das Streuungsmaß nehmen als kleine Abweichungen. Für das Beispiel der ersten Klausur erhält man

$$\frac{(1-3)^2*10 + (2-3)^2*10 + (3-3)^2*20 + (4-3)^2*10 + (5-3)^2*10}{60} = \frac{100}{60} \approx 1.7 \ .$$

Quadrate lassen sich schlecht mit Skalen vergleichen. Man wählt deshalb die Quadratwurzel des eben beschriebenen Ausdrucks als Maß für die Stichprobenstreuung. Der zuletzt diskutierte Ausdruck bzw. seine Quadratwurzel findet in der Statistik vornehmlich Verwendung deshalb, weil unter dem Gesichtspunkt der Optimierung $f(x) = x^2$ leichter zu diskutieren ist als $g(x) = |x|$. Die nähere Begründung dafür, daß dies ein Argument ist, ist später bei der Diskussion des Schätzproblems eingehend zu erläutern.

6.2.2.1. Stichprobenstreuung und Stichprobenvarianz

Definition 6.2: Die Summe der Quadrate der Differenzen der realisierten Ereignisse vom Mittelwert, multipliziert mit der relativen Häufigkeit ihres Eintretens, heißt Stichprobenvarianz. Die Wurzel aus der Stichprobenvarianz heißt

<u>Stichprobenstreuung.</u>

Sei $(x_1,\ldots\ldots,x_n)$ eindimensionale Stichprobe vom Umfang n. Der Mittelwert $\bar{x}$ wird angegeben durch die Formel

$$\bar{x} = \frac{1}{n} \sum_{j=1}^{n} x_j \ ,$$

die Formel für die Stichprobenvarianz s^2 lautet

$$s^2 = \frac{1}{n} \sum_{j=1}^{n} (x_j - \bar{x})^2 .$$

Man rechnet unmittelbar nach, daß gilt

$$s^2 = \frac{1}{n} \left(\sum_{j=1}^{n} x_j^2 - n \bar{x}^2 \right) = \frac{1}{n} \sum_{j=1}^{n} x_j^2 - \bar{x}^2 .$$

Es reicht also zur Kenntnis von s bzw. s^2 aus, wenn

$$\frac{1}{n} \sum_{j=1}^{n} x_j \quad \text{und} \quad \frac{1}{n} \sum_{j=1}^{n} x_j^2$$

bekannt sind.

6.2.3. Stichprobenmomente und zentrale Stichprobenmomente höherer Ordnung

<u>Definition 6.3</u>: Die Ausdrücke der Form

$$m_k = \frac{1}{n} \sum_{j=1}^{n} x_j^k$$

heißen <u>Stichprobenmomente k-ter Ordnung</u> der Stichprobe $(x_1,\ldots,x_n)$.
Die Ausdrücke der Form

$$M_k = \frac{1}{n} \sum_{j=1}^{n} (x_j - \bar{x})^k$$

heißen <u>zentrale Stichprobenmomente k-ter Ordnung</u> der Stichprobe $(x_1,\ldots\ldots,x_n)$.

In Worten: Das Stichprobenmoment k-ter Ordnung einer Stichprobe vom Umfang n ist gegeben als Summe aus der k-ten Potenz der eingetretenen Elementarereignisse, multipliziert mit der relativen Häufigkeit ihres Eintretens.

Das zentrale Stichprobenmoment k-ter Ordnung ist gegeben als Summe der k-ten Potenz der Differenzen aus eingetretenen Elementarereignissen und des Mittelwertes, multipliziert mit der relativen Häufigkeit ihres Eintretens.

Zur Überprüfung dessen, daß die verbalen Definitionen mit den Formeln übereinstimmen, obwohl in den Formeln auf den ersten Blick keine relativen Häufigkeiten auftreten, sei angemerkt, daß in den Formeln alle und nicht nur die verschiedenen Stichprobenelemente aufgeführt werden. Dies liegt daran, daß Formeln und verbale Ausführungen von unterschiedlichen Darstellungen der Stichprobe ausgingen. Das Klausurergebnis wurde angegeben in der Form, daß die verschiedenen Noten und die Häufigkeit ihres Eintretens genannt wurden, während bei der Stichprobe in der Form $(x_1, \ldots, x_n)$ jede einzelne Realisation (im Beispiel also jede einzelne Klausur) angegeben wurde. Die erste Angabe der Stichprobe abstrahierte also von der Reihenfolge, in der die einzelnen Realisationen auftraten. In der Definition der Momente spielen Reihenfolgen aber keine Rolle. Die verbalen Definitionen sind deshalb von besonderem Wert, weil sie es sind, die bei der Übertragung der Stichprobenmomente auf die Verteilungsmomente die entscheidende Rolle spielen, während die angegebenen Formeln mathematisch besser handhabbar sind.

6.2.4. Die eindeutige Beziehung zwischen Stichprobenmomenten und Stichproben

Es gilt:

1. Existieren in der Stichprobe vom Umfang n m verschiedene Experimentausgänge, so kann man bei Kenntnis der ersten m-1 Stichprobenmomente auf die relativen Häufigkeiten der verschiedenen Experimentausgänge schließen, falls die m Experimentausgänge bekannt sind.

   Die Kenntnis der ersten m-1 Momente zusammen mit dem Stichprobenumfang und der Kenntnis der eingetretenen Realisationen ist also äquivalent zur Kenntnis der m verschiedenen relativen Häufigkeiten, mit der die verschiedenen Elementarereignisse eingetreten sind.

2. Sind die ersten m Stichprobenmomente bestimmt, so kann man auch auf die ersten m zentralen Stichprobenmomente schließen. Umgekehrt ist der Schluß von den ersten m zentralen Stichprobenmomenten auf die ersten m Momente

nur unter zusätzlicher Kenntnis des Mittelwertes möglich. Dies resultiert
aus den Formeln

$$(a-b)^n = \sum_{j=0}^{n} \frac{n!}{j!(n-j)!} (-1)^{n-j} a^j b^{n-j}$$

bzw.

$$(a+b)^n = \sum_{j=0}^{n} \frac{n!}{j!(n-j)!} a^j b^{n-j} \quad \forall \, n \in \mathbb{N}.$$

3. Grundsätzlich kann man nicht von empirischen Momenten auf den Stichprobenumfang schließen, da Verdoppelung aller Realisationen zu gleichen Momenten führt

6.3. Momente und das Problem der Skalenniveaus

Von Interesse ist der Zusammenhang zwischen Momenten und Skalenniveaus. Dieser
Zusammenhang resultiert aus der Frage nach der Interpretierbarkeit solcher
Kennzahlen. In der Definition der Momente spielt die Addition eine ganz zentrale Rolle. Die Interpretierbarkeit von Addition setzt aber Kardinalskalen
voraus, ist bei Ordinalskalen bereits problematisch und bei Nominalskalen un-
durchführbar. Die Problematik bei Ordinalskalen resultiert daraus, daß man im
Falle der Interpretation der Addition eine hypothetische Abstandsinterpretati-
on einführt, meist in der Form, daß etwa gleiche Notenabstände auf gleiche
Qualitätsabstände hinweisen, ein Ansatz, der zunächst einmal höchst fragwürdig
ist. Er wurde aber zeitweise empfohlen, weil man davon ausging, daß statistische Verfahren, die die Ordinalität einer Skala berücksichtigen, zu schlechte-
ren statistischen Auswertungen führen als solche Verfahren, die eine Kardina-
lität der Ordinalskala suggerieren und auf Stichprobenmomenten basieren. Die
Gründe dafür können erläutert werden, wenn in Kapitel 7 verschiedene Korrela-
tionsmaße eingeführt werden.

6.4. Kennzahlen für Stichproben von Zufallsvariablen mit zugrundeliegenden Or-
dinalskalen

Für Ordinalskalen sind wegen der Nichtinterpretierbarkeit von Addition also
andere Kennzahlen einzuführen und alternativ zur Verfügung zu stellen, um die
Interpretierbarkeit zu erleichtern.

<u>Beispiel:</u> Betrachte folgendes Klausurergebnis

Autor	a	b	c	d	e	f	g	h
Note	2	4	5	1	3	2	5	4

.

Gehe über zu folgender Anordnung

Autor	d	a	f	e	b	h	c	g
Note	1	2	2	3	4	4	5	5

6.4.1. Stichprobenmediane bzw. Stichprobenzentralwerte

Als Maß für "die mittlere Klausur" wähle diejenige, die in der Mitte der nach Noten (allgemein nach Merkmalsausprägung) und nicht nach Autoren (allgemein nach Versuchsnummer) geordneten Stichprobe aufgeführt wird. Hätten 9 statt 8 Teilnehmer mitgeschrieben (wäre der Stichprobenumfang ungerade und nicht gerade, wäre die fünfte ($(n+1)/2$-te) Klausur die mittlere gewesen. Bei nur 8 (bei einer geraden Anzahl) Klausuren stehen als mittlere Klausur die 4-te und 5-te ($n/2$-te und $(n/2+1)$-te) Klausur zur Auswahl. Üblicherweise mittelt man im Fall eines geraden Stichprobenumfangs den $n/2$-ten und $(n/2+1)$-ten Wert. Im Klausurbeispiel erhält man also als mittlere Note 3.5. Das Mitteln ist eigentlich nur für Kardinalskalen interpretierbar. Dieses Vorgehen kann man als Spezialfall eines Vorgehens ansehen, das allgemein beschrieben wird in

<u>Definition 6.4:</u> Sei $(x_1,\dots\dots,x_n)$ Stichprobe vom Umfang n. Sei a eine Zahl derart, daß gilt

$$|\{x_i \,|\, x_i \leq a\}| \geq n/2$$
$$|\{x_i \,|\, x_i \geq a\}| \geq n/2.$$

Dann heißt a <u>Stichprobenzentralwert</u> oder <u>Stichprobenmedian</u> von $(x_1,\dots\dots,x_n)$.

6.4.2. Stichprobenlageparameter

<u>Definition 6.5:</u> Sei $(x_1,\dots\dots,x_n)$ eine Stichprobe. Sei a eine Zahl derart, daß gilt

$$\frac{1}{n} \, |\{x_i \,|\, x_i \leq a\}| \geq \alpha$$

$$\frac{1}{n} \left| \{ x_i | x_i \geq a \} \right| \geq 1 - \alpha.$$

a heißt <u>Stichprobenlageparamenter zur relativen Häufigkeit</u> α und wird mit $a(\alpha)$ bezeichnet.

Als Ersatz für den Mittelwert kann man etwa einen der Stichprobenzentralwerte verwenden, anstelle der Streuung kann etwa die Differenz zweier Stichprobenlageparameter

$$a(1-\alpha) - a(\alpha) \quad \text{und} \quad \alpha < 0.5$$

herangezogen werden.

Stichprobenlageparameter sind häufig ebenso wenig eindeutig bestimmt wie der Stichprobenmedian. Gemäß der Definition der Stichprobenlageparameter gibt es zu α einen kleinsten Stichprobenlageparameter $a_{min}(\alpha)$ und $a_{max}(\alpha)$, und für a:

$$a_{min}(\alpha) \leq a \leq a_{max}(\alpha)$$

gilt: a ist Stichprobenlageparameter zur relativen Häufigkeit α. In dieser Situation kann man verschiedene Vorschläge zur Messung der Streuung vorlegen, indem man

- α festsetzt, etwa $\alpha = 0.1$ oder $\alpha = 0.2$

- verschiedene Werte $a(\alpha)$ bzw. $a(1-\alpha)$ wählt, etwa den mittleren Wert

$$1/2 \left(a_{max}(\alpha) - a_{min}(\alpha) \right).$$

Man erhält dann insgesamt etwa folgende Streuungsmaße:

$$1/2 \left(a_{max}(0,9) - a_{min}(0.9) \right) - 1/2 \left(a_{max}(0.1) - a_{min}(0.1) \right)$$

oder

$$1/2 \left(a_{max}(0.8) - a_{min}(0.8) \right) - 1/2 \left(a_{max}(0.2) - a_{min}(0.2) \right).$$

Während es Schwierigkeiten macht, Momente für ordinal skalierte Zufallsvariable zu interpretieren, ist es problemlos möglich, Lageparameter für kardinal skalierte Zufallsvariable zu verwenden. Nicht möglich ist wiederum die Verwendung von Lageparametern für nominal skalierte Zufallsvariable.

6.4.3. Der Modalwert oder häufigster Wert

Für nominalskalierte Stichproben existiert keine dem Stichprobenmedian oder Mittelwert vergleichbare Kennzahl. Häufiger wird der Wert benutzt, der mit der größten relativen Häufigkeit eingetreten ist. Dieser Wert heißt <u>Stichprobenmodalwert.</u> Der Stichprobenmodalwert ist auch von Interesse für ordinal skalierte Stichproben, bei denen nur wenige Ausprägungen eines Merkmals unterschieden

werden; für kardinalskalierte Stichproben sind sie nur im diskreten Fall von
Interesse, da im stetigen Fall fast sicher alle Werte innerhalb der Stichprobe
verschieden sind. Wenn bei stetig skalierten Zufallsprozessen Elementarereignisse in einer Stichprobe mehrfach auftreten, ist dies fast immer auf Meßungenauigkeiten und nicht auf wiederholtes Auftreten genau der gleichen Ausprägung
zurückzuführen.

6.5. Momente von eindimensionalen Wahrscheinlichkeitsverteilungen

Stichprobenkennzahlen stehen auch theoretische,d.h. das zugrundeliegende Verteilungsgesetz charakterisierende Kennzahlen gegenüber.

6.5.1. Der Erwartungswert

Das theoretische Gegenstück zum Mittelwert ist der Erwartungswert,der für diskrete Zufallsvariable definiert wird in

<u>Definition 6.6:</u> Der <u>Erwartungswert</u> μ einer diskreten Zufallsvariablen ist
gegeben durch die Summe der logisch möglichen Elementarereignisse,
multipliziert mit der Wahrscheinlichkeit ihres Eintretens. Der <u>Erwartungswert</u>
μ einer Zufallsvariablen, zu der eine Dichtefunktion existiert, ist gegeben
als Integral über der Menge der logisch möglichen Elementarereignisse,
multipliziert mit ihrer Dichte.

In Formeln erhält man für diskret verteilte Zufallsvariable mit Trägermenge F:

$$E\,X = \mu = \sum_{x_i \in F} x_i p(x_i)$$

und für Zufallsvariable mit Dichte f(x) auf der Trägermenge G:

$$E\,X = \mu = \int_G x\,f(x)\,dx\;.$$

<u>Beispiel:</u> Ein fairer Würfel wird dargestellt durch eine Zufallvariable X mit
Trägermenge

$$T = \{1,\ 2,\ 3,\ 4,\ 5,\ 6\}$$

und

$$p(i) = 1/6 \qquad 1 \le i \le 6.$$

Der Erwartungswert von X bestimmt sich zu

$$E\ X\ =\ \sum_{i=1}^{6} i\ p(i)\ =\ 1*1/6\ +\ 2*1/6\ +\ 3*1/6\ +\ 4*1/6\ +\ 5*1/6\ +\ 6*1/6\ =\ 3.5$$

Dieses Beispiel zeigt,daß der Erwartungswert möglicherweise gar nicht angenommen werden kann. "Erwartungswert" heißt also nicht, daß es sich um einen Wert handelt, mit dem man am ehesten rechnet. Der Name rührt eher daher, daß man in vielen Fällen davon ausgehen kann, daß der realisierte Wert nahe beim Erwartungswert liegt, nämlich dann, wenn die (sofort einzuführende) Streuung klein ist. Insbesondere wird später gezeigt, daß der Mittelwert bei hinreichend großer Versuchszahl ein gutes Maß für den Erwartungswert ist. Dies ist der Inhalt der Gesetze der großen Zahlen, die in Kapitel 9 ausführlich abzuhandeln sind.

6.5.2. Varianz und Streuung

Analog zur Stichprobenvarianz gelangt man zu

<u>Definition 6.7:</u> Die <u>Varianz σ^2 einer diskret verteilten Zufallsvariablen X </u>ist gegeben als Summe der Quadrate aller logisch möglichen Abweichungen vom Erwartungswert, multipliziert mit der Wahrscheinlichkeit ihres Eintretens.

<u>Die Varianz σ^2 einer Zufallsvariablen mit Dichtefunktion</u> f(x) ist gegeben als Integral über alle Quadrate logisch möglicher Abweichungen vom Erwartungswert, multipliziert mit ihrer Dichte. Die <u>Streuung σ einer Zufallsvariablen X </u>ist gegeben durch die Quadratwurzel ihrer Varianz.

In Formeln:

- diskreter Fall mit Trägermenge F:

$$\sigma^2\ =\ \sum_{x_j \in F}\ (x_j - \mu)^2\ p(x_j)$$

- Fall einer Dichtefunktion f(x) mit Trägermenge G:

$$\sigma^2\ =\ \int_G\ (x - \mu)^2\ f(x)\ dx$$

6.5.3. k-te Momente und zentrale k-te Momente

Allgemein definiert man das k-te Moment einer Zufallsvariablen X in

<u>Definition 6.8:</u> Das <u>k-te Moment</u> einer Zufallsvariablen X ist gegeben als Summe (Integral) über die k-te Potenz aller logisch möglichen Ereignisse, multipliziert mit der Wahrscheinlichkeit ihres Eintretens (Dichte).

Das k-te zentrale Moment einer Zufallsvariablen X ist gegeben als Summe (Integral) über die k-te Potenz aller logisch möglichen Abweichungen vom Erwartungswert, multipliziert mit der Wahrscheinlichkeit ihres Eintretens (Dichte). In Formeln:

- diskreter Fall:

$$E\ X^k = \sum_{x_j \in F} x_j^k\ p(x_j).$$

$$E\ (X-\mu)^k = \sum_{x_j \in F} (x_j-\mu)^k\ p(x_j).$$

- stetiger Fall:

$$E\ X^k = \int_G x^k\ f(x)\ dx.$$

$$E\ (X-\mu)^k = \int_G (x-\mu)^k\ f(x)\ dx.$$

Wie bei Stichproben verlangt die Interpretation von Momenten wegen der benutzten Rechenoperation der Addition (Integration) das Vorliegen von Kardinalskalen.

Die bei der Interpretation des Erwartungswerts getroffene Feststellung, daß bei hinreichend großem Stichprobenumfang der Mittelwert als empirischer Befund ein gutes Maß für die theoretische Größe Erwartungswert ist, trifft auf die Momente allgemein zu und wird ebenfalls genauer unter Kapitel 9 abgehandelt.

6.5.4. Lageparameter einer Zufallsvariablen

Die Übertragung des Stichproben - Lageparameters zur relativen Häufigkeit α auf den Lageparameter einer Zufallsvariablen X zur Wahrscheinlichkeit α wird geliefert durch

<u>Definition 6.9:</u> Gegeben sei eine eindimensionale Zufallsvariable X. a erfülle die Bedingung

$$p(X \leq a) \geq \alpha \text{ und } p(X \geq a) \geq 1-\alpha.$$

a heißt <u>Lageparameter von X zum Niveau α. Für α = 0.5 spricht man vom Median.</u> Für hinreichend große Stichprobenumfänge sind Stichproben - Lageparameter zum Niveau α ebenfalls gute Maße für die Lageparameter der zugrundeliegenden Zufallsvariablen X zum Niveau α.

6.5.5. Interpretation ausgewählter Kennzahlen
6.5.5.1. Der Quotient aus Mittelwert und Stichprobenstreuung

Eine in der Statistik am häufigsten auftretende Frage ist die, ob der Erwartungswert einer Zufallsvariable einen bestimmten Wert über - bzw unterschreitet oder nicht.

<u>Beispiel:</u> Ein Chemiekonzern will beweisen, daß der von ihm auf den Markt gebrachte Stoff im geringeren Umfang Krebs erregt als die übrigen Stoffe, die durch den neuen Stoff ersetzt werden sollen. Ein Laborleiter wird beauftragt, einen Langzeitversuch durchzuführen, bei dem Mäuse mit dem neuen Stoff in Berührung gebracht werden. Der Anteil der nach einiger Zeit an Krebs erkrankten Mäusen wird bestimmt. Das Bundesgesundheitsamt geht davon aus, daß auf der Basis der bisherigen Stoffe bei gegebener Konzentration 25% der Mäuse erkranken. Der Laborleiter gibt eine relative Häufigkeit von 24% als Ergebnis des Meßversuchs bekannt. Wie informativ ist diese Aussage? Man kann auf keinen Fall sagen, daß der neue Stoff als weniger krebserregend nachgewiesen sei als die bisherigen Stoffe, ja auf der Basis allein dieser Information kann noch nicht einmal behauptet werden, daß der neue Stoff von Mäusen besser vertragen wird als die bisherigen Stoffe. Führt man ein neues Experiment durch, kann das Ergebnis möglicherweise ganz anders sein.

Wo liegt nun das Problem? Ist es darin zu sehen, daß die Abweichung nur 1% beträgt? Wäre man sicher, wenn die Abweichung 5% betrüge? Offenbar läuft die Fragestellung darauf hinaus, ein Maß dafür zu gewinnen, wann eine Abweichung als statistisch relevant angesehen werden kann. Denn man muß davon ausgehen, daß die Mittelwerte zweier Versuchsserien sich unterscheiden werden, die Mittelwerte verschiedener Versuchsserien <u>streuen</u> also. Man muß also die Abweichung in Beziehung zur Größe einer derartigen Streuung bringen, um die Frage so umzuformulieren: Ist die Abweichung des Mittelwerts von einem bestimmten Normwert, bezogen auf die Streuung, groß, oder ist mit solchen Abweichungen selbst dann zu rechnen, wenn der neue Stoff schädlicher ist für die Mäuse? Man geht also über zur neuen Größe

$$(\text{Mittelwert} - \text{Normwert})/\text{Stichprobenstreuung}.$$

Wie man statistisch diesen Quotient auswertet, ist Gegenstand der induktiven Statistik und nicht das gegenwärtige Thema. Das Beispiel zeigt aber, daß dieser Ausdruck praktische Relevanz hat. Ist der Normwert Null, so gelangt man zu der angekündigten Größe

$$\text{Mittelwert}/\text{Stichprobenstreuung}.$$

Dieser Wert wird verwendet, um Abweichungen zu beurteilen.

Aufgabe 6.1: Konstruieren Sie Serien der Länge 20 mit einem Mittelwert von 10 und versuchen Sie, die Serien so zu konstruieren, daß

- die Stichprobenstreuung klein ist
- unterschiedlich viele Werte in den einzelnen Serien negatives Vorzeichen besitzen.

Welche Informationen gewinnen Sie über die Mindestgröße der Stichprobenstreuung in Abhängigkeit von der Anzahl der Serienwerte mit negativem Vorzeichen?

6.5.5.2. Der Quotient aus drittem zentralen Stichprobenmoment und dritter Potenz der Streuung

Beispiel: Sie haben von einer Wohltätigkeitslotterie gehört, bei der die Lose teuer sind (für jedes Los könnte man fünf Bierchen trinken), von der es aber heißt, die Gewinnausschüttung sei sehr hoch, insbesondere seien die Preise attraktiv. Sie überlegen, ob sich die Teilnahme lohnt. Dazu schaut man sich sinnvollerweise an, welche Gewinne bislang gezogen wurden. Man wird sicherlich zwei Situationen unterscheiden:

1. Fast jedes Los verliert, einzelne Lose erzielen wertmäßig hohe Gewinne.
2. Zahlreiche Lose führen zu kleinen, aber hübschen Gewinnen, der ganz große Knüller ist aber nicht dabei.

Selbst wenn zwei Lotterien den gleichen durchschnittlichen Gewinn aufweisen (gleiche Ausschüttungsquote), wird man bei der ersten Situation eine Nietenlastigkeit der Lotterie beklagen, die Gewinnchancen wird man als schief verteilt ansehen. Dies resultiert daraus, daß die Ausschüttungsquote sich erheblich vom Anteil der Nieten an der Gesamtzahl der Lose unterscheidet. Man spielt also aufgrund des hohen Lospreises nicht mit, weil es doch nicht viel zu holen gibt.

Dieser Zusammenhang wird mathematisch durch das dritte zentrale Stichprobenmoment oder, bezogen auf die Verteilung, durch das dritte zentrale Moment, ausgedrückt. Man kann sagen: Je größer der Quotient aus drittem zentralen Moment und dritter Potenz der Streuung betragsmäßig ist, desto schiefer ist die zugrundeliegende Verteilung.Die Relativierung auf die dritte Potenz der Streuung resultiert daraus, daß man wieder Abweichungen hinsichtlich ihrer Größe bewerten muß. Man zeigt leicht, daß bei Verteilungen, die symmetrisch um den Erwartungswert sind, das dritte zentrale Moment 0 ist, falls es existiert.

6.5.5.3. Der Quotient aus viertem zentralen Moment und der vierten Potenz
der Streuung

Beispiel: Ein Arzneiunternehmen hat als möglichen Absatzmarkt die Tiermast
entdeckt, es hat sich nämlich herausgestellt, daß es möglich ist, daß ein vom
Bundesgesundheitsamt für Tiere zugelassenes Medikament zu schnellerem Wachstum
führt, wenn die Tiere mit Überdosen dieses Medikaments versorgt werden. Um den
Landwirten vorzuführen, daß durch Verwendung dieses Medikamentes das Wachstum
der Tiere gefördert werden kann, werden aus den neugeborenen Kälbern eines
Großbauern 20 Kälber zufällig ausgewählt, die mit Überdosen des Medikaments
versorgt werden, die übrigen Kälber werden wie üblich ernährt. Nach drei Mona-
ten werden alle Kälber gewogen. Es wird das mittlere Gewicht der 20 ausgewählten Kälber mit dem mittleren Gewicht der übrigen Kälber gleichen Alters ver-
glichen. Hat das Medikament keinen Einfluß auf das Wachstum, so geht man davon
aus, daß beide Mittelwerte etwa von gleicher Größenordnung sind. Im anderen
Fall werden sich beide Mittelwerte unterscheiden. Dieses Beispiel beinhaltet
lediglich einen Mittelwertvergleich und gibt zunächst keinerlei Hinweise darauf, wo bei der Analyse dieses Problems das vierte zentrale Moment eine Rolle
spielen könnte. Interessanterweise ist dieses Problem, als Problem des Mittelwertvergleichs formuliert, keiner schlüssigen Lösung zugeführt worden. Erfolgreich war folgende Überlegung:
Ist das Medikament ohne Einfluß auf das Wachstum, so müßte es eigentlich keine
Rolle spielen, ob man zwei Mittelwerte aus jeder der beiden Stichproben bildet
oder ob man beide Stichproben zu einer Stichprobe zusammenfaßt und aus dieser
Stichprobe den Mittelwert bildet. Wie beurteilt man nun, ob der Versuch, beide
Stichproben zu einem gemeinsamen empirischen Befund zusammenzufassen und von
einem einheitlichen Mittelwert (und von einer einheitlichen Varianz) auszugehen, erfolgreich ist? Dies geschieht, indem man die Varianzen ermittelt, die
sich ergeben, wenn man für jede Stichprobe separat Mittelwert und Stichprobenvarianz bestimmt, und eine gewichtete Summe dieser Stichprobenvarianzen vergleicht mit der, die man erzielt, wenn man von einer einheitlichen größeren
Stichprobe ausgeht und den einen Mittelwert bzw. die eine Stichprobenvarianz
bestimmt. Wählt man die Gewichte so, daß sie positiv sind und als Summe 1 besitzen, so steht man vor folgender Fallunterscheidung:
1. Beide Stichproben lassen sich zu einem gemeinsamen Befund zusammenfassen,
   da sie aus einer einheitlichen Versuchsanordnung resultieren. Dann sollte
   es ziemlich egal sein, ob man Mittelwert und Stichprobenvarianz aus den

einzelnen Teilstichproben oder aus der Gesamtstichprobe bezieht. Alle drei Verfahren sollten zu annähernd gleich großen Mittelwerten bzw. Stichprobenvarianzen führen. Mittelt man etwa die Mittelwerte bzw. die Stichprobenvarianzen beider Teilstichproben, so sollte man etwa das gleiche Ergebnis erwarten, als würde man Mittelwert und Stichprobenvarianz aus der zusammengefaßten Stichprobe beziehen.

2. Stammen jedoch beide Stichproben von verschiedenen Versuchsanordnungen, so ist der Mittelwert aus der zusammengefaßten Stichprobe für die Mittel werte beider Stichproben ein schlechtes Maß. Führe nun folgende Rechnung durch:

$$\sum_{j=1}^{n} (x_j - a)^2 = \sum_{j=1}^{n} (x_j - \bar{x} + \bar{x} - a)^2$$

$$= \sum_{j=1}^{n} (x_j - \bar{x})^2 + n (\bar{x} - a)^2 + 2 (\bar{x} - a) \sum_{j=1}^{n} (x_j - \bar{x})$$

$$= \sum_{j=1}^{n} (x_j - \bar{x})^2 + n (\bar{x} - a)^2 > \sum_{j=1}^{n} (x_j - \bar{x})^2 ,$$

da gilt:

$$\sum_{j=1}^{n} (x_j - \bar{x}) = 0.$$

Ist die Unterstellung, daß beide Teilstichproben vom gleichen Zufallsprozeß stammen, also falsch, so rechnet man mit einer größeren Stichprobenvarianz, wenn man beide Stichproben zu einer einheitlichen Stichprobe zusammenfaßt, als wenn man aus beiden Stichproben separat die Stichprobenvarianzen ermitteln und dann das Mittel der Stichprobenvarianzen bilden würde.

Die Ursache für den Erfolg dieser Überlegung ist darin zu suchen, daß man bei der Zusammenfassung beider Stichproben zu einer einheitlichen Stichprobe das Problem unterschiedlicher Streuungen beider Teilstichproben per Voraussetzung eliminiert. Hätte man das gleich getan, wäre auch der Mittelwertvergleich unproblematisch gewesen. Trotzdem war diese Überlegung hilfreich, denn sie ist erweiterungsfähig auf den Vergleich auch von mehr als zwei Mittelwerten. Daß diese Überlegung aber zu einer Betrachtung der vierten Momente führt, legt nahe der folgende

<u>Satz 6.1:</u> Sei X eindimensionale Zufallsvariable, für die die ersten vier Momente existieren. Dann gilt mit $E\,X = 0$ und $\text{var}(X) = \sigma^2$:

1. $\sigma^2 = E\,X^2$, d.h. der Erwartungswert von X^2 stimmt mit der Varianz von X überein.

2. $\text{var}(X^2 - \sigma^2) = E\,X^4 - \sigma^4$, d.h. die Varianz von X^2 hängt vom vierten Moment von X ab.

<u>Beweis:</u>

1. $\text{Var}(X) = E(X - \mu)^2 = E\,X^2 = \sigma^2$ wegen $\mu = 0$.

2. $\text{var}(X^2 - \sigma^2) = E(X^2 - \sigma^2)^2 = E\,X^4 - 2\sigma^2\,E\,X^2 + \sigma^4 = E\,X^4 - \sigma^4$.

Das Beispiel hat also zu einer ähnlichen Situation geführt wie das Beispiel zu 6.5.5.1., nur ist es diesmal auf den Vergleich zweier Mittelwerte und nicht auf den Vergleich eines Mittelwertes mit einem feststehenden Normwert bezogen. Das Problem des Mittelwertvergleichs besteht darin, daß zur Beurteilung der Bedeutung von Differenzen zweier Mittelwerte mehrere Stichprobenstreuungen zur Verfügung stehen und nicht nur eine. Dieses Problem wurde bei der geschilderten Überlegung durch Verschärfung der Alternative "Mittelwertgleichheit" zu "Einflußlosigkeit" per neuer Problemdefinition eliminiert. Weiteres wird unter dem Thema "Varianzanalyse" in Kapitel 17 abgehandelt.

6.6. Beispiele zur Bestimmung von Momenten

<u>Beispiel 1:</u> Sei X $B(n,\alpha)$ - verteilt. Dann gilt

$$EX = \mu = \sum_{j=0}^{n} j\,p(j) = \sum_{j=0}^{n} j\,\frac{n!}{j!\,(n-j)!}\,\alpha^j (1-\alpha)^{n-j}$$

$$\overset{1}{=} \sum_{j=1}^{n} j\,\frac{n!}{j!\,(n-j)!}\,\alpha^j (1-\alpha)^{n-j}$$

$$\overset{2}{=} \sum_{j=1}^{n} \frac{n!}{(j-1)!\,(n-j)!}\,\alpha^j (1-\alpha)^{n-j}$$

$$\overset{3}{=} n\alpha \sum_{j=1}^{n} \frac{(n-1)!}{(j-1)!\,(n-1-(j-1))!}\,\alpha^{j-1} (1-\alpha)^{n-j}$$

$$\overset{4}{=} n\alpha \sum_{k=0}^{n-1} \frac{(n-1)!}{k!\,(n-1-k)!}\,\alpha^k (1-\alpha)^{n-1-k}$$

$$\overset{5}{=} n\alpha$$

1:     der zu j=0 gehörige Summand ist 0.

2:     $j!/j = (j-1)!$.

3:     Klammere $n\alpha$ aus und verwende $n!/n = (n-1)!$.

4:     Setze $k = j-1$.

5:     Nach Binomiallehrsatz ist der Summenausdruck 1.

$$E\ X^2 = \sum_{j=0}^{n} j^2\ p(j) = \sum_{j=0}^{n} j^2\ \frac{n!}{j!(n-j)!}\ \alpha^j (1-\alpha)^{n-j}$$

$$= \sum_{j=0}^{n} [j(j-1) + j]\ \frac{n!}{j!(n-j)!}\ \alpha^j (1-\alpha)^{n-j}$$

$$= \sum_{j=0}^{n} j(j-1)\ \frac{n!}{j!(n-j)!}\ \alpha^j (1-\alpha)^{n-j} + \sum_{j=0}^{n} j\ \frac{n!}{j!(n-j)!}\ \alpha^j (1-\alpha)^{n-j}$$

$$= \alpha^2\ n(n-1) \sum_{j=2}^{n} \frac{(n-2)!}{(j-2)!(n-2-(j-2))!}\ \alpha^{j-2}(1-\alpha)^{n-2-(j-2)} + n\alpha$$

$$= \alpha^2\ n(n-1) + n\alpha.$$

Dabei werden die gleichen Überlegungen von Gleichheitszeichen zu Gleichheitszeichen angestellt wie bei der Berechnung des Erwartungswertes.

$$\text{Var } X = E\ X^2 - (E\ X)^2 = \alpha^2\ n(n-1) + n\alpha - n^2\alpha^2 = n\ \alpha(1-\alpha).$$

<u>Beispiel 2:</u> Sei X $P(\alpha)$ - verteilt. Dann gilt

$$E\ X = \sum_{j=0}^{\infty} j\ p(j) = \sum_{j=0}^{\infty} j\ e^{-\alpha}\ \frac{\alpha^j}{j!} = \sum_{j=1}^{\infty} j\ e^{-\alpha}\ \frac{\alpha^j}{j!} = \alpha \sum_{j=1}^{\infty} e^{-\alpha}\ \frac{\alpha^{j-1}}{(j-1)!}$$

$$= \alpha \sum_{k=0}^{\infty} e^{-\alpha}\ \frac{\alpha^k}{k!} = \alpha.$$

$$E\ X^2 = \sum_{j=0}^{\infty} j^2\ p(j) = \sum_{j=0}^{\infty} j^2\ e^{-\alpha}\ \frac{\alpha^j}{j!} = \sum_{j=0}^{\infty} [j(j-1) + j]\ e^{-\alpha}\ \frac{\alpha^j}{j!}$$

$$= \sum_{j=0}^{\infty} j(j-1)\, e^{-\alpha}\, \frac{\alpha^j}{j!} + \sum_{j=0}^{\infty} j\, e^{-\alpha}\, \frac{\alpha^j}{j!} = \alpha^2 \sum_{j=2}^{\infty} e^{-\alpha}\, \frac{\alpha^{j-2}}{(j-2)!} + \alpha$$

$$= \alpha^2 \sum_{k=0}^{\infty} e^{-\alpha}\, \frac{\alpha^k}{k!} + \alpha = \alpha^2 + \alpha.$$

$$\mathrm{Var}\ X = E\ X^2 - (E\ X)^2 = \alpha^2 + \alpha - \alpha^2 = \alpha$$

Beispiel 3: Sei X R(a, b) - verteilt. Dann gilt

$$E\ X = \int_a^b x\, \frac{1}{b-a}\, dx = \frac{1}{b-a}\ \frac{1}{2}\, x^2 \bigg]_a^b = \frac{1}{2(b-a)}\, (b^2 - a^2) = \frac{b+a}{2}$$

$$E\ X^2 = \int_a^b x^2\, \frac{1}{b-a}\, dx = \frac{1}{b-a}\ \frac{1}{3}\, x^3 \bigg]_b^b = \frac{1}{3(b-a)}\, (b^3 - a^3) = \frac{1}{3}\, (b^2 + ab + a^2).$$

$$\mathrm{Var}\ X = E\ X^2 - (E\ X)^2 = \frac{b^2 + ab + a^2}{3} - \frac{(b+a)^2}{4} = \frac{(b-a)^2}{12}$$

Beispiel 4: Sei X N(μ, σ^2) - verteilt. Dann gilt

$$E\ X = \frac{1}{(2\pi)^{1/2}\sigma} \int_{-\infty}^{\infty} x\, \exp\left\{-\frac{1}{2\sigma^2}\, (x-\mu)^2\right\}\, dx$$

$$= \frac{1}{(2\pi)^{1/2}\sigma} \int_{-\infty}^{\infty} (x-\mu+\mu)\, \exp\left\{-\frac{1}{2\sigma^2}\, (x-\mu)^2\right\}\, dx$$

$$= \frac{1}{(2\pi)^{1/2}\sigma} \int_{-\infty}^{\infty} (x-\mu)\, \exp\left\{-\frac{1}{2\sigma^2}\, (x-\mu)^2\right\}\, dx + \mu\, \frac{1}{(2\pi)^{1/2}\sigma} \int_{-\infty}^{\infty} \exp\left\{-\frac{1}{2\sigma^2}\, (x-\mu)^2\right.\, dx$$

$$= \qquad\qquad 0 \qquad\qquad + \qquad\qquad \mu$$

$$= \mu.$$

Erheblich schwieriger ist $E\ X^2$ auszurechnen. Man erhält

$$E\ X^2 = \sigma^2 + \mu^2,$$

also

$$Var\ X = \sigma^2.$$

Die genannten Beispiele zeigen, worin die Bedeutung zahlreicher Momente für die Verteilungstheorie besteht: Es sind die Momente und nicht die Lageparameter, die als Verteilungsparameter auftauchen. Dies ist ein wichtiger Grund dafür, daß die Untersuchung der Momente in der Statistik im Vordergrund vor der Diskussion der Lageparameter steht, solange man es mit kardinalen Skalenniveaus zu tun hat. Denn die Momente können bei gegebener parametrischer Klasse unmittelbar zur Festlegung der Verteilung führen. Gleiches leisten Lageparameter nicht. Insofern kann man sagen, daß Momente informativer sind als Lageparameter, obwohl man nicht unabhängig von einer bestimmten parametrischen Klasse von den Momenten auf die Lageparameter schließen kann. Allerdings kann man häufig zu zentralen Momenten zugehörige Lageparameter finden. So stimmen bei Verteilungen mit achsensymmetrischer Dichte und existierendem Erwartungswert Median und Erwartungswert überein, und falls die Varianz existiert, ergibt sich die Streuung als Differenz zweier Lageparameter der Form

$$\sigma = a_2 - a_1,$$

wobei a_2 ein Lageparameter zu $1 - \alpha_o$ und a_1 ein Lageparameter zu α_o ist.

6.7. Der Vergleich von Momenten und Stichprobenmomenten

6.7.1. Stichprobenmomente existieren immer, Momente hingegen nicht

Vergleicht man die empirische Größe "Stichprobenmoment" mit der theoretischen Größe "Moment einer Zufallsvariablen", so stellt man neben den definitorischen Unterschieden

-    eingetretene Elementarereignisse versus logisch mögliche Elementarereignisse

-    relative Eintrittshäufigkeit versus Eintrittswahrscheinlichkeit bzw Wahrscheinlichkeitsdichte

fest, daß alle Stichprobenmomente existieren, nicht jedoch alle Momente einer Zufallsvariablen. Genauer: während für jede endliche Serie alle Momente als endliche Summen ausrechenbar sind unabhängig davon, welches die der Serie zugrundeliegende Wahrscheinlichkeitsverteilung ist, können Wahrscheinlichkeitsverteilungen angegeben werden, für die nicht einmal Erwartungswerte existieren. Dies kann folgendermaßen erklärt werden: bei gegebener Serienlänge n existiert für jede Serie eine betragsmäßig größte Realisation x_o, denn jede Realisation nimmt einen endlichen Wert an und das Maximum endlich vieler Zahlen existiert immer. Das m-te Moment einer Serie kann also abgeschätzt werden durch

$$|M_k| = |1/n \sum_{j=1}^{n} x_j^k| \leq 1/n \sum_{j=1}^{n} |x_o^k| = |x_o^k| \, .$$

Für Wahrscheinlichkeitsverteilungen, bei denen ein betragsmäßig größtes logisch mögliches Elementarereignis existiert, kann diese Abschätzung mit dem betragsmäßig größten logisch möglichen Elementarereignis anstelle von x_o übernommen werden, nicht jedoch für eine Wahrscheinlichkeitsverteilung, für die ein solches Elementarereignis nicht existiert.

Für die Untersuchung von Wahrscheinlichkeitsverteilungen ergibt sich somit gegenüber der Untersuchung endlicher Serien folgender Unterschied: Im Gegensatz zur Serie ist es nicht immer möglich, von den existierenden Momenten einer Zufallsvariablen auf die zugrundeliegende Serie zu schließen. Momente können, müssen aber nicht eine Wahrscheinlichkeitsverteilung eindeutig festlegen ja, sie müssen noch nicht einmal existieren. Darüber hinaus ist der Schluß von Momenten auf die Verteilungsfunktion, wenn er möglich ist, ein erheblich schwierigeres Problem als der Schluß von den Stichprobenmomenten auf die relativen Häufigkeiten bei bekannten eingetretenen Elementarereignissen, sobald man es nicht mehr mit diskreten Zufallsvariablen zu tun hat. Denn dann treten bei der Definition der Momente Integrale und nicht nur Summen auf. Es sei hier ausdrücklich auf die Unterscheidung zweier Probleme hingewiesen, nämlich des Schlusses von den Momenten auf die zugrundeliegende Verteilung bei nicht festgelegtem Verteilungstyp (Analogon zum Schluß von den empirischen Momenten auf die relativen Häufigkeiten) und der Festlegung des Verteilungsgesetzes durch Festlegung der Parameter, falls der Verteilungstyp bekannt ist. Dieses zweite Problem ist einfach.

6.7.2. Beispiele für die Festlegung von Verteilungen durch ihre Momente, wenn
        der Verteilungstyp bekannt ist

6.7.2.1. Die Normalverteilung

Es wurde bereits festgestellt:

$$E\ X = \mu \qquad \text{Var}\ X = \sigma^2.$$

Die Dichte einer $N(\mu,\ \sigma^2)$ - Verteilung ist also durch Erwartungswert und Varianz eindeutig festgelegt.

6.7.2.2. Die Rechteckverteilung

Aus

$$E\ X = \frac{a+b}{2} \quad \text{und} \quad \text{Var}\ X = \frac{(b-a)^2}{12}$$

erhält man:

$$a = 2\mu - b$$

also

$$\sigma^2 = \frac{b^2 - 2b(2\mu-b) + (2\mu-b)^2}{12} = \frac{4b^2 - 8b\mu + 4\mu^2}{12}$$

also

$$3\sigma^2 = b^2 - 2b\mu + \mu^2.$$

Dies liefert

$$b_{1,2} = \mu \pm (3\sigma^2)^{1/2} \quad \text{und} \quad a_{2,1} = \mu \pm (3\sigma^2)^{1/2}.$$

Wegen $b > a$ erhält man als Paar a, b:

$$a = \mu - (3\sigma^2)^{1/2} \qquad b = \mu + (3\sigma^2)^{1/2}.$$

Die Rechteckverteilung ist also durch Kenntnis von Erwartungswert und Varianz eindeutig festgelegt, da gilt

$$F(x) = \begin{cases} 0 & x \leq a \\[2mm] \dfrac{x-a}{b-a} & a \leq x \leq b \\[2mm] 1 & b \leq x \end{cases}$$

6.7.2.3. Die Binomialverteilung

Sei X B(n, α) - verteilt. Wegen

$$E\ X = n\ \alpha \quad \text{und} \quad \sigma^2 = \text{Var}\ X = n\ \alpha(1-\alpha)$$

erhält man

$$n = \mu/\alpha$$

$$\sigma^2 = \frac{\mu}{\alpha}\ \alpha(1-\alpha) = \mu(1-\alpha)$$

also

$$\alpha = \frac{\mu-\sigma^2}{\mu} \quad \text{und}\ n = \frac{\mu^2}{\mu-\sigma^2}\ .$$

Mit der Kenntnis von μ, σ^2 kann also n, α ausgerechnet werden. Die Wahrscheinlichkeitsverteilung ist vollständig festgelegt durch Kenntnis von Erwartungswert und Varianz. Von Interesse ist der Sonderfall n = 1, denn dann stimmt α mit dem Erwartungswert überein. α wurde bereits interpretiert als Erfolgswahrscheinlichkeit des einzelnen Versuchs. Im Fall n = 1 fallen beide Erklärungen zusammen.

6.7.2.4. Die Poisson - Verteilung

Wegen $\mu = \alpha$ ist die Poisson - Verteilung durch Kenntnis des Erwartungswertes vollständig festgelegt. α ist jetzt nicht mehr als Erfolgswahrscheinlichkeit des einzelnen Versuchs erklärbar, denn die Erfolgswahrscheinlichkeit des einzelnen Versuchs war sehr klein, wobei "sehr klein" durch die nicht genau spezifizierte, aber große Versuchszahl n in der Form "α/n sehr klein" gegeben ist.

6.7.3. Standardisierung von eindimensionalen Zufallsvariablen

Sei X Zufallsvariable mit Erwartungswert μ und Varianz σ^2. Dann gilt

$$E\ \frac{X-\mu}{\sigma} = E\ X/\sigma - \mu/\sigma = 0$$

- 134 -

$$\operatorname{Var} \frac{X-\mu}{\sigma} = \frac{E\,(X-\mu)^2}{\sigma^2} = \frac{\sigma^2}{\sigma^2} = 1 \ .$$

<u>Definition 6.9:</u> X sei Zufallsvariable mit Erwartungswert μ und Varianz σ^2. Der Übergang von X zu $(X-\mu)/\sigma$ heißt <u>Standardisierung.</u> Eine Zufallsvariable X mit Erwartungswert 0 und Varianz 1 heißt <u>standardisierte Zufallsvariable</u>.

Der Wert der Standardisierung ergibt sich aus folgendem

<u>Satz 6.2:</u> Sei X eindimensionale Zufallsvariable mit Verteilungsfunktion $F(x)$. Dann ist die Verteilungsfunktion $G(x)$ von $(X-a)/b$ gegeben durch

$$G(x) = F(bx+a)$$

bzw

$$F(x) = G((x-a)/b).$$

Anwendung: Die Verteilungsfunktion $F(x)$ einer $N(0,\,1)$ - verteilten Zufallsvariablen ist tabelliert worden. Zur Bestimmung der Verteilungsfunktion $G(z)$ einer $N(\mu,\,\sigma^2)$ - verteilten Zufallsvariablen kann man auf die Tabelle für $F(x)$ zurückgreifen mittels

$$G(z) = F((z-\mu)/\sigma)\ ,$$

man muß also für $G(z)$ keine separate Tabelle anfertigen. Später werden noch andere Verteilungen eingeführt, bei denen nur die standardisierte Verteilung zu tabellieren ist.

Aufgabe 6.2: Sei X $B(n,\,\alpha)$ - verteilt. Standardisiere X.

    Sei X $P(\alpha)$ - verteilt. Standardisiere X.

    Sei X $R(a,\,b)$ - verteilt. Standardisiere X.

Aufgabe 6.3: Bestimme den Erwartungswert und die Varianz einer $NB(r,\,\alpha)$ - verteilten Zufallsvariablen.

Aufgabe 6.4: Bestimme Erwartungswert und Varianz einer $H(m_1,m,n)$ - verteilten Zufallsvariablen.

6.8. Cauchy - Verteilung als Beispiel für die Nichtexistenz vom Erwartungswert

Die Cauchy - Verteilung besitzt die Dichtefunktion

$$f(x) = \frac{1}{\pi}\,\frac{\lambda}{\lambda^2 + (x-\mu)^2} \qquad -\infty < x < \infty$$

Die Verteilung ist durch die Parameter λ und μ bestimmt.

Es gilt

$$\frac{1}{\pi} \int_{-\infty}^{\infty} x^i \, \frac{\lambda}{\lambda^2 + (x-\mu)^2} \, dx$$

existiert nicht für $i \geq 1$. λ, μ lassen sich also nicht durch Momente berechnen.

Ein einfacheres Beispiel für eine Zufallsvariable, für die keine Momente existieren, ist gegeben durch

$$T = \mathbb{N}$$

und

$$p(j) = \frac{1}{j(j+1)} \qquad j \in \mathbb{N}.$$

Aufgabe 6.5: Zeige, daß gilt

$$\sum_{j=1}^{n} \frac{1}{j(j+1)} = \frac{n}{n+1} \; , \; \text{also} \; \sum_{j=1}^{\infty} p(j) = 1.$$

Aufgabe 6.6: Zeige, daß gilt

$$\sum_{j=0}^{n} j \, p(j)$$

wächst über alle Grenzen mit wachsendem n. Anleitung: zeige, daß

$$\sum_{i=2^j+1}^{2^{j+1}} \frac{1}{i} \geq 1/2$$

ist.

Aufgabe 6.7: Sei X Zufallsvariable mit Dichtefunktion $f(x)$, sei a Lageparameter von X zum Niveau α. Zeige, daß gilt:

$$p(X \geq a) = 1 - \alpha$$
$$p(X \leq a) = \alpha.$$

Unter welcher Bedingung an $f(x)$ sind alle Lageparameter eindeutig bestimmt?

Definiere nun eine Zufallsvariable Y(X) mittels

$$Y = \begin{cases} 0 & X \leq \alpha \\ 1 & X > \alpha \end{cases} .$$

Welche Verteilungsfunktion besitzt Y?

6.9. Der Erwartungswert von Funktionen

Momente sind als Sonderfall folgender Überlegung interpretierbar: Sei

$$g: \mathbb{R} \rightarrow \mathbb{R}$$

eine Funktion, X sei eindimensionale Zufallsvariable.

<u>Definition 6.10:</u> Sei X diskrete Zufallsvariable mit Trägermenge F. Dann heißt

$$E\,g(X) = \sum_{x_j \in F} g(x_j)\,p(x_j)$$

<u>Erwartungswert der Funktion g(x) bezüglich der Zufallsvariablen X</u>, falls der Ausdruck existiert. Im Falle der Existenz einer Dichtefunktion f(x) definiert man entsprechend

$$E\,g(X) = \int_F g(x)\,f(x)\,dx \ .$$

Wiederum kann nur im Falle einer beschränkten Trägermenge die Existenz von E g(X) gewährleistet werden, falls g(x) eine auf jedem endlichen Intervall integrierbare Funktion ist. Dieser Nachsatz soll Funktionen ausschließen aus der weiteren Betrachtung, die selbst nicht integrierbar sind.

6.10. Zusammenfassung

Lernziel dieses Kapitels ist der Umgang mit ausgewählten Kennzahlen zur Charakterisierung eindimensionaler Verteilungsfunktionen und die Interpretation dieser Kennzahlen. Denn die meisten statistischen Analysen beziehen sich auf diese Kennzahlen. Wichtig ist, daß nicht alle Kennzahlen von Verteilungsfunktionen existieren müssen. Wichtig ist außerdem die Abhängigkeit der Interpretierbarkeit der Kennzahlen vom vorliegenden Skalenniveau.
Es wurden Beispiele angegeben, aus denen hervorgeht, bei welchen praktischen Problemstellungen welche Momente eine besondere Rolle spielen. Die Beispiele bezogen sich auf Mittelwertvergleich und Stichprobenvarianzvergleich als empirischer Ausdruck von Hypothesen über die theoretischen Größen Erwartungswert und Varianz. Es wurde weiterhin ein Maß für Assymetrie von Verteilungen eingeführt und beispielhaft die Bedeutung dieses Maßes erläutert.
Schließlich haben zahlreiche Beispiele parametrischer Klassen gezeigt, daß es

die Momente sind, die zur Interpretation der Parameter heranzuziehen sind, und
nicht die Lageparameter. Dies unterstreicht die statistische Bedeutung der Momente im Falle kardinal skalierter Zufallsvariabler. Natürlich kann man auch
für kardinal skalierte Zufallsvariable Lageparameter bestimmen, man muß sogar
auf die Lageparameter zurückgreifen, falls zu wenig Momente existieren. Denn
für Lageparameter zu $0 < \alpha < 1$ besteht kein Existenzproblem, sondern höchstens
ein Eindeutigkeitsproblem. Lageparameter haben allerdings den Vorteil, daß sie
immer existieren.

Die Beispiele, die zur Verdeutlichung der verschiedenen Kennzahlen vorgestellt
wurden, konnten in dieser Phase nicht gelöst, sondern lediglich formuliert
werden. Ihre Lösung ist Gegenstand von Test - und Schätztheorie, die erst auf
der Grundlage einer Wahrscheinlichkeitstheorie diskutiert werden kann und Gegenstand späterer Kapitel ist.

Aufgabe 6.8: Berechne das dritte und vierte zentrale Moment einer $P(\alpha)$ - verteilten Zufallsvariablen. Stelle dabei fest, daß nicht alle zentralen Momente durch α gegeben sind.

Aufgabe 6.9: Beweisen Sie folgendes Ergebnis:

$$\frac{1}{(2\pi)^{1/2}} \int_{-\infty}^{\infty} x^n \exp(-x^2/2)\, dx = \begin{cases} 0 & n \text{ ungerade} \\ \displaystyle\prod_{j=1}^{m} (2m - 2j + 1) & n = 2m \end{cases}$$

Anleitung: Beweisen Sie mit Hilfe der Produktregel, daß gilt:

$$\int_{-\infty}^{\infty} x^n \exp(-x^2/2)\, dx = (n-1) \int_{-\infty}^{\infty} x^{n-2} \exp(-x^2/2)\, dx.$$

Wählen Sie dazu $u(x) = x^{n-1}$ und $d/dx\, v(x) = -x \exp(-x^2/2)$ und benutzen
Sie, daß $v(x) = \exp(-x^2/2)$ gilt.

Aufgabe 6.10: Bestimmen Sie nun sämtliche Momente und zentrale Momente einer
$N(\mu, \sigma^2)$ - verteilten Zufallsvariablen.

Anleitung: Bestimmen Sie zuerst alle zentrale Momente einer $N(\mu, \sigma^2)$ -
Zufallsvariablen und nutzen Sie dann aus, daß gilt

$$(a + b)^2 = \sum_{j=0}^{n} \frac{n!}{j!\,(n-j)!}\, a^j b^{n-j}.$$

Aufgabe 6.11: Definiere

$$\phi(x) = (2\pi)^{-1/2} \int_{-\infty}^{x} \exp(-y^2/2)\, dy.$$

Dies ist die Verteilungsfunktion einer $N(0, 1)$ - verteilten Zufallsvariablen.

a: Bestimmen Sie die ersten 20 Ableitungen von $\phi(x)$ an der Stelle $x = 0$.
Benutzen Sie dazu die Formel

$$\exp(-x^2/2) = \sum_{j=0}^{\infty} \frac{(-x^2/2)^j}{j!} \; ,$$

und nutzen Sie aus, daß Summation und Differentiation miteinander
vertauschbar sind (schlagen Sie für diese Vertauschung Bedingungen in
einem Analysisbuch nach, unter denen sie durchführbar ist).

b: Benutzen Sie den Satz von Taylor, um $\phi(x)$ abzuschätzen durch

$$\phi(x) \approx \sum_{j=0}^{20} \phi^{(j)}(0) \; x^j/j!.$$

Schlagen Sie dazu in einem Lehrbuch über Analysis unter dem Stich-
wort "Satz von Taylor" die erforderlichen Informationen nach.

c: Schlagen Sie in einem Buch über numerische Mathematik nach, wie man
numerisch die Nullstellen eines Polynoms bestimmt (etwa durch die
Regula falsi). Geben Sie nun unter Verwendung von b: an, wie man nä-
herungsweise die Quantile einer $N(0, 1)$ - verteilten Zufallsvariablen
bestimmt.

d: Schreiben Sie

$$d^n/dx^n \exp(-x^2/2) = g_n(x) \exp(-x^2)/2$$

und beweisen Sie, daß gilt:

$$g_1(x) = -x \quad \text{und} \quad g_n(x) = d/dx \; g_{n-1}(x) - x \; g_{n-1}(x).$$

Folgern Sie, daß gilt

$$g_n(x) = \begin{cases} \displaystyle\sum_{j=1}^{(n+1)/2} a_{jn} x^{2j-1} & n \text{ ungerade} \\[2em] \displaystyle\sum_{j=0}^{n/2} a_{jn} x^{2j} & n \text{ gerade} \end{cases}$$

und beweisen Sie, daß folgendes Bildungsgesetz gilt:

n ungerade:

$$a_{jn} = \begin{cases} 2j a_{jn-1} - a_{j-1n} & 1 \leq j \leq (n-1)/2 \\[2em] (-1)^n & j = (n+1)/2 \end{cases}$$

n gerade:

$$a_{jn} = \begin{cases} a_{1n-1} & j = 0 \\ (2j-1)a_{jn+1} - a_{j-1n-1} & 1 \le j \le n/2 - 1 \\ (-1)^n & j = n/2 \end{cases}$$

e: Beweisen Sie:

$$a_{12j-1} = a_{o2j} = (-1)^j \frac{(2j-1)!}{2^{j-1}(j-1)!}$$

f: Beweisen Sie:

$$a_{11} = -1$$

$$a_{o2} = -1 \quad \text{und} \quad a_{12} = 1$$

$$a_{j2j} = (-1)^{2j} \quad \text{und} \quad a_{j2j-1} = (-1)^{2j-1}$$

$$a_{k2j} = (-2)^k \frac{j!}{(j-k)!\,(2k)!}\, a_{o2j} \quad 1 \le k \le j-1$$

$$a_{k+12j+1} = (-2)^k \frac{j!}{(j-k)!\,(2k-1)!}\, a_{12j+1} \quad 1 \le k \le j-1$$

g: Geben Sie eine Restgliedabschätzung ab, wenn Sie die Taylorentwicklung bis zur 20. Ableitung durchführen und $-4 \le x \le 4$ unterstellen?

7. Kennzahlen für mehrdimensionale Stichproben und Zufallsvariable
7.1. Einleitung

Ziel dieses Kapitels ist die Einführung von Kennzahlen für mehrdimensionale Zufallsvariable sowie mehrdimensionale Stichproben. Hierbei kommt der Einführung von Maßen dafür, wie sich Komponenten einer mehrdimensionalen Zufallsvariablen wechselseitig beeinflussen, besondere Bedeutung zu. Zur Beschreibung dieses Problems werden Kovarianzen und Korrelationskoeffizienten für Kardinalskalen, lediglich auf Reihenfolgen zurückgreifende Maße wie Rangkorrelationskoeffizienten im Falle von Ordinalskalen und relative Häufigkeiten bzw. Wahrscheinlichkeiten benutzende Assoziationsmaße im Falle von Nominalskalen vorgestellt. Wesentliche Bedeutung kommt der Frage zu, in wie weit solche Maße für die wechselseitige Beeinflussung einzelner Komponenten einer Zufallsvariablen zur Rechtfertigung theoretisch behaupteter Kausalketten oder theoretisch behaupteter stochastischer Unabhängigkeit herangezogen werden können.

7.2. Kennzahlen für mehrdimensionale Stichproben
7.2.1. Stichprobenmomente für Stichproben kardinal skalierter Zufallsvariabler
7.2.1.1. Der Mittelwertvektor

<u>Definition 7.1</u>: Sei $\{x_t\}_{1 \leq t \leq T}$ eine Stichprobe einer n-dimensionalen Zufallsvariablen X der Länge T.

$$\bar{x} = \frac{1}{T} \sum_{t=1}^{T} x_t$$

heißt <u>Mittelwertvektor</u> der Serie $\{x_t\}_{1 \leq t \leq T}$.

<u>Beispiel:</u>

Sei folgende dreidimensionale Serie der Länge 10 gegeben:

24	35	43
25	34	42
17	32	40
24	37	19
19	25	47
21	33	43
26	30	40
28	33	39
29	32	41
27	29	36

Man erhält folgenden Mittelwertvektor:

$$\bar{x} = \begin{bmatrix} 24 \\ 32 \\ 39 \end{bmatrix}.$$

Anleitung: Addiere die Zahlen jeder Spalte und teile jeweils durch den Stichprobenumfang 10.

7.2.1.2. Stichprobenmomente zweiter Ordnung

Das mehrdimensionale Analogon zum Stichprobenmoment zweiter Ordnung im eindimensionalen Fall ist gegeben durch die folgende

<u>Definition 7.2:</u> Sei $\{x_t\}_{1 \leq t \leq T}$ Stichprobe einer n-dimensionalen Zufallsvariablen X.

$$\overline{xx}^t = 1/T \sum_{j=1}^{T} x_j x_j^t$$

heißt <u>Matrix der Stichprobenmomente zweiter Ordnung</u>.

Dabei sei

$$x_j = \begin{bmatrix} x_{1j} \\ x_{2j} \\ x_{3j} \end{bmatrix}.$$

Dann ist x_j^t definiert durch

$$x_j^t = (x_{1j} \quad x_{2j} \quad x_{3j})$$

und

$$x_j x_j^t = \begin{bmatrix} x_{1j} \\ x_{2j} \\ x_{3j} \end{bmatrix} * (x_{1j} \quad x_{2j} \quad x_{3j}) = \begin{bmatrix} x_{1j}x_{1j} & x_{1j}x_{2j} & x_{1j}x_{3j} \\ x_{2j}x_{1j} & x_{2j}x_{2j} & x_{2j}x_{3j} \\ x_{3j}x_{1j} & x_{3j}x_{2j} & x_{3j}x_{3j} \end{bmatrix}$$

Für obiges Beispiel rechnet man aus:

t	x_{1t}^2	x_{2t}^2	x_{3t}^2	$x_{1t}x_{2t}$	$x_{1t}x_{3t}$	$x_{2t}x_{3t}$
1	576	1225	1849	840	1032	1505
2	625	1156	1764	850	1050	1428
3	289	1024	1600	544	680	1280

4	576	1369	361	888	456	703
5	361	625	2209	475	893	1175
6	441	1089	1849	693	903	1419
7	576	900	1600	780	1040	1200
8	784	1089	1521	924	1092	1287
9	841	1024	1681	928	1189	1312
10	729	841	1296	783	972	1044

Dies ergibt folgende Matrix der zweiten Momente durch Addition der entsprechenden Spalten und anschließender Division durch den Stichprobenumfang 10:

$$\overline{xx}^t = \begin{bmatrix} 589.8 & 770.5 & 930.7 \\ 770.5 & 1034.2 & 1235.3 \\ 930.7 & 1235.3 & 1572.9 \end{bmatrix}$$

Offenbar gilt: $\overline{xx}^t$ ist symmetrische Matrix, denn es gilt

$$\frac{1}{T} \sum_{j=1}^{T} x_j x_j^t = (\frac{1}{T} \sum_{j=1}^{T} x_j x_j^t)^t = \frac{1}{T} \sum_{j=1}^{T} x_j^{tt} x_j^t = \frac{1}{T} \sum_{j=1}^{T} x_j x_j^t \ .$$

7.2.1.3. Zentrale Stichprobenmomente zweiter Ordnung: die Stichproben - Varianz - Kovarianz - Matrix

<u>Definition 7.3:</u> Sei $\{x_t\}_{1 \leq t \leq T}$ Stichprobe einer n-dimensionalen Zufallsvariablen vom Umfang T.

$$S = \frac{1}{T} \sum_{j=1}^{T} (x_j - \bar{x})(x_j - \bar{x})^t$$

heißt <u>Stichproben - Varianz - Kovarianz - Matrix der Serie</u> $\{x_t\}_{1 \leq t \leq T}$.

S ist offenbar ebenfalls symmetrisch.

Man kann diesen Ausdruck auch ausdrücken in der Form

$$S = \overline{xx}^t - \bar{x}\,\bar{x}^t .$$

In obigem Beispiel erhält man

$$S = \begin{bmatrix} 589.8 & 770.5 & 930.7 \\ 770.5 & 1034.2 & 1253.3 \\ 930.7 & 1235.3 & 1572.9 \end{bmatrix} - \begin{bmatrix} 576.0 & 768.0 & 936.0 \\ 768.0 & 1024.0 & 1248.0 \\ 936.0 & 1248.0 & 1521.0 \end{bmatrix}$$

$$= \begin{bmatrix} 13.8 & 2.5 & -5.3 \\ 2.5 & 10.2 & -12.7 \\ -5.3 & -12.7 & 51.9 \end{bmatrix}$$

Stichprobenkovarianzen versuchen, systematische Parallelitäten zwischen Abweichungen von x_{it} vom Mittelwert $\bar{x}_i$ und Abweichungen von x_{jt} vom Mittelwert $\bar{x}_j$ zu entdecken. Sie sind definiert als

- Summe von Produkten $(x_{it}-\bar{x}_i)(x_{jt}-\bar{x}_j)$, multipliziert mit der relativen Häufigkeit ihres Eintretens.

Ein negatives Vorzeichen läßt auf gegenläufige Entwicklung schließen, ein positives Vorzeichen auf eine gleichläufige. Wie stark die Gegenläufigkeit bzw. die Gleichläufigkeit ist, läßt sich allerdings aus der Kovarianz nicht ablesen, denn Multiplikation der gesamten Stichprobe mit der gleichen Zahl erhöht alle Elemente der Matrix der zweiten Momente ebenso wie die Varianz - Kovarianz - Matrix um das Quadrat dieser Zahl, ohne daß sich die Gleichläufigkeit oder die Gegenläufigkeit im geringsten geändert hätte. <u>Die Größe der Varianzen bzw. Kovarianzen ist also abhängig von der Einheit, in der gemessen wird</u>.

7.2.1.4. Allgemeine Stichprobenmomente und zentrale Stichprobenmomente

<u>Definition 7.4:</u> Sei $\{x_t\}_{1 \leq t \leq T}$ Stichprobe einer n-dimensionalen Zufallsvariablen vom Umfang T.

$$m_{i_1 i_2 \dots i_n} = \frac{1}{T} \sum_{t=1}^{T} x_{1t}^{i_1} x_{2t}^{i_2} \dots x_{nt}^{i_n}$$

heißt <u>Stichprobenmoment $(i_1, i_2, \dots, i_n)$ - ter Ordnung.</u>

$$M_{i_1 i_2 \dots i_n} = \frac{1}{T} \sum_{t=1}^{n} (x_{1t}-\bar{x}_1)^{i_1} (x_{2t}-\bar{x}_2)^{i_2} \dots (x_{nt}-\bar{x}_n)^{i_n}$$

heißt <u>zentrales Stichprobenmoment $(i_1, i_2, \dots, i_n)$-ter Ordnung.</u>

Stichprobenmomente und zentrale Stichprobenelemente existieren wieder für jede Ordnung $(i_1, i_2, \dots, i_n)$. Wiederum kann man aus Stichprobenmomenten zentrale Stichprobenmomente und aus zentralen Stichprobenmomenten zuzüglich dem Mittelwertvektor die Stichprobenmomente beliebiger Ordnung $(i_1, i_2, \dots, i_n)$ berechnen. Auf ein Beispiel sei verzichtet.

7.2.1.5. Die empirische Korrelation zwischen zwei Komponenten einer Stichprobe einer n-dimensionalen Zufallsvariablen

Es gilt der folgende

<u>Satz 7.1:</u>

$$\left[\frac{1}{T}\sum_{t=1}^{T}(x_{it}-\bar{x}_i)(x_{jt}-\bar{x}_j)\right]^2 \leq \left[\frac{1}{T}\sum_{t=1}^{T}(x_{it}-\bar{x}_i)^2 \; \frac{1}{T}\sum_{t=1}^{T}(x_{jt}-\bar{x}_j)^2\right] .$$

Hier sei auf den Nachweis verzichtet, da er später für ein ähnliches Problem geführt wird.

<u>Definition 7.5:</u> Sei $\{x_t\}_{1\leq t\leq T}$ Stichprobe einer n-dimensionalen Zufallsvariablen vom Umfang T. Dann gilt

$$r^*(i, j) = \frac{\dfrac{1}{T}\sum_{t=1}^{T}(x_{it}-\bar{x}_i)(x_{jt}-\bar{x}_j)}{\left[\dfrac{1}{T}\sum_{t=1}^{T}(x_{it}-\bar{x}_i)^2 \; \dfrac{1}{T}\sum_{t=1}^{T}(x_{jt}-\bar{x}_j)^2\right]^{1/2}}$$

heißt <u>empirischer Korrelationskoerrizient der i-ten und j-ten Komponente</u> der Serie $\{x_t\}_{1\leq t\leq T}$.

Wegen Satz 7.1. gilt:

$$- 1 \leq r^*(i, j) \leq 1$$

Von Interesse ist, wann $r^*(i, j)$ die Werte 1 oder -1 annimmt. Es gilt folgender

<u>Satz 7.2:</u> $|r^*(i, j)| = 1$ gilt genau dann, wenn

$$x_{it} = a + b \, x_{jt} \quad 1 \leq t \leq T, \, b \neq 0,$$

erfüllt ist.

Gilt $b > 0$, so gilt $r^*(i, j) = 1$.

Gilt $b < 0$, so gilt $r^*(i, j) = -1$.

Für das obige Beispiel erhält man folgende Matrix von Korrelationskoeffizienten:

$$\left[r_{ij}\right]_{1 \leq i,j \leq 3} = \begin{bmatrix} 1 & 0.211 & -0.198 \\ 0.211 & 1 & -0.552 \\ -0.198 & -0.552 & 1 \end{bmatrix}$$

7.2.2. Korrelationsmaße für Serien von Realisationen n-dimensionaler Zufallsvariabler mit ordinalem Skalenniveau

7.2.2.1. Spearman's Rangkorrelationskoeffizient

Spearman hat vorgeschlagen, für zweidimensionale Serien $\{(x_t, y_t)\}_{1 \leq t \leq T}$ mit Ordinalskalen Koeffizienten in folgender Weise zu bestimmen:

In $\{(x_t, y_t)\}_{1 \leq t \leq T}$ definiere

$$R_t(x_1, \ldots \ldots, x_T) = |\{x_i | x_i \geq x_t\}|$$
$$R_t(y_1, \ldots \ldots, y_t) = |\{y_i | y_i \geq y_t\}|.$$

In Worten: $R_t(z_1, \ldots \ldots, z_T)$ gibt die Anzahl der Serienelemente an, die mindestens genau so groß wie z_t sind.

Beispiel: Die Serie $\{x_t\}_{1 \leq t \leq 10}$ sei gegeben durch $\{7\ 5\ 6\ 8\ 3\ 4\ 5\ 3\ 7\ 9\}$. Dann gilt:

$$R_1(7\ 5\ 6\ 8\ 3\ 4\ 5\ 3\ 7\ 9) = 4$$
$$R_2(7\ 5\ 6\ 8\ 3\ 4\ 5\ 3\ 7\ 9) = 7$$
$$R_3(7\ 5\ 6\ 8\ 3\ 4\ 5\ 3\ 7\ 9) = 5$$
$$R_4(7\ 5\ 6\ 8\ 3\ 4\ 5\ 3\ 7\ 9) = 2$$
$$R_5(7\ 5\ 6\ 8\ 3\ 4\ 5\ 3\ 7\ 9) = 10$$
$$R_6(7\ 5\ 6\ 8\ 3\ 4\ 5\ 3\ 7\ 9) = 8$$
$$R_7(7\ 5\ 6\ 8\ 3\ 4\ 5\ 3\ 7\ 9) = 7$$
$$R_8(7\ 5\ 6\ 8\ 3\ 4\ 5\ 3\ 7\ 9) = 10$$
$$R_9(7\ 5\ 6\ 8\ 3\ 4\ 5\ 3\ 7\ 9) = 4$$
$$R_{10}(7\ 5\ 6\ 8\ 3\ 4\ 5\ 3\ 7\ 9) = 1$$

Ersetze nun $\{(x_t, y_t)\}_{1 \leq t \leq T}$ durch $\{(R_t(x_1, \ldots \ldots, x_T), R_t(y_1, \ldots \ldots, y_T))\}_{1 \leq t \leq T}$ und interpretiere die $R_t(x_1, \ldots, x_T)$, $R_t(y_1, \ldots \ldots, y_T)$ als Elemente einer Kardinalskala.

Definition 7.5: $R_t(x_1, \ldots \ldots, x_t)$ bzw. $R_t(y_1, \ldots \ldots, y_T)$ heißt __Skalenrang__ von x_t bzw. y_t.

Falls für $t \neq \tau$ gilt

$$x_t \neq x_\tau \text{ und } y_t \neq y_\tau,$$

so sind den einzelnen Elementen x_t und y_t eindeutige Skalenränge zugeordnet. Die Skalenränge sind ganze Zahlen von 1 bis T.

Betrachte nun für den Fall $(t \neq \tau \rightarrow x_t \neq x_\tau \text{ und } y_t \neq y_\tau)$

$$r_{sp} = \frac{\sum\limits_{t=1}^{T} (R_t(x_1, \ldots, x_T) - \frac{T+1}{2})(R_t(y_1, \ldots, y_T) - \frac{T+1}{2})}{\left[\sum\limits_{t=1}^{T} (R_t(x_1, \ldots, x_T) - \frac{T+1}{2})^2 \sum\limits_{t=1}^{T} (R_t(x_1, \ldots, x_T) - \frac{T+1}{2})^2\right]^{1/2}}$$

Dabei resultiert $(T+1)/2$ aus

$$\frac{T+1}{2} = \frac{1}{T} \sum_{j=1}^{T} j$$

und repräsentiert den Mittelwert der Skalenränge (oder auch Rangzahlen).

<u>Definition 7.6:</u> r_{Sp} heißt <u>Spearman's Rangkorrelationskoeffizient.</u>
Es gilt im Falle eindeutig bestimmter Skalenränge:

$$\sum_{t=1}^{T} (R_t(x_1,\ldots,x_T) - \frac{T+1}{2})^2 = \sum_{t=1}^{T} (t - \frac{T+1}{2})^2 = \frac{T^3}{12} - \frac{T}{12} = \frac{1}{12} (T-1)T(T+1).$$

Analog gilt

$$\sum_{t=1}^{T} (R_t(y_1,\ldots,y_T) - \frac{T+1}{2})^2 = \frac{1}{12} (T-1)T(T+1)$$

Weiterhin gilt

$$\sum_{t=1}^{T} [(R_t(x_1,\ldots,x_T) - \frac{T+1}{2}) - (R_t(y_1,\ldots,y_T) - \frac{T+1}{2})]^2$$

$$= \sum_{t=1}^{T} (R_t(x_1,\ldots,x_T) - R_t(y_1,\ldots,y_T))^2$$

$$= \sum_{t=1}^{T} (R_t(x_1,\ldots,x_T) - \frac{T+1}{2})^2 + \sum_{t=1}^{T} (R_t(y_1,\ldots,y_T) - \frac{T+1}{2})^2$$
$$- 2 \sum_{t=1}^{T} (R_t(x_1,\ldots,x_T) - \frac{T+1}{2}) (R_t(y_1,\ldots,y_T) - \frac{T+1}{2})$$

$$= \frac{1}{6} (T-1)T(T+1) - 2 \sum_{t=1}^{T} (R_t(x_1,\ldots,x_T) - \frac{T+1}{2}) (R_t(y_1,\ldots,y_T) - \frac{T+1}{2})$$

Damit gilt

$$r_{Sp} = 1 - \frac{6}{(T-1)T(T+1)} \sum_{t=1}^{T} (R_t(x_1,\ldots,x_T) - R_t(y_1,\ldots,y_T))^2$$

Man kann nachrechnen, daß diese Formel auch dann gilt, wenn man anstelle der Rangzahlen $R_t(x_1,\ldots,x_T)$ bzw. $R_t(y_1,\ldots,y_T)$ $a + bR_t(x_1,\ldots,x_T)$ bzw. $a + bR_t(y_1,\ldots,y_T)$ wählt. Dies läßt folgende Interpretation für die Wahl der Rangzahlen zu: man hat die Ordinalskala künstlich kardinalisiert mit der Unterstellung, daß die Differenz $x_t - x_\tau$ als konstantes Vielfaches von $t - \tau$

ausgedrückt werden kann. Es wurden also gleichbleibende Abstände unterstellt.
Da

$$|\{i\,|\,x_i \geq x_t\}| = T - |\{i\,|\,x_i \leq x_t\}| + |\{i\,|\,x_i = x_t\}|$$

gilt, führt zumindest für lauter paarweise verschiedene x_t der Übergang zur Definition des Skalenranges mittels

$$R'(x_t) = |\{i\,|\,x_i \leq x_t\}|$$

lediglich zu dem Zusammenhang

$$R(x_t) = T - 1 - R'(x_t).$$

Für die Bestimmung des Spearman'schen Rangkorrelationskoeffizienten ist es also gleichgültig, welche Definition des Skalenrangs man verwendet.

Prinzipiell kann man in ähnlicher Weise alle Stichprobenmomente konstruieren. Von Interesse sind aber nur die Korrelationskoeffizienten $r_{Sp}(i, j)$, da Momente höherer Ordnung Aussagen zulassen über Abstände, die hier willkürlich als äquidistant angesetzt worden sind. Die Bestimmung höherer Momente auf der Basis von Skalenrängen kann also mangels ernsthafter Zusatzinformation unterbleiben. Insbesondere die so ermittelten Stichprobenvarianzen sind uninformativ, da sie allein vom Stichprobenumfang und nicht von der Stichprobe selbst abhängen, falls für $t \neq \tau$ gilt: $x_t \neq x_\tau$ und $y_t \neq y_\tau$.

Der Korrelationskoeffizient nach Spearman ist nur so lange eindeutig bestimmt, wie verschiedene x_t bzw. y_t zu verschiedenen Rangzahlen führen. Im Falle $x_t = x_\tau$ wären entweder die Rangzahlen gleich oder müßten willkürlich unterschieden werden. Interpretatorische Schwierigkeiten werden offenbar. Von Interesse ist hier die Erinnerung daran, daß in der praktischen Arbeit auch bei ordinal skalierten Zufallsvariablen die Trägermenge meist endlich ist und nur wenige Elemente enthält. Probleme bei großen Stichprobenumfängen ergeben sich also notwendig.

Beispiel: Eine Umfrage zur Beurteilung der aktuellen Wohnsituation war Anlaß zur Erstellung folgender Tabelle: (Vgl. Statistisches Bundesamt (Hrsg.): Datenreport 1985, S. 432.)

Zufriedenheit / lage der Wohnung	mit Wohngegend	Verkehrsverhältnisse	Rangzahl	Rangzahl
Dorf und ländliche Umgebung	89%	59%	3	8
Dorf in Stadtnähe	90%	63%	2	7
Ländliche Kleinstadt	88%	68%	4	6
Industrielle Kleinstadt	91%	90%	1	1
Mittlere Stadt wenig Industrie	75%	75%	8	4
Mittlere Stadt viel Industrie	82%	74%	5	5
Großstadt	77%	85%	7	2
Vorort einer Großstadt	78%	84%	6	3

$$r_{Sp} = 1 - 6 \; \frac{25 + 25 + 4 + 0 + 16 + 0 + 25 + 9}{7*8*9} = 1 - \frac{624}{504} \approx - 0.2381$$

Gemäß den Werten der obigen Tabelle sind die Merkmale Zufriedenheit mit der Wohngegend und Zufriedenheit mit den Verkehrsverhältnissen also nicht stark miteinander verbunden (korreliert).

Zum Vergleich berechne den empirischen Korrelationskoeffizienten
$$r^* = - 0.3523.$$

Er wurde ermittelt auf der Basis der Prozentzahlen und weist einen leicht stärkeren Zusammenhang aus ($|r^*| > |r_{Sp}|$).

7.2.2.2. Kendall's Rangkorrelationkoeffizient τ

Kendall ordnet die $\{(x_t, y_t)\}_{1 \leq t \leq T}$ so an, daß gilt
$$x_1 < x_2 \;\dots\dots < x_T \;.$$
Sei
$$s_t = |\{(x_i, y_i) \mid i > t \,\hat{}\, y_i > y_t\}|$$

In Worten: s_t ist gegeben als Anzahl der Paare (x_i, y_i) derart, daß $x_i > x_t$ und $y_i > y_t$ ist. Es werden also die Paare (x_i, y_i) abgezählt, die bezüglich des Paares $(x_t,\ y_t)$ ein Parallelverhalten insofern zeigen, als der Vergleich zwischen x_i und x_t in die gleiche Richtung weist wie der Vergleich von y_i mit y_t. Jedes solche Paar $(x_i,\ y_i)$ heißt <u>Proversion zu t.</u>

<u>Definition 7.7:</u> Sei $\{(x_t,\ y_t)\}_{1 \leq t \leq T}$ Stichprobe einer zweidimensionalen Zufallsvariablen vom Umfang T. Es gelte $x_1 < x_2 < \ldots\ldots < x_T$ und $y_i \neq y_j$ für $i \neq j$. s_t sei die Proversion zu t. Der Ausdruck

$$\tau = \frac{4}{T(T-1)} \sum_{t=1}^{T} s_t - 1$$

heißt <u>Kendall's Korrelationkoeffizient oder Kendall's</u> τ.

Zur Begründung dieses Ausdrucks betrachte folgende Extremfälle:

1. $x_i < x_j \rightarrow y_i < y_j$.
2. $x_i < x_j \rightarrow y_i > y_j$.

Im ersten Fall gilt offenbar:

$$s_t = T - t$$

und im zweiten Fall gilt

$$s_t = 0$$

Folglich gilt im ersten Fall

$$\frac{4}{T(T-1)} \sum_{t=1}^{T} s_t - 1 = \frac{4}{T(T-1)} \sum_{t=1}^{T} (T-t) - 1 = \frac{4}{T(T-1)} \frac{T(T-1)}{2} - 1 = 1$$

und im zweiten Fall gilt

$$\frac{4}{T(T-1)} \sum_{t=1}^{T} s_t - 1 = - 1.$$

Damit gilt

$$- 1 \leq \tau \leq 1.$$

Mit 1 wird also Parallelverhalten, mit - 1 genau entgegengesetztes Verhalten gemessen.

<u>Beispiel:</u> Verwendet werden die Rangzahlen aus dem vorigen Beispiel.

t	1	2	3	4	5	6	7	8
x_t	1	2	3	4	5	6	7	8
y_t	1	7	8	6	5	3	2	4
s_t	7	1	0	0	0	1	1	0

$$\tau = \frac{4}{7*8} \, 10 - 1 \approx - 0.2857$$

Bei Kendall's Rangkorrelationskoeffizient stellt sich die Frage, wie mit der

Situation umzugehen ist, daß mehrere x_t oder mehrere y_t gleiche Werte annehmen. Zu diesem Zweck sei darauf verwiesen, daß $T(T-1)/2$ die Maximalzahl für

$$\sum_{t=1}^{T} s_t$$

ist, falls keines der x_t oder y_t mehrfach auftritt. Falls Wiederholungen auftauchen, wird die Maximalzahl für

$$\sum_{t=1}^{n} s_t$$

kleiner aufgrund der Definition der Proversionen mittels $i > t \; \hat{} \; y_i > y_t$ und nicht mittels $i > t$ und $y_i \geq y_t$.

Kendall's τ läßt sich also interpretieren als

$$\tau = \frac{\sum_{t=1}^{T} s_t(\{(x_t,\, y_t)\}_{1 \leq t \leq T})}{s^*(\{x_t\}_{1 \leq t \leq T},\, \{y_t\}_{1 \leq t \leq T})}$$

d.h. als Summe aller realisierten Proversionen, dividiert durch die Maximalzahl aller Proversionen bei gegebenen Folgen $\{x_t\}_{1 \leq t \leq T}$, $\{y_t\}_{1 \leq t \leq T}$. Eine Möglichkeit, Kendall's τ für den Fall der Übereinstimmung mehrerer y_t bzw. x_t zu definieren, besteht darin, den Zähler als Mittelwert aller unter der Bedingung

$$x_t \leq y_t \text{ (anstelle von } x_t < y_t)$$

möglichen Anordnungen der Paare $\{(x_t,\, y_t)\}_{1 \leq t \leq T}$ zu bestimmen und den Nenner als Gesamtzahl aller möglichen _verschiedenen_ Anordnungen der $\{(x_t,\, y_t)\}_{1 \leq t \leq T}$ zu wählen. Diese Auswertung kann sehr aufwendig sein. Es existieren zahlreiche Vorschläge für ökonomische Auswertungsschemata.

7.2.3. Korrelationsmaße für Stichproben nominal skalierter Zufallsvariabler

Sei $\{(x_t,\, y_t)\}_{1 \leq t \leq T}$ eine zweidimensionale Serie von Realisationen nominal skalierter Zufallsvariabler mit Ausprägungen $\{1,2,\ldots,m\}$ für die x_t und $\{1,2,..,n\}$ für die y_t. Zur Erinnerung: $x_i \neq x_j$ bzw. $y_i \neq y_j$ bedeutet Verschiedenartigkeit von x_i und x_j bzw. y_i und y_j ohne Möglichkeiten zu sonstigem Vergleich. Man kann in dieser Situation das Datenmaterial ordnen zu folgender

Kontingenztafel

y_t \ x_t	1	2	3	m	
1	t_{11}	t_{12}	t_{13}	t_{1m}	$t_{1.}$
2	t_{21}	t_{22}	t_{23}	t_{2m}	$t_{2.}$
3	t_{31}	t_{32}	t_{33}	t_{3m}	$t_{3.}$
n	t_{n1}	t_{n2}	t_{n3}	t_{nm}	$t_{n.}$
	$t_{.1}$	$t_{.2}$	$t_{.3}$	$t_{.m}$	$t_{..}$

Dabei bedeuten:

t_{ij}: Anzahl der Serienelemente $(y_t, x_t) = (i, j)$

$$t_{.j} = \sum_{i=1}^{n} t_{ij}$$

$$t_{i.} = \sum_{j=1}^{m} t_{ij}$$

$$t_{..} = \sum_{i=1}^{n} \sum_{j=1}^{m} t_{ij} = \sum_{j=1}^{m} \sum_{i=1}^{n} t_{ij} = \sum_{j=1}^{m} t_{.j} = \sum_{i=1}^{n} t_{i.}$$

Beispiel: Ein Marktforschungsinstitut fand folgenden Zusammenhang zwischen Sport und Beruf bei 1000 befragten Personen: (Vgl. Bamberg - Bauer in [1989], S.32)

Sport / Beruf	nie (= 1)	gelegentlich (= 2)	oft (= 3)	
Arbeiter (= 1)	240	120	70	430
Angestellter (= 2)	160	90	90	340
Beamter (= 3)	30	30	30	90
Landwirt (= 4)	37	7	6	50
Sonstige (= 5)	40	32	18	90
	507	279	214	1000

Als Indiz dafür, daß sich zwei Merkmale beeinflussen, kann man etwa die relative Häufigkeit von Merkmalsträgern heranziehen, die spezifische Ausprägungen der beiden Merkmale erfüllen, und diese vergleichen mit dem Produkt der relativen Häufigkeiten, mit dem jedes der beiden Merkmale angenommen wird. Man bildet also

$$rh(A) \; rh(B) - rh(A \cap B)$$

wobei rh die relative Häufigkeit bezeichne.

Unabhängigkeit von zwei Zufallsvariablen X_1 und X_2 wurde definiert durch

$$p(X_1 \in A \; \hat{} \; X_2 \in B) - p(X_1 \in A) \; p(X_2 \in B) = 0 \quad \forall \, A,B \in \mathcal{B}$$

Ersetzt man p durch die relativen Häufigkeiten, so liegt die Untersuchung von

$$rh(A) \; rh(B) - rh(A \cap B) \quad \forall \, A,B.$$

nahe. Es reicht aber aus, sich komponentenweise auf Elementarereignisse zu beschränken, da die nominal skalierten Zufallsvariable nur endlich viele Werte annehmen können und damit die Untersuchung der stochastischen Unabhängigkeit reduziert werden kann auf

$$p(X_1 \in A) \; p(X_2 \in B) - p(X_1 \in A \; \hat{} \; X_2 \in B) = 0$$

für alle Elementarereignisse A,B.

Um nun zu einer Größe zu gelangen, die alle Elementarereignisse einbezieht, bietet sich als mögliche Kennzahl zur Messung des Grades der Abhängigkeit beider Merkmalsausprägungen zunächst einmal an

$$\sum_{i=1}^{m} \sum_{j=1}^{n} rh(i,j) - rh(i) \; rh(j) \; .$$

Da diese Größe das Vorzeichen der einzelnen Differenzen nicht berücksichtigt und deswegen immer den Wert 0 annimmt (man beweise dies zur Übung), ist diese Größe mit einer Vorzeichenkorrektur zu versehen. Diese ergibt sich etwa durch Übergang zu

$$\sum_{i=1}^{m} \sum_{j=1}^{n} |rh(i,j) - rh(i) \; rh(j)|$$

oder zu

$$\sum_{i=1}^{m} \sum_{j=1}^{n} (rh(i,j) - rh(i) \; rh(j))^2.$$

Beide Ausdrücke weisen offenbar den Vorteil auf, daß sie genau dann 0 werden, wenn jeder Summand 0 wird, d.h. wenn gilt

$$rh(i) \; rh(j) - rh(i,j) = 0 \quad \forall \, i,j.$$

Dies ist der Grund dafür, daß beide Maße Ähnlichkeiten mit Kovarianzen aufweisen. Sie sind aber bislang noch nicht erfolgreich statistisch untersucht worden. Ein Grund dafür ist darin zu finden, daß die Verteilung dieser Ausdrücke von den Randhäufigkeiten rh(i) und rh(j) abhängen. Erfolgreicher war der Übergang zu folgender Größe:

$$\sum_{i=1}^{m} \sum_{j=1}^{n} \frac{[rh(i)\ rh(j)\ -\ rh(i,j)]^2}{rh(i)\ rh(j)}$$

d.h. jeder Summand wurde durch das Produkt der relativen Häufigkeiten von i und j dividiert. Damit könnte zunächst ein Divisionsproblem (Division durch 0) verbunden sein. Es gilt aber:

$$rh(i)\ \text{oder}\ rh(j)\ =\ 0\ \rightarrow\ rh(i,j)\ =\ 0\ .$$

Setzt man also solche Ausdrücke, in denen rh(i) oder rh(j) den Wert 0 annehmen, 0, so wird die Eigenschaft

$$\sum_{i=1}^{m} \sum_{j=1}^{n} \frac{[rh(i)\ rh(j)\ -\ rh(i,j)]^2}{rh(i)\ rh(j)}\ =\ 0$$

genau dann, wenn

$$rh(i)\ rh(j)\ -\ rh(i,j)\ =\ 0\ \ \forall i,j$$

gilt, aufrechterhalten. Erstaunlicherweise konnte für den Fall der Unabhängigkeit der Merkmalsausprägungen i,j gezeigt werden, daß der so modifizierte Ausdruck zumindest für große Stichprobenumfänge eine Verteilung aufweist, die nahezu unabhängig ist von den relativen Ranghäufigkeiten. Man kann aber nicht davon ausgehen, daß die Beurteilung dieser Maßzahl unabhängig vom Stichprobenumfang möglich ist, vielmehr ist davon auszugehen, daß im Falle stochastisch unabhängiger Merkmalsausprägungen bei kleinem Stichprobenumfang größere Abweichungen von 0 nicht unwahrscheinlich sind. Es ließ sich nachweisen, daß im Fall der stochastischen Unabhängigkeit der beiden Merkmale zumindest für große Stichprobenumfänge die Abhängigkeit der Interpretation der Maßzahl vom Stichprobenumfang weitgehend aufgehoben werden konnte durch Übergang zu

$$\aleph^2\ =\ T\ \sum_{i=1}^{n} \sum_{j=1}^{m} \frac{[rh(i)\ rh(j)\ -\ rh(i,j)]^2}{rh(i) rh(j)}$$

$$=\ T\ \sum_{i=1}^{n} \sum_{j=1}^{m} \frac{[rh(i)\ rh(j)\ T\ -\ rh(i,j)\ T]^2}{rh(i)\ T\ rh(j)\ T}$$

$$= T \sum_{i=1}^{n} \sum_{j=1}^{m} \frac{[t_{i.}t_{.j}/T - t_{ij}]^2}{t_{i.}\,t_{.j}}$$

$$= T \sum_{i=1}^{n} \sum_{j=1}^{m} \frac{t_{ij}^{2}}{t_{i.}\,t_{.j}} - T.$$

Aus Sicht eines Korrelationskoeffizienten, der Werte zwischen -1 und 1 annehmen sollte, ist dieser Ausdruck allerdings wenig hilfreich, da bei gleichbleibenden relativen Häufigkeiten der Ausdruck mit steigendem Stichprobenumfang zunimmt. Man kann zeigen, daß der Wert

$$K = [\aleph^2/(T + \aleph^2)]^{1/2} \,[\min\{m,n\}/(\min\{m,n\} - 1)]^{1/2}$$

Werte zwischen 0 und 1 annimmt. Darüber nimmt er genau dann den Wert 0 an, wenn $\aleph^2$ den Wert 0 annimmt. Damit erfüllt er eine wichtige Eigenschaft, den das Quadrat eines Korrelationskoeffizienten annimmt (Quadrat wegen der Beschränkung auf das Intervall [0,1]).

<u>Definition 7.8:</u> Der Ausdruck K heißt <u>empirisches Kontingenzmaß für die Serie</u> $\{(x_t, y_t)\}_{1 \leq t \leq T}.$

<u>Beispiel:</u> Man berechnet für die angegebene Kontingenztafel
$$\aleph^2 \approx 42.07 \qquad K \approx (42.07/1042.07)^{1/2} \, (3/2)^{1/2} \approx 0.246$$

Da die Möglichkeiten der Interpretierbarkeit der einzelnen Korrelationskoeffizienten mit abnehmendem Skalenniveau immer schwächer werden, kann festgestellt werden:

1. Die Korrelationskoeffizienten, die für niedere Skalenniveaus definiert sind, lassen sich zur Interpretation der Korrelation bei höheren Skalenniveaus heranziehen, die Umkehrung jedoch gilt nicht.

2. Will man die Korrelation zwischen zwei unterschiedlich skalierten Zufallsvariablen untersuchen, so empfiehlt es sich, den Korrelationskoeffizienten zu wählen, der zur Skala mit dem schwächeren Skalenniveau korrespondiert.

3. Es gibt eine Vielzahl von Korrelationsmaßen für unterschiedliche Skalenniveaus.

7.3. Kennzahlen für mehrdimensionale Zufallsvariable

7.3.1. Momente

Wie bei den eindimensionalen Zufallsvariablen existieren die folgenden zu definierenden Größen nicht für alle Zufallsvariablen. Die Definition der Größen erfolgt also unter der Voraussetzung ihrer Existenz.

7.3.1.1. Erwartungsvektor

<u>Definition 7.9:</u> Sei $X = (X_1,\ldots\ldots,X_n)$ n-dimensionale diskret verteilte Zufallsvariable mit Trägermenge F. Sei

$$E\, X_i = \sum_{x_{ij} \in F} x_{ij}\, p(x_{1j},\, x_{2j},\ldots\ldots,\, x_{nj}) \qquad 1 \le i \le n.$$

$E\, X = (E\, X_1,\ldots\ldots,\, E\, X_n)$ heißt <u>Erwartungsvektor von X.</u>

Sei $X = (X_1,\ldots\ldots\ldots,X_n)$ n-dimensionale Zufallsvariable mit Dichtefunktion $f(x_1,\ldots\ldots,x_n)$. Sei

$$E\, X_i = \int_{-\infty}^{\infty} \int_{-\infty}^{\infty} \ldots \int_{-\infty}^{\infty} x_i\, f(x_1,\ldots\ldots,x_n)\, dx_1 \ldots\ldots\, dx_n$$

$E\, X = (E\, X_1,\ldots\ldots,\, E\, X_n)^t$ heißt <u>Erwartungsvektor</u> von X.

7.3.1.2. Momente zweiter Ordnung

Für $1 \le i,j \le n$ und $x_t = (x_{1t},\ldots\ldots,x_{nt})$ betrachte

$$E\, X_i X_j = \sum_{x_t \in F} x_{it} x_{jt}\, p(x_t)$$

im diskreten Fall und

$$E\, X_i X_j = \int_{-\infty}^{\infty} \int_{-\infty}^{\infty} \ldots \int_{-\infty}^{\infty} x_i x_j\, f(x_1,\ldots\ldots,x_n)\, dx_1\ldots\ldots dx_n$$

im Fall des Vorliegens einer Dichtefunktion. Falls diese Summen bzw. Integrale existieren für $1 \le i,\, j \le n$, gelangt man zu folgender

<u>Definition 7.10:</u> $(\, E\, X_i X_j\,)_{1 \le i,j \le n}$ heißt <u>Matrix der zweiten Momente</u> der n-dimensionalen Zufallsvariablen $(X_1,\ldots\ldots,X_n)$.

Offenbar gilt

1. $E\,X_iX_j = E\,X_jX_i$, $1 \le i,j \le n$. Es gilt also

$$(E\,X_iX_j)_{1\le i,j\le n} = (E\,X_iX_j)^t_{1\le i,j\le n}$$

die Matrix der zweiten Momente ist also <u>symmetrisch.</u>

2. Da $\sum\limits_{j=1}^{n} \alpha_j X_j$ eindimensionale Zufallsvariable ist und außerdem gilt

$$E\,(\sum_{j=1}^{n} \alpha_j X_j)^2 = \sum_{i=1}^{n}\sum_{j=1}^{n} \alpha_i\alpha_j\,E\,X_iX_j = \alpha^t(E\,X_iX_j)_{1\le i,j\le n}\,\alpha \ge 0$$

ist die Matrix der zweiten Momente positiv semidefinit.

<u>Definition 7.11:</u> Eine Matrix A heißt <u>symmetrisch</u>, wenn gilt

$$A = A^t.$$

Eine symmetrische (n, n) - Matrix heißt <u>positiv semidefinit</u>, wenn gilt:

$$x^tAx \ge 0 \quad \text{für} \quad x \in \mathbb{R}^n.$$

Falls A positiv semidefinit ist und außerdem gilt:

$$(x^tAx = 0 \to x = 0).$$

so heißt A <u>positiv definit.</u>

Man kann zeigen, daß eine positiv definite Matrix invertierbar ist. Die Beschränkung der Eigenschaft "positiv semidefinit" auf symmetrische Matrizen ist keine Einschränkung, denn es gilt für beliebige quadratische Matrizen A:

$$2\,x^tAx = x^t(A + A^t)x,$$

und $A + A^t$ ist offenbar symmetrisch.

Dabei geht A^t aus A hervor, indem man die Zeilen von A als Spalten von A^t schreibt.

<u>Beispiel:</u> Sei

$$A = \begin{bmatrix} 3 & 2 \\ 4 & 1 \\ -1 & 3 \\ 5 & 7 \end{bmatrix}$$

Dann gilt

$$A^t = \begin{bmatrix} 3 & 4 & -1 & 5 \\ 2 & 1 & 3 & 7 \end{bmatrix}.$$

- 157 -

7.3.1.3. Zentrale Momente zweiter Ordnung: die Varianz - Kovarianz - Matrix

<u>Definition 7.12:</u> Die Matrix

$$\begin{aligned} \text{Cov}(X) &= (\ E\ X_i X_j\ )_{1 \leq i,j \leq n} - E\ X\ (E\ X)^t \\ &= (\ E\ (X_i - E\ X_i)(X_j - E\ X_j)\ )_{1 \leq i,j \leq n} \\ &= (\ \text{Cov}(X_1, X_j)\ )_{1 \leq i,j \leq n} \end{aligned}$$

heißt <u>Varianz - Kovarianz - Matrix</u> der n-dimensionalen Zufallsvariablen X.
Wie im Falle der Matrix der zweiten Momente gilt, daß die Varianz - Kovarianz -
Matrix Cov(X) symmetrisch ist.

7.3.1.3.1. Beispiele

Man kann ausrechnen, daß die Varianz - Kovarianz - Matrix einer n - dimensionalen $N(\mu, \Omega)$ - verteilten Zufallsvariablen X durch

$$\text{Cov}(X) = \Omega$$

gegeben ist.
Ebenfalls kann man zeigen, daß der Erwartungsvektor von X durch μ gegeben ist.
Wieder sieht man, daß es die Momente sind, mittels derer die Parameter inter-
pretiert werden.
Weitere mehrdimensionale Verteilungen wurden nicht eingeführt.

7.3.1.3.2. Die Varianz - Kovarianz - Matrix und die stochastische Unabhängig-
keit der Komponenten von X

Man erinnere sich daran, was "stochastisch unabhängig" für zwei aufeinanderfolgende Instanzen X_1 und X_2 eines Zufallsexperimentes bedeuten sollte: Der
Ausgang der Instanz X_1 beeinflußt nicht den Ausgang von Instanz X_2 und umgekehrt. Dies läßt sich formalisieren in

<u>Definition 7.13:</u> Die n-dimensionale Zufallsvariable X heißt <u>stochastisch unab-
hängig</u> von der m-dimensionalen Zufallsvariablen Y, wenn für alle $A \in \mathcal{B}^n$ und
alle $B \in \mathcal{B}^m$ gilt

$$p(X \in A \ ^\wedge\ Y \in B) = p(X \in A)\ p(Y \in B).$$

Im Falle diskret verteilter Zufallsvariabler kann man zeigen, daß X und Y stochastisch unabhängig bereits dann voneinander sind, wenn die obige Beziehung für die Elementarereignisse gilt. Besitzen X und Y Dichtefunktionen, so reicht es aus, daß obige Beziehung für alle Intervalle gilt.

Dies kann man verschärfen zu folgendem

<u>Satz 7.3:</u> Seien X und Y Zufallsvariable mit gemeinsamer Dichtefunktion $f(x,y)$. X besitze die Dichte $f_1(x)$ und Y besitze die Dichte $f_2(y)$. Alle drei Dichten seien stetig. Dann gilt:

X und Y sind genau dann stochastisch unabhängig, wenn gilt

$$f(x,\ y) = f_1(x)\ f_2(y)$$

Generell gilt also: Die Wahrscheinlichkeit (Dichte) des gemeinsamen Eintretens von Realisationen x der Zufallsvariablen X und Realisationen y der Zufallsvariablen y stimmt überein mit dem Produkt der Wahrscheinlichkeiten (Dichten) des Eintretens der Realisationen x der Zufallsvariablen X und der Realisationen y der Zufallsvariablen Y. Entsprechend erhält man folgenden

<u>Satz 7.4:</u> Die Komponenten X_i einer n-dimensionalen Zufallsvariablen X sind stochastisch unabhängig genau dann, wenn gilt:

im diskreten Fall:

$$p(x_1,\ldots\ldots,x_n) = \prod_{j=1}^{n} p_j(x_j)$$

im Fall der Existenz einer stetigen Dichtefunktion

$$f(x_1,\ \ldots\ldots,\ x_n) = \prod_{j=1}^{n} f_j(x_j).$$

Die p_j bzw. f_j noch in Kapitel 8 eingeführt als Randverteilungen bzw. Randdichten.

<u>Satz 7.5:</u> Seien die Komponenten X_i der Zufallsvariablen $X = (X_1,\ldots\ldots,X_n)$ stochastisch unabhängig. Dann gilt

$$\operatorname{cov}(X_i,\ X_j) = 0 \qquad\qquad \text{für } i \neq j$$

<u>Beweis:</u> Der Beweis wird nur im Fall der Existenz einer Dichtefunktion geführt. Für den Fall diskreter Verteilungen wird er analog erbracht.

Es gilt für $i \neq j$ mit $E\,X_k = \mu_k$, $1 \leq k \leq n$:

$$\operatorname{cov}(X_i,\ X_j) = \int_{-\infty}^{\infty} \int_{-\infty}^{\infty} \cdots\cdot \int_{-\infty}^{\infty} (x_i-\mu_i)\ (x_j-\mu_j)\ f(x_1,\ldots\ldots,x_n)\ dx_1 \ldots\ldots\ dx_n$$

$$= \int\limits_{-\infty}^{\infty} \int\limits_{-\infty}^{\infty} \ldots\ldots \int\limits_{-\infty}^{\infty} (x_i-\mu_i)\,(x_j-\mu_j)\, \prod_{k=1}^{n} f_k(x_k)\, dx_1 \ldots dx_n$$

$$= \left[\; \prod_{\substack{k=1\\k\neq i,j}}^{n} \int\limits_{-\infty}^{\infty} f_k(x_k)\, dx_k \right] \int\limits_{-\infty}^{\infty} (x_i-\mu_i)\, f_i(x_i)\, dx_i \int\limits_{-\infty}^{\infty} (x_j-\mu_j)\, f_j(x_j)\, dx_j$$

$$= 0,$$

da die letzten beiden Faktoren 0 sind. Für $i = j$ erhält man

$$\int\limits_{-\infty}^{\infty} \int\limits_{-\infty}^{\infty} \ldots\ldots \int\limits_{-\infty}^{\infty} (x_i-\mu_i)^2\, f(x_1,\ldots\ldots,x_n)\, dx_1 \ldots dx_n =$$

$$= \left[\; \prod_{\substack{k=1\\k\neq i}}^{n} \int\limits_{-\infty}^{\infty} f_k(x_k)\, dx_k \right] \int\limits_{-\infty}^{\infty} (x_i-\mu_i)^2\, f_i(x_i)^2\, dx_i = \mathrm{var}(X_i) = \sigma_i^2.$$

Merke: Sind zwei Zufallsvariable X_i und X_j stochastisch unabhängig, so gilt
$$\mathrm{cov}(X_i,\, X_j) = 0.$$
Die Umkehrung ist nicht richtig. Aus
$$\mathrm{cov}(X_i,\, X_j) = 0$$
kann nicht darauf geschlossen werden, daß X_i und X_j stochastisch unabhängig sind. Dieser Schluß ist allein richtig im Fall der Normalverteilung.

Aufgabe 7.2: Rechnen Sie für den Fall $n = 2$ nach, daß im Falle der Normalverteilung Unkorreliertheit stochastische Unabhängigkeit impliziert.

Anleitung: Zeigen Sie, daß im Falle $\sigma_{12} = 0$ die gemeinsame Dichte als Produkt der Einzeldichten darstellbar ist (einfach).

Aufgabe 7.3: Beweisen Sie Satz 7.3.

Anleitung: Falls $f(x_1,\, x_2) \neq f_1(x_1)\, f_2(x_2)$ ist, gibt wegen der Stetigkeit aller drei Dichten ein Rechteck $U = [a,\, b] \oplus [c,\, d]$ mit $(x_1,\, x_2) \in U$ und $f(u,\, v) \neq f_1(u)\, f_2(v)$ für $(u,\, v) \in U$. Also gilt mit
$$A = [a,\, b] \text{ und } B = [c,\, d]:$$
$$p(X_1 \in A)\, p(X_2 \in B) \neq p(X_1 \in A \,\char`\^\, X_2 \in B).$$
Frage: Welche Hilfestellung leistet die Unterstellung der Stetigkeit der drei Dichten?

7.3.1.4. Allgemeine Momente

__Definition 7.14:__ __Das $(i_1,\ldots,i_n)$ - te Moment $m_{i_1\ldots i_n}$ einer n - dimensiona-__
__len Zufallsvariablen__ X ist im diskreten Fall mit Trägermenge T gegeben durch

$$m_{i_1\ldots i_n} = \sum_{x_t \in T} x_{1t}^{i_1} x_{2t}^{i_2} \ldots x_{nt}^{i_n} \, p(x_t).$$

Falls X Dichtefunktion $f(x_1,\ldots,x_n)$ besitzt, definiere

$$m_{i_1\ldots i_n} = \int_{-\infty}^{\infty} \int_{-\infty}^{\infty} \ldots \int_{-\infty}^{\infty} x_1^{i_1} x_2^{i_2} \ldots x_n^{i_n} \, f(x_1,\ldots,x_n) \, dx_1 \ldots dx_n.$$

Das zentrale Moment $M_{i_1\ldots i_n}$ der n - dimensionalen Zufallsvariablen X gewinnt
man im diskreten Fall durch

$$M_{i_1\ldots i_n} = \sum_{x_t \in T} (x_{1t}-\mu_1)^{i_1} (x_{2t}-\mu_2)^{i_2} \ldots (x_{nt}-\mu_n)^{i_n} \, p(x_t).$$

Falls X Dichtefunktion $f(x_1,\ldots,x_n)$ besitzt, definiere

$$M_{i_1\ldots i_n} =$$

$$\int_{-\infty}^{\infty} \int_{-\infty}^{\infty} \ldots \int_{-\infty}^{\infty} (x_1-\mu_1)^{i_1} (x_2-\mu_2)^{i_2} \ldots (x_n-\mu_n)^{i_n} \, f(x_1,\ldots,x_n) \, dx_1 \ldots dx_n.$$

Dabei setzt die Existenz der Ausdrücke ihre Endlichkeit voraus.

Über die Existenz von Momenten kann man folgende allgemeine Aussage treffen:
__Satz 7.6:__
1. $m_{i_1 i_2 \ldots i_n}$ existiert genau dann, wenn $M_{i_1 i_2 \ldots i_n}$ existiert.
2. Sei $0 \leq j_1 \leq i_1 \; \hat{} \; 0 \leq j_2 \leq i_2 \; \hat{} \; \ldots \; \hat{} \; 0 \leq j_n \leq i_n$. $m_{i_1 i_2 \ldots i_n}$ existiere.
    Dann existiert auch $m_{j_1 j_2 \ldots j_n}$.

7.4. Die Korrelationskoeffizienten

7.4.1. Die Pearson - Bravais'schen Korrelationskoeffizienten für kardinal skalierte Zufallsvariable

<u>Satz 7.7:</u> Sei X n - dimensionale Zufallsvariable mit Erwartungsvektor μ und Varianz - Kovarianz - Matrix Ω. Sei A Matrix mit m Zeilen und n Spalten und b sei m - Vektor. Dann gilt

$$E\ (AX + b) = A\ E\ X + b = A\mu + b$$

$$\mathrm{Cov}(AX + b) = A\ \Omega\ A^t.$$

<u>Satz 7.8:</u> Seien X und Y zwei eindimensionale Zufallsvariablen, deren Varianzen existieren. Dann gilt

$$\mathrm{cov}^2(X,\ Y) \leq \mathrm{var}(X)\ \mathrm{var}(Y).$$

<u>Beweis:</u>

Es gilt nach dem Binomiallehrsatz

$$\mathrm{var}(aX + bY) = a^2\ \mathrm{var}(X) + 2ab\ \mathrm{var}(Y) + b^2\ \mathrm{var}(Y) \geq 0.$$

Mit $t = a/b$ erhält man im Anschluß an eine Division durch b^2:

$$t^2\ \mathrm{var}(X) + 2t\ \mathrm{cov}(X,\ Y) + \mathrm{var}(Y) \geq 0.$$

Da eine quadratische Funktion, die keine negativen Werte annimmt, höchstens eine Nullstelle besitzen kann (man zeichne den Graphen einer quadratischen Funktion, dann sieht man das sofort), muß bei Auflösung der quadratischen Gleichung

$$t^2\ \mathrm{var}(X) + 2t\ \mathrm{cov}(X,\ Y) + \mathrm{var}(Y) = 0$$

nach t gelten:

$$t_{1,2} = -\ \frac{\mathrm{cov}(X,\ Y)}{\mathrm{var}(X)} \pm \left[\frac{\mathrm{cov}^2(X,\ Y)}{\mathrm{var}^2(X)} - \frac{\mathrm{var}(Y)}{\mathrm{var}(X)} \right]^{1/2}$$

und es muß wegen der Existenz höchstens einer Nullstelle gelten

$$\frac{\mathrm{cov}^2(X,\ Y)}{\mathrm{var}^2(X)} \leq \frac{\mathrm{var}(Y)}{\mathrm{var}(X)}.$$

Multiplikation dieser Beziehung mit $\mathrm{var}^2(X)$ liefert das gewünschte Ergebnis.

Dieses Ergebnis stellt sicher, daß der Ausdruck

$$\rho(X, Y) = \frac{\mathrm{cov}(X, Y)}{[\mathrm{var}(X) \; \mathrm{var}(Y)]^{1/2}}$$

die Bedingung

$$-1 \leq \rho(X, Y) \leq 1 \text{ erfüllt.}$$

__Definition 7.15:__ Der eben definierte Ausdruck $\rho(X, Y)$ heißt __Pearson - Bravais'__ __scher Korrelationskoeffizient.__

Der Pearson - Bravais'sche Korrelationkoeffizient erlaubt es nun, die wechselseitige gemeinsame Schwankung der Zufallsvariablen X und Y um ihre Erwartungswerte zu messen. Im Gegensatz zur Kovarianz kann man nun sagen: liegt der Korrelationskoeffizient $\rho(X, Y)$ nahe bei + 1 oder nahe bei - 1, so entwickeln
sich die Schwankungen von X und Y weitgehend parallel bzw. weitgehend entge-
gengerichtet. Man kann daraus nicht schließen, daß die Verläufe von X und Y
sich wechselseitig wesentlich beeinflussen, aber umgekehrt wird es als gute
Bestätigung eines realtheoretisch fundierten Kausalzusammenhangs zwischen X
und Y angesehen, wenn $|\rho(X, Y)|$ nahe bei 1 liegt. Korrelationsrechnung dient
also. nicht dazu, Kausalzusammenhänge zu finden, denn allzu bekannt ist das
Problem der Scheinkorrelation. Korrelationsrechnung ist aber ein ganz wichtiges Hilfsmittel, um eine realtheoretische Vermutung über einen Kausalzusammenhang zwischen X und Y zu prüfen. Liefert die Korrelationsrechnung keinen Wert
$|\rho(X, \ Y)|$ nahe 1, so wird man von der den Kausalzusammenhang behauptenden Re-
altheorie wenig überzeugt sein. Gute Werte für $|\rho(X, Y)|$ liegen in der Größen-
ordnung 0.9. Sie gelten als deutlicher Hinweis, daß die Hypothese über den
Kausalzusammenhang zwischen X und Y nicht von der Hand zu weisen ist.
__Beispiel:__ (Vgl. Bamberg - Bauer in [1987], S. 44
Dieses Beispiel dient nicht dazu, einen Pearson - Braivais'schen Korrelationskoeffizienten zu berechnen, denn der ist eine theoretische Größe und nicht aus
der Stichprobe bestimmbar. Vielmehr soll anhand einer Datenauswertung angedeu-
tet werden, wie eine Korrelationsrechnung aussieht. Der Zusammenhang zwischen
dem aus einer Stichprobe ermittelten Wert und dem theoretischen Wert, also dem
Pearson - Bravais'schen Korrelationskoeffizienten, wird später diskutiert.

In einem Betrieb der Textilbranche wurden 10 Garnaufwickelmaschinen während
eines ganzen Arbeitstages mit 10 verschiedenen Geschwindigkeiten $x_1, \ldots, x_{10}$
betrieben. Folgende Tabelle enthält die Anzahl y_i von Unterbrechungen (Faden-
risse, Spulenanfänge, usw.) in Abhängigkeit von der Geschwindigkeit:

Maschinennummer	Geschwindigkeit	Zahl der Unterbrechungen
i	x_i	y_i
1	21	30
2	22	30
3	23	30
4	24	40
5	25	50
6	26	50
7	27	60
8	28	60
9	30	70
10	34	80

Man erhält:

$$\bar{x} = 260/10 = 26$$

$$\bar{y} = 500/10 = 50$$

Leite folgende Tabelle ab:

i	$(x_i - \bar{x})$	$(x_i - \bar{x})^2$	$(y_i - \bar{y})$	$(y_i - \bar{y})^2$	$(x_i - \bar{x})(y_i - \bar{y})$
1	-5	25	-20	400	100
2	-4	16	-20	400	80
3	-3	9	-20	400	60
4	-2	4	-10	100	20
5	-1	1	0	0	0
6	0	0	0	0	0
7	1	1	10	100	10
8	2	4	10	100	20
9	4	16	20	400	80
10	8	64	30	900	240

Dies liefert:

$$\sum_{i=1}^{10} x_i^2 = 140 \qquad \sum_{i=1}^{10} y_i^2 = 2800 \qquad \sum_{i=1}^{10} (x_i - \bar{x})(y_i - \bar{y}) = 610$$

Damit erhält man:

$$r = \frac{610}{(140 * 2800)^{1/2}} = 0.9743$$

Die Vermutung des leitenden Ingenieurs, daß die Höhe der Geschwindigkeit die Anzahl der Unterbrechungen bestimme, wird also durch diesen Befund wesentlich gestützt.

Man beachte, daß die Korrelationsrechnung davon ausgeht, daß jedes Experiment als Instanz derselben Versuchsanordnung angesehen werden kann. Damit ist die Korrelationsrechnung für zahlreiche Probleme der WIRTSCHAFTSWISSENSCHAFTEN nicht sinnvoll einsetzbar, da diese Unterstellung nicht plausibel ist. Außerdem können mehrere Erklärungfaktoren durch die einfache Korrelationsrechnung nicht berücksichtigt werden. Eine Verallgemeinerung der Korrelationsrechnung, die in den Wirtschaftswissenschaften wesentlich größere Bedeutung hat, ist die Regressionsanalyse. Grundzüge der Regressionsanalyse sollen in Kapitel 17 besprochen werden. Ein Beispiel für größeren Erfolg der Korrelationsrechnung ist die empirische Überprüfung der nach Keynes benannten Konsumhypothese, nach der die Höhe des gesamtwirtschaftlichen Konsums durch die Höhe des Volkseinkommens bestimmt ist.

Aufgabe 7.4: Suchen Sie sich aus dem statistischen Jahrbuch die Daten für das Volkseinkommen und den gesamtwirtschaftlichen Konsum der Bundesrepublik Deutschland und bestimmen Sie den Korrelationskoeffizienten.

Aufgabe 7.5: Beweisen Sie Satz 7.1.

Aufgabe 7.6: Sei (X_1, X_2) $N(\mu, \Omega)$ - verteilt mit

$$\mu = \begin{bmatrix} \mu_1 \\ \mu_2 \end{bmatrix} \qquad \Omega = \begin{bmatrix} \omega_{11} & \omega_{12} \\ \omega_{21} & \omega_{22} \end{bmatrix}.$$

Beweisen Sie: $E\,X_1 = \mu_1$, $E\,X_2 = \mu_2$, $\mathrm{Cov}(X_1, X_2) = \omega_{12}$, $\mathrm{Var}(X_1) = \omega_{11}$, $\mathrm{Var}(X_2) = \omega_{22}$.

7.4.2. Zu theoretischen Analogien der empirischen Korrelationsmaßen niederer Skalenniveaus

Analogien zu den empirischen Korrelationsmaßen für niedere Skalenniveaus, die zu den eingeführten Stichprobenkorrelationsmaße niederer Skalenniveaus korrespondieren, werden nach meinem Wissen nicht untersucht.

Die kann folgende Ursache haben: Im Falle kardinaler Skalen dienen die verschiedenen Momente zur Charakterisierung von Verteilungen, dabei wird insbesondere die Interpretierbarkeit von Addition und Subtraktion verwendet. Da dies für Skalen niederer Ordnung nicht möglich ist, haben entsprechende Momente einen viel geringeren Informationswert. Insbesondere gelingt die Charakterisierung der Verteilungen durch solche Momente nicht. Man muß sich also mit der Untersuchung schwächerer Fragestellungen begnügen.

Theoretische Analoga bei Ordinalskalen sind allerdings in Verbindung mit der Normalverteilungstheorie zur Charakterisierung von Ordinalskalen unter dem Gesichtspunkt des Informationsverlustes eingeführt worden. Genannt seien hier tetrachorische und polychorische Korrelationskoeffizienten. Bei ihrer Bestimmung wird davon ausgegangen, daß das zu untersuchende Phänomen zweidimensional normalverteilt ist. Der Meßvorgang liefert aber nur die Information, in welchem von endlich vielen paarweise disjunkten Intervallen die Werte der einzelnen Komponenten liegen. Der Informationsverlust resultiert also aus Meßschwierigkeiten. Diese theoretischen Größen sind aber ohne Anbindung von Ordinalskalen an die Normalverteilung nicht interpretierbar. Sie sollen hier nicht weiter thematisiert werden.

7.4.3. Standardisierung mehrdimensionaler Zufallsvariabler

Man kann auch mehrdimensionale Zufallsvariable, für die eine Varianz - Kovarianz - Matrix existiert, so transformieren, daß der Erwartungsvektor der Nullvektor und die Varianz - Kovarianz - Matrix die Einheitsmatrix wird. Dies ist mit Hilfe der Eigenwerttheorie aus der linearen Algebra möglich. Die Bedeutung einer derartigen Standardisierung im n - dimensionalen Fall ist aber wesentlich geringer als im eindimensionalen Fall, da im mehrdimensionalen Fall "$\leq$" - Beziehungen bei der Transformation nicht übertragen werden. Die Standardisierung eignet sich also im n - dimansionalen Fall nicht zum Tabellieren mehrdimensionaler Verteilungen, die in Abhängigkeit von der jeweiligen Parameterkonstellation zu tabellieren wären und nicht auf einen Standardfall zurückgeführt werden können. Auf eine weitere Erklärung der Standardisierung im mehrdimensionalen Fall sei also verzichtet.

7.5. Zusammenfassung

Dieses Kapitel ist der Diskussion von Kennzahlen für mehrdimensionale Verteilungen gewidmet. Sieht man einmal davon ab, daß das Instrumentarium der Matrizenrechnung zu Darstellungszwecken zum Einsatz kam, brachte dieses Kapitel im Prinzip wenig Neues. Kennzahlen, die bei eindimensionalen Verteilungen nicht,

bei mehrdimensionalen Verteilungen jedoch sehr wohl auftreten, sind die Momente höherer Ordnung, vor allem hier das Auftreten mehrerer positiver Exponenten
in $m_{i_1 i_2 \ldots i_n}$ bzw. $M_{i_1 i_2 \ldots i_n}$.

Die gebräuchlichsten unter diesen Momenten sind die Kovarianzen, bei denen
zwei Faktoren in erster und die übrigen Faktoren in nullter Potenz auftreten.
Die Kovarianzen sind ebenso wie die Varianzen der einzelnen Komponenten in ihrer Größenordnung von der Maßeinheit abhängig, in der gemessen wird, weshalb
zur Beseitigung dieser Abhängigkeit mit dem Ziel der Normierung zu den Korrelationskoeffizienten übergegangen wird.

Analoga zu den Korrelationskoeffizienten wurden auch für niedrigere Skalenniveaus eingeführt, im Fall der Ordinalskala zwei, den Spearman'schen Rangkorrelationskoeffizienten und Kendall's τ. Vor allem Spearman's Rangkorrelationskoeffizient leidet unter dem Mangel, daß er im Falle wiederholt auftretender
Werte nur unzureichend interpretierbar ist aufgrund dessen, daß man gleichen
Werten willkürlich verschiedene Ränge zuweist. Kendall's τ enthielt Hinweise
für den Umgang mit sich wiederholenden Werten. Es wurde daran erinnert, daß
das Problem wiederholter Werte eine für Ordinaldaten typische Schwierigkeit
ist, da man oft nur wenige Kategorien hat, in die man auch im Falle großer
Stichproben die einzelnen Realisationen einordnen muß.

Für die Diskussion nominal skalierter Zusammenhänge wurde als Ersatz für den
Korrelationskoeffizienten das Assoziationsmaß eingeführt. Es ist in diesem Zusammenhang noch einmal an die Bedeutung der Multinomialverteilung zu erinnern.
Es wurde die Hypothese der Unabhängigkeit zweier Merkmale unterstellt. Dann
stellte man fest, daß anstelle von $(n-1)(m-1)$ wählbaren Wahrscheinlichkeiten
p_{ij}, $1 \leq \; \leq n-1$, $1 \leq j \leq m-1$, im Falle der Hypothese der stochastischen Unabhängigkeit beider Merkmale nur $n-1$ wählbare Parameter $p_{i.}$, $1 \leq i \leq n-1$, und $m-1$
wählbare Parameter $p_{.j}$, $1 \leq j \leq m-1$, verbleiben, da dann die Beziehungen

$$p_{ij} = p_{i.} \, p_{.j}$$

einzuhalten sind.

Es wurden keine mehrdimensionalen Lageparameter eingeführt, da anstelle dieser
Parameter für α, $0 < \alpha < 1$, Gebilde G_α der folgenden Form treten:

$$G_\alpha = \{ (x_1, \ldots, x_n) \mid \int_{x_1}^{\infty} \int_{x_2}^{\infty} \cdots \cdots \int_{x_n}^{\infty} f(x_1, \ldots, x_n) \, dx_1 \cdots dx_n = \alpha \}.$$

Die Lageparameter im eindimensionalen Fall wären also durch $n-1$ - dimensionale
oder gar durch n - dimensionale Teilmengen des $\mathbb{R}^n$ zu ersetzen.
Wichtig ist noch der Zusammenhang zwischen der Information, daß der Korrela-

tionskoeffizienten 0 ist, und der stochastischen Unabhängigkeit zweier Komponenten. Unkorreliertheit ist eine viel schwächere Eigenschaft als Unabhängigkeit, nur im Fall der Normalverteilung sind beide Eigenschaften gleichwertig. Es wurde bereits angsprochen, daß die gemeinsame Betrachtung mehrerer eindimensionaler Zufallsvariabler zu einer mehrdimensionalen Zufallsvariablen führt. Spricht man etwa von Folgen stochastisch unabhängiger gleichverteilter Zufallsvariabler, so impliziert dies folgende Information über die gemeinsame Varianz - Kovarianz - Matrix der Zufallsvariablen: die Kovarianzen sind alle 0, die Varianzen alle gleich. In Formel:

$$\text{Cov}(X_1, \ldots, X_n) = \sigma^2 I_n \, ,$$

I_n n - dimensionale Einheitsmatrix.

Korrelation zwischen zwei Zufallsvariablen soll Zusammenhänge zwischen zwei Komponenten aufdecken; dabei weist ein Korrelationskoeffizient nahe 1 auf eine gleichläufige, ein Korrelationskoeffizient nahe -1 auf eine gegenläufige Entwicklung beider Komponenten hin. Ein Wert des Korrelationskoeffizienten nahe 1 oder -1 kann das Vertrauen in einen theoretisch begründeten Zusammenhang verstärken, aber kann kein Vertrauen begründen. Dem steht das Problem der Scheinkorrelation entgegen, das darin besteht, daß zwei Größen sich parallel entwikkeln, ohne daß theoretische Begründungen dafür gegeben werden könnten, daß zwischen beiden Größen ein Kausalzusammenhang besteht. Sie könnten ja auch in ihrer Entwicklung gemeinsam von einer dritten, aber nicht erkannten Größe gesteuert werden. Das Problem einer Scheinkorrelation besteht darin, daß man die gemeinsame Abhängigkeit von der dritten Größe nicht erkennt, vielmehr von einem Kausalzusammenhang zwischen den beiden sich im Gleichschritt entwickelnden Größen ausgeht und dann auf Steuerinstrumente setzt, die keine sind. Wenn etwa eine enge Korrelation besteht zwischen der Geburt eines Kindes und der Rückkehr der Störche, wird man den Kindersegen kaum fördern, indem man Storchennester baut.

Aufgabe 7.7: Klassifizieren Sie die Teilnehmer an Ihrer Statistikveranstaltung nach den Merkmalen "Geschlecht" und "Raucher bzw. Nichtraucher" und stellen Sie die zugehörige Kontingenztafel auf. Bestimmen Sie das zugehörige Assoziationsmaß $\aleph^2$.

Aufgabe 7.8: Klassifizieren Sie die Teilnehmer an Ihrer Veranstaltung nach den Merkmalen "Familienstand", "Geschlecht" und "Häufigkeit eines Kneipenbesuchs in der vergangenen Woche und stellen Sie die zugehörige Kontingenztafel auf. Dabei müssen etwa in einer Zeile zwei Merkmale unterschieden werden. Welche Beziehungen zwischen den Randhäufigkeiten der Zeilen würden Sie erwarten im Falle, daß die drei Merkmale voneinander stochastisch unabhängig sind?

8. Randverteilungen und bedingte Verteilungen im Falle n-dimensionaler Ver-
    teilungsfunktionen

8.1. Einleitung

Ziel dieses Kapitels ist die Einführung zweier neuer Wahrscheinlichkeitskon-
zepte, nämlich dem Konzept der Randverteilungen und dem der bedingten Wahrscheinlichkeit.

Das Konzept der Randverteilung tritt bei mehrdimensionalen Zufallsvariablen
immer dann auf, wenn man an den genauen Ausprägungen einzelner Komponenten
nicht interessiert ist, also alle Situationen, in denen sich lediglich diese
Komponenten unterscheiden, als gleich ansieht. Man geht also zu Zufallsvariablen mit weniger Komponenten über. Dies geschieht, indem man bestimmte Ereignisse, die in ursprünglicher Auffassung als zusammengesetzt zu interpretieren
waren, da einzelne Komponenten unterschiedliche Werte annehmen durften, in
neuer Betrachtung als Elementarereignisse versteht. Die Wahrscheinlichkeit
(Dichte) dieser als Elementarereignisse aufgefaßten Ereignisse gewinnt man
dadurch, daß man die Wahrscheinlichkeit des ursprünglich als zusammengesetzt
interpretierten Ereignisses jetzt als Wahrscheinlichkeit des Elementarereig-
nisses wählt. Entsprechend gewinnt man durch Integration der ursprünglichen
Dichte die Randdichte.

<u>Beispiel:</u> Der Modeschöpfer hat eine Markterhebung durchführen lassen zur Pla-
nung seiner Damenwinterkollektion. Bei der Markterhebung wurde insbesondere im
Hinblick auf die Sommerbademode erhoben, wie viele Damen beim Strandurlaub
einen Bikini, wie viele Damen den Monokini bevorzugen. Aus naheliegenden Gründen interessiert dieser Aspekt den Modeschöpfer im Hinblick auf den Entwurf
der Wintermode nicht. Er abstrahiert also von dem Merkmal "Badekleidung an der
See". Er geht also zur Randverteilung über, in der dieses Merkmal nicht mehr
auftaucht.

Die Situation ist klar, Randverteilungen spielen eine Rolle, wenn zu detail-
lierte Informationen vorliegen. Dies ist dann der Fall, wenn im Hinblick auf
die Untersuchung eines breiteren Fragenspektrums Zufallsvariable definiert
bzw. Stichproben erhoben wurden.

Der Begriff der bedingten Wahrscheinlichkeit taucht immer dann auf, wenn neben
den das Ereignis beschreibenden Bedingungen noch zusätzliche Bedingungen erfüllt sein müssen, damit die gewünschte Situation erreicht ist. Die gewünschte
Situation wird also beschrieben durch das Eintreten eines bestimmten Ereignisses unter Berücksichtigung gewisser Zusatzbedingungen. Das Ereignis, daß diese

Zusatzbedingungen eingetreten sind, nennt man das bedingende Ereignis.

__Beispiel:__ Man interessiert sich für die erwartete Lebensdauer von Menschen, die bereits die 40 überschritten haben. Man kann hier nicht einfach die Lebenserwartung eines Neugeborenen zugrundelegen und davon 40 Jahre abziehen, denn das Neugeborene muß ja erst einmal 40 Jahre alt werden. Selbst wer 100 Jahre alt ist, hat noch eine Lebenserwartung von einigen Jahren, denn wer es erst einmal so weit gebracht hat, hat durchaus noch Chancen, noch älter zu werden. Es gibt kein Lebensalter, in dem die künftige Lebenserwartung statistisch 0 ist. Dem widerspricht nicht, daß noch kein Fall bekannt wurde, in dem jemand älter als 160 Jahre wurde.

Den theoretischen Konzepten Randwahrscheinlichkeit und bedingte Wahrscheinlichkeiten bzw. Randdichten und bedingte Dichten stehen die empirischen Konzepte der Stichprobenrandverteilung und der bedingten empirischen Verteilungsfunktion gegenüber. Auch diese Begriffe sind einzuführen.

Im Zusammenhang mit der Diskussion der Randverteilungen ist das Problem zu diskutieren, was man unter einer repräsentativen Stichprobe zu verstehen hat. Es wird sich zeigen, daß dieser Begriff relativiert werden muß auf die Problemstellung, auf die hin die repräsentative Stichprobe erhoben werden soll, und auf die Theorie, die der Lösung des Problems zugrundegelegt wird.

Zu diskutieren bleibt die Auswirkung stochastischer Abhängigkeit bzw. Unabhängigkeit auf die theoretischen Konzepte der Randverteilungen bzw. der bedingten Wahrscheinlichkeiten.

8.2. Die Stichprobenrandverteilungen einer Serie der Länge T von n-dimensionalen Zufallsvariablen

Sei $\{(x_{1t}, \ldots, x_{nt})\}_{1 \leq t \leq T}$ eine Serie der Länge T von Vektoren des $\mathbb{R}^n$, $n \geq 2$.

__Definition 8.1:__ $F_i(z) = 1/T \, |\{(x_{1t}, \ldots, x_{nt}) \,|\, x_{it} \leq z\}|$ heißt __Stichprobenrandverteilung__ für die i-te Komponente der Serie $\{(x_{1t}, \ldots, x_{nt})\}_{1 \leq t \leq T}$.

Offenbar gibt es n verschiedene Randverteilungen einer Serie von Vektoren des $\mathbb{R}^n$. Es ist auch sinnvoll, die Untersuchung einer Serie von Vektoren des $\mathbb{R}^n$ auf die simultane Untersuchung von mehreren , aber nicht allen Komponenten zu beschränken. Dies passiert immer dann, wenn man sich für alle erhobenen Fälle, aber nicht für sämtliche Merkmale zur Beschreibung jedes Falles interessiert. Dies passiert immer dann, wenn man Daten verwendet, die zu einer allgemeineren als der beabsichtigten Untersuchung (von anderen) erhoben worden sind.

<u>Definition 8.2:</u> Sei $\{(x_{1t},\ldots,x_{nt})\}_{1\leq t\leq T}$ eine Serie von Vektoren des $\mathbb{R}^n$ der Länge T.

$$F_{i_1,\ldots i_m}(z_1,\ldots,z_m) = 1/T \ |\{x_{1t},\ldots,x_{nt}) \ |x_{i_1} \leq z_1 \ ^\cdot \ \ldots \ ^\cdot \ x_{i_m} \leq z_m\}|$$

heißt <u>gemeinsame Stichprobenrandverteilung für die Komponenten</u> $i_1 < \ldots < i_m$ <u>der Serie</u> $\{(x_{1t},\ldots,x_{nt})\}_{1\leq t\leq T}$.

8.2.1. Ein Sonderfall: die empirische Verteilungsfunktion der Serie als Produkt ihrer Stichprobenrandverteilungen

Ein Sonderfall liegt vor, wenn gilt

$$F(z_1,\ldots,z_n) = \prod_{i=1}^{n} F_i(z_i) \qquad \forall \ (z_1,\ldots,z_n) \in \mathbb{R}^n.$$

Die n Merkmale werden dann als <u>empirisch voneinander unabhängig</u> bezeichnet.
Als Sonderfall wurde bereits die Kontingenztafel eingeführt, wo als Maß für die Korrelation die Größen

$$t_{ji}/T - t_{j.} t_{.i}/T^2$$

herangezogen wurden. Unabhängigkeit lag dann vor, wenn jede dieser Differenz 0 war. Generell gilt folgender

<u>Satz: 8.1:</u> Es gilt genau dann

$$F(z_1,\ldots,z_n) = \prod_{j=1}^{n} F_i(z_i),$$

wenn für alle in der Serie auftretenden Elemente $(y_1,\ldots,y_n)$ gilt

$$1/T \ |\{(x_{1t},\ldots,x_{nt}) \ |x_{1t} = y_1 \ ^\cdot \ \ldots \ ^\cdot \ x_{nt} = y_n\}| =$$

$$= \prod_{j=1}^{n} (1/T \ |\{(x_{1t},\ldots,x_{nt}) \ |x_{jt} = y_j\}|)$$

d.h. wenn gilt: die relative Häufigkeit des Auftretens von $(y_1,\ldots,y_n)$ stimmt überein mit dem Produkt der relativen Häufigkeiten des Eintretens der y_i.

8.2.2. Repräsentativität von Teilgesamtheiten von Gesamtheiten und die Stichprobenrandverteilungen

Sei eine endliche Gesamtheit von Merkmalsträgern gegeben, etwa alle Bürger der Bundesrepublik, die wahlberechtigt sind. Von Interesse ist etwa die Frage, wann eine Teilgesamtheit von 10000 Wahlberechtigten als repräsentativ für die

Gesamtheit der Bürger anzusehen ist, eine Frage, wie sie sinngemäß zahlreichen Teilerhebungen zugrundeliegt. Dabei verfolgt man mit dem Begriff der Repräsentativität die Vorstellung, das Verhalten dieser 10000 Wahlberechtigten in einer spezifischen Situation, vor die alle Wahlberechtigten zu einem bestimmten Zeitpunkt gestellt sind, also etwa

- Wahlverhalten zu einem festen Termin

- Zustimmung oder Ablehnung zu einem gesetzlichen Vorhaben,etwa dem der Volkszählung

- Zustimmung oder Ablehnung gegenüber bestimmten Personen des öffentlichen Lebens

auf die Gesamtheit hochrechnen zu können.

Mit "repräsentativ" bezeichnet man die Vorstellung, daß eine Teilgesamtheit in allen im Hinblick auf die Entscheidungssituation wichtigen Aspekte eine gleiche Aufteilung erfährt wie die Gesamtheit.

Damit wird "repräsentativ" zu einem realtheoretischen Begriff, da eine Realtheorie zunächst einmal die Merkmale sowie deren unterschiedlich vorhandene Ausprägungen angeben muß, die als wichtig für die zu untersuchende Fragestellung anzusehen sind. "Repräsentativ" ist also zu relativieren auf die Fragestellung und die ihrer Analyse zugrundeliegende Theorie.

Gewonnen wird mit dieser Vorgehensweise, daß man zur Beurteilung der Repräsentativität nicht alle denkbar möglichen Unterscheidungsmerkmale heranziehen und für alle Unterscheidungsmerkmale gleiche relative Häufigkeiten von Ausprägungen vorfinden muß. Dies macht eine Beurteilung von "repräsentativ" überhaupt erst möglich, da

- die Sprechweise von "allen denkbar möglichen Unterscheidungsmerkmalen" wieder zum Beschreibungsproblem führen würde,

- die Betonung der Übereinstimmung der Proportionen für alle in der Beschreibung auftauchenden Merkmalsausprägungen möglicherweise die Gesamtheit in lauter zu unterscheidende Individuen zergliedern würde, sich also eine Übereinstimmung der Proportionen von Teilgesamtheiten mit der Gesamtheit in allen Merkmalsausprägungen als unmöglich herausstellen würde,

- darüber hinaus fehlende Informationen über nicht als wichtig erkannte Merkmale und deren Ausprägungen die Beurteilung auf Repräsentativität nicht verhindert.

Man gelangt somit zu folgender

<u>Definition 8.3:</u> Eine Teilgesamtheit $\{(x_{1t}, \ldots \ldots, x_{nt})\}_{1 \leq t \leq \tau}$ einer Gesamtheit $\{(x_{1t}, \ldots \ldots, x_{nt})\}_{1 \leq t \leq T}$ heißt <u>repräsentativ bezüglich einer Fragestellung F und</u>

<u>einer Theorie TH</u>, wenn die für die Untersuchung de Fragestellung F gemäß der Theorie TH wichtigen Merkmale durch die zu den $x_{1t}, \ldots, x_{nt}$ korrespondierenden Merkmale vollständig erfaßt sind und die Teilmenge zur gleichen Stichprobenrandverteilung dieser Merkmale führt wie die Gesamtheit. Die Teilgesamtheit heißt ϵ - <u>repräsentativ</u> für die Gesamtheit, wenn die Stichprobenrandverteilung der Teilgesamtheit sich maximal um ϵ von der Stichprobenrandverteilung der Gesamtheit unterscheidet.

Erreichbar ist im Regelfall nur ϵ - Repräsentativität und nicht der Extremfall der 0 - Repräsentativität oder kurz der Repräsentativität.

<u>Beispiel:</u> Das Allensbacher Institut klassifiziert die Bevölkerung über 16 Jahre nach folgenden Kriterien:

-    Geschlecht
-    Alter (16 - 29, 30 - 44, 45 - 59, 60 Jahre und älter)
-    Beruf (Arbeiter und Landarbeiter, Landwirte, Angestellte, Beamte, Selbständige in Handel und Gewerbe, freie Berufe)
-    Wohnortgröße (< 2000, 2000 bis 20000, 20000 bis 100000, > 100000 Einwohner)
-    Bundesland
-    Familienstand
-    Konfession
-    Schulbildung.

Für die ersten fünf Merkmale sind von den Interviewern Quoten einzuhalten, für die letzten drei Merkmale nicht.Personen, die in allen acht Merkmalen übereinstimmen, werden hinsichtlich der zu untersuchenden Frage als austauschbar angesehen.

Wie gut die theoretische Basis zur Begründung der Wichtigkeit der genannten Merkmale ist, hängt von der zu untersuchenden Fragestellung ab. Es ist davon auszugehen, daß dieser Merkmalskatalog fragenspezifisch zu erweitern ist. Dabei ist zu beachten ein ständiger Zielkonflikt zwischen Einlösbarkeit der Quoten bei der Auswahl einer Teilmenge (z.B. Schwierigkeiten der Erfassung einzelner Merkmale aufgrund von Datenschutz und dergl.) und den Quoten, die aus theoretischen Gründen sinnvollerweise einzuhalten wären, kurz gesagt: Repräsentativitätsanforderungen können nicht losgelöst von einem Auswahlschema vorgeschlagen werden, das zur Einhaltung der Quoten angewandt werden soll.

Von Interesse ist, wie es gelingt, repräsentative Teilgesamtheiten von Gesamtheiten zu gewinnen. Diese Frage kann erst in Kapitel 9 im Zusammenhang mit den Gesetzen der großen Zahlen wieder aufgenommen werden.

Weiterhin ist die Frage von Interesse, ob nicht - repräsentative Teilgesamtheiten ebenfalls einen Schluß auf die Gesamtheit zulassen. Diese Frage kann behandelt werden unter dem Aspekt der Hochrechnung ebenfalls im Zusammenhang mit dem Gesetz der großen Zahlen.

Hier sei bereits folgende intuitiv einsichtige Anmerkung erlaubt: Eine repräsentative Teilmenge, die im Vergleich zur Gesamtheit klein ist, läßt zwar gute Schlüsse über "Hauptströmungen" zu, die Einbeziehung von Minderheiten gelingt aber gerade wegen der Forderung der Repräsentativität nicht immer überzeugend. Man kann sogar sagen, je kleiner die Minderheit, desto uninformativer ist die repräsentative, aber vergleichsweise kleine Teilgesamtheit. Die Kenntnis von Minderheiten mag aber für zahlreiche Fragen von entscheidender Bedeutung sein: Als Beispiel sei genannt die Frage der Gesamtsteuer. Die Zahl der Milliardäre ist sicherlich klein in der BRD, aber für die Schätzung des Steueraufkommens kann die genaue Kenntnis dieser kleinen Gruppe von eminenter Bedeutung sein. Beibehaltung der Forderung der Repräsentativität der Teilmenge würde also Mindestumfänge der Teilmenge in unpraktikabler Höhe unabdingbar machen. Die Alternative gegen eine Vergrößerung der Teilmenge ist ein gezielter Verstoß gegen die Repräsentativität durch überproportionale oder gar totale Einbeziehung solcher Minderheiten, was dann allerdings in der Hochrechnung zu berücksichtigen ist, falls die Abweichungen von der Repräsentativität der Teilgesamtheit bekannt sind. Repräsentative Teilgesamtheiten stellen somit zwar einen zentralen Referenzstandard der Erhebung dar, sind aber keine conditio sine qua non, solange Verstöße gezielt und kontrollierbar erfolgen. Entsprechende Ausführungen können in der Literatur unter dem Schlagwort "geschichtete Stichproben" gefunden werden.

8.3.   Bedingte empirische Verteilungsfunktionen
8.3.1. Die zugrundeliegende Fragestellung: ein Beispiel

Eine typische Fragestellungen aus Wahlsendungen im Fernsehen an Wahlabenden ist folgende:
-    Wie haben bestimmte Parteien in ihren bisherigen Hochburgen abgeschnitten?
-    Wie hat die Landbevölkerung gewählt, wie war das Wahlverhalten in den Städten?
-    Wie haben Jungwähler gewählt?

Alle diese Fragestellungen sind Instanzen folgenden allgemeinen Problems: wie sieht die Verteilungsfunktion einer Folge von Realisationen einer n-dimensionalen Zufallsvariablen aus, wenn man sich auf Teilfolgen beschränkt, deren Auswahlprinzip darin besteht, daß man den Wertebereich für einen Teil der n Komponenten der Vektoren aus der Folge der Realisationen einschränkt? Gegenüber der Fragestellung, die zu Randverteilungen führte, ist folgender Vergleich angebracht: dort wurden alle Fälle der Serie ausgewertet,die Einschränkung bestand darin, daß man nicht alle Komponenten jedes Serienelementes voll ausnutzte. Hier wird die Fixierung einzelner Komponenten der Serie auf bestimmte Werte dazu benutzt, aus der Gesamtserie eine Teilserie auszuwählen.
Weiter zum Beispiel des Wahlabends:
Als einzelnes Element der Folge der Realisationen von Zufallsvariablen ist aufzufassen das Wahlverhalten eines einzelnen Wählers; der zugehörige Realisationsvektor sei gekennzeichnet durch

- Lebensalter
- Familienstand
- Konfession
- Bildungsstand
- Sozialer Stand
- Wohnort
- Region
- Erwerbsquelle
- Wahlverhalten

Wären alle Merkmale bekannt, d.h. lägen keine geheimen Wahlen vor, so könnte man das Wahlverhalten aufsplitten nach den einzelnen Merkmalen und käme dann zu typischen Fragestellungen wie

- Wie haben Katholiken oder Protestanten gewählt?
- Wie haben kinderreiche Familien gewählt?
- Wie haben Wähler mit Abitur gewählt?
- Welches Wahlverhalten zeigten Sozialhilfeempfänger?

Angesichts der Tatsache, daß Wahlen geheim sind, müssen solche Fragestellen ersetzt werden durch solche, die Informationen einbeziehen,die trotz des Wahlgeheimnisses vorliegen:

- Wie war das Wahlverhalten in Wahlkreisen mit überproportionalem Anteil an Neuwählern?
- Wie war das Wahlverhalten in Wahlkreisen mit überwiegend katholischer Bevölkerung?

-    Wie haben die Parteien in Wahlkreisen mit überdurchschnittlich hohem Arbeiteranteil abgeschnitten?

Merkmalsträger sind also nicht die individuellen Wähler, sondern die Wahlkreise, und über diese liegen Informationen der oben beschriebenen Art durchaus vor.

__Beispiel:__ Sei eine Serie von 20 2-dimensionalen Vektoren gegeben:

$\{(3,2),\ (1,5),\ (5,3),\ (4,6),\ (2,1),\ (4,5),\ (3,6),\ (5,2),\ (3,6),\ (3,2),\ (5,5),\ (4,2),\ (5,4),\ (4,6),\ (5,6),\ (5,2),\ (1,5),\ (4,4),\ (4,1),\ (4,4)\}$

Die bedingte empirische Verteilungsfunktion für die erste Komponente unter der Bedingung, daß die zweite Komponente ≤ 3 ist, ist zu ermitteln aus folgender Teilserie:

$\{(3,2),\ (5,3),\ (2,1),\ (5,2),\ (3,2),\ (4,2),\ (5,2),\ (4,1)\}$

$H(x_1 \leq 1 | x_2 \leq 3) = 0$

$H(x_1 \leq 2 | x_2 \leq 3) = 1/8$

$H(x_1 \leq 3 | x_2 \leq 3) = 3/8$

$H(x_1 \leq 4 | x_2 \leq 3) = 5/8$

$H(x_1 \leq 5 | x_2 \leq 3) = 8/8$

Allgemein gelangt man zu folgender

__Definition 8.4:__ Sei $\{(x_{1t}, \ldots, x_{nt})\}_{1 \leq t \leq T}$ eine Serie von Vektoren des $\mathbb{R}^n$ der Länge T. Sei $B \in \mathcal{B}^n$ Ereignis. Als __empirische B - bedingte Verteilungsfunktion__ $\underline{H_B(x)\ \text{definiert man}}$

$$H_B(x) = T_x / T_B$$

mit

$$T_B = |\{(x_{1t}, \ldots, x_{nt}) | (x_{1t}, \ldots, x_{nt}) = x_t \in B \ \hat{}\ 1 \leq t \leq T\}|$$

$$T_x = |\{(x_{1t}, \ldots, x_{nt}) | (x_{1t} \leq x_1 \ \hat{}\ \ldots x_{nt} \leq x_n \ \hat{}\ 1 \leq t \leq T \ \hat{}\ x \in B\}|,$$

falls $T_B > 0$ ist.

Im Falle $T_B = 0$ existiert kein $H_B(x)$. Es handelt sich um ein Problem ohne empirische Bedeutung.

__Definition 8.5:__ Sei $\{(x_{1t}, \ldots, x_{nt})\}_{1 \leq t \leq T}$ Serie von Vektoren des $\mathbb{R}^n$ der Länge T. Seien $A, B \in \mathcal{B}^n$.

$$H_B(A) = T_{A \cap B} / T_B$$

heißt __B-bedingte relative Häufigkeit__ des Ereignisses A, falls $T_B > 0$ gilt.

Im Falle $T_B = 0$ handelt es sich wiederum um ein empirisches Problem ohne Relevanz.

8.4. Bedingte Verteilungen und bedingte Wahrscheinlichkeiten von Ereignissen

8.4.1. Ein Problem, das für empirische Verteilungen keines ist, aber für Wahrscheinlichkeitsverteilungen Schwierigkeiten bereitet

Bei der Diskussion der empirischen B-bedingten Verteilungsfunktion bzw. der B-bedingten relativen Häufigkeit eines Ereignisses A innerhalb einer Serie war der Fall, daß B innerhalb der Serie nicht erfüllt war, also $T_B = 0$ gilt, explizit als Problem ohne empirische Bedeutung ausgeschlossen worden. Die Begründung für die empirische Irrelevanz ist klar: relative Häufigkeit 0 drückt aus, daß etwas nicht stattgefunden hat.

Geht man nun über zu Wahrscheinlichkeitsüberlegungen, so wird man sicherlich als irrelevant ansehen die Betrachtung von Bedingungen, die aus logischen Gründen unmöglich erfüllt sein können. <u>Das Problem der Wahrscheinlichkeitsbetrachtung besteht darin, daß ein Ereignis, das eine Wahrscheinlichkeit 0 besitzt, trotz seiner Wahrscheinlichkeit 0 eintreten könnte, solange es nicht logisch ausgeschlossen, also unmöglich ist. Anders ausgedrückt: Probleme bringen fast unmögliche Ereignisse, die nicht gleichzeitig unmöglich sind.</u>

Worin liegt nun das Problem: Es liegt ja nahe, Definitionen, die sich bei der Betrachtung relativer Häufigkeiten bewährt haben, auf Wahrscheinlichkeitsüberlegungen zu übertragen, also zu definieren

<u>Definition 8.6:</u> Die B-bedingte Wahrscheinlichkeit des Eintretens von Ereignis A ist gegeben durch

$$p(A \mid B) = p(A \cap B)/p(B)$$

falls $p(B) > 0$ ist.

Insbesondere gilt

$$p(B \mid B) = 1.$$

Diese Aussage ist aber vernünftig auch für Ereignisse B, deren Wahrscheinlichkeit 0 ist. Denn das Eintreten von B unter der Bedingung B ist sicher und nicht nur fast sicher richtig wegen

$$B \rightarrow B.$$

Damit ist das Problem B-bedingter Wahrscheinlichkeiten von Ereignissen aber auch von Interesse für fast-unmögliche Ereignisse.

8.4.2. B-bedingte Verteilungsfunktionen im Falle diskret verteilter Zufalls-
       variabler

Sei $F \subset \mathbb{R}^n$ die Trägermenge einer n-dimensionalen diskreten Zufallsvariablen
mit Verteilungsgesetz p. F ist somit abzählbar und diskret, außerdem gilt
$$\phi \neq A \subset F \rightarrow A \text{ ist Ereignis und es gilt } p(A) > 0.$$
Weiterhin gilt
$$A \subset F \rightarrow A \in \mathcal{B}^n$$
Betrachte nun zu $z = (z_1, \ldots, z_n) \in \mathbb{R}^n$
$$A_z = F \cap I(z_1, \ldots, z_n) = \{x \mid x \in \mathbb{R}^n \ ^\cdot\ x \in F \ ^\cdot\ x_i \leq z_i, 1 \leq i \leq n\}$$
<u>Definition 8.7:</u> Sei X diskrete n-dimensionale Zufallsvariable mit Trägermenge
F. Sei $\phi \neq B \subset F$. Definiere
$$F(z \mid B) = p(B \cap A_z)/p(B).$$
$F(z \mid B)$ heißt <u>B-bedingte Verteilungsfunktion</u> der Zufallsvariablen X.
<u>Beispiel:</u> Betrachte die B-bedingte Verteilungsfunktion für die Summe zweier
fairer Würfel unter der Bedingung, daß die Summe gerade ist. Es gibt 36 Konstellationen $(1,1), \ldots, (6,6)$, die bei einem Wurf mit zwei Würfeln erzielt
werden können. Alle diese Konstellationen sind nach dem Prinzip vom unzureichenden Grunde gleichwahrscheinlich. Als Summen sind alle natürlichen Zahlen
von 2 bis 12 möglich, die durch unterschiedlich viele Konstellationen erzielt
werden können.

Tabelle

Summe	Konstellationen	Anzahl
2	(1,1)	1
3	(1,2) (2,1)	2
4	(1,3) (2,2) (3,1)	3
5	(1,4) (2,3) (3,2) (4,1)	4
6	(1,5) (2,4) (3,3) (4,2) (5,1)	5
7	(1,6) (2,5) (3,4) (4,3) (5,2) (6,1)	6
8	(2,6) (3,5) (4,4) (5,3) (6,2)	5
9	(3,6) (4,5) (5,4) (6,3)	4
10	(4,6) (5,5) (6,4)	3
11	(5,6) (6,5)	2
12	(6,6)	1

Es gibt 18 Konstellationen mit gerader und 18 Konstellationen mit ungerader
Summe. Weiterhin erhält man

$$F(x_1+x_2 \mid x_1+x_2 \text{ gerade}) = \quad 0 \qquad -\infty < x_1+x_2 < 2$$

$$F(x_1+x_2 \mid x_1+x_2 \text{ gerade}) = \quad 1/18 \qquad 2 \leq x_1+x_2 < 4$$

$$F(x_1+x_2 \mid x_1+x_2 \text{ gerade}) = \quad 4/18 \qquad 4 \leq x_1+x_2 < 6$$

$$F(x_1+x_2 \mid x_1+x_2 \text{ gerade}) = \quad 9/18 \qquad 6 \leq x_1+x_2 < 8$$

$$F(x_1+x_2 \mid x_1+x_2 \text{ gerade}) = 14/18 \qquad 8 \leq x_1+x_2 < 10$$

$$F(x_1+x_2 \mid x_1+x_2 \text{ gerade}) = 17/18 \qquad 10 \leq x_1+x_2 < 12$$

$$F(x_1+x_2 \mid x_1+x_2 \text{ gerade}) = \quad 1 \qquad 12 \leq x$$

Beispiel: Das Lotto an jedem Wochenende beruhe auf einer fairen Ziehung. Wie groß ist die Wahrscheinlichkeit, nach der Ziehung der zweiten Zahl 6 Richtige zu erzielen unter der Bedingung, daß die ersten beiden gezogenen Zahlen auf dem Tippzettel angekreuzt worden sind?

Es sind aus 47 verbleibenden Zahlen noch 4 Zahlen zu ziehen. Es gibt

$$47*46*45*44$$

solcher verschiedenen Möglichkeiten, von denen jeweils

$$1*2*3*4$$

als gleichwertig angesehen werden, da auf dem Tippzettel nicht angegeben werden müssen, in welcher Reihenfolge die Zahlen gezogen werden. Die Wahrscheinlichkeit der Ziehung von 6 Richtigen, nachdem die beiden ersten Zahlen bereits angekreuzt worden sind, lautet also

$$p = \frac{1*2*3*4}{47*46*45*44} = \frac{1*2*3*4*5*6}{49*48*47*46*45*44} * \frac{\frac{49*48}{1*2}}{\frac{6*5}{1*2}} = \frac{p(6 \text{ Richtige in 6 Vers})}{p(2 \text{ von 6 Richtigen in 2 Vers})}$$

$$= p(6 \text{ Richtige in 6 Versuchen} \mid 2 \text{ von 6 Richtigen in 2 Versuchen})$$

Es wurde dabei gleiche Wahrscheinlichkeit für jede Möglichkeit auf der Basis des Prinzips vom unzureichenden Grund unterstellt.

8.4.3. B-bedingte Verteilungsfunktionen und B-bedingte Ereigniswahrscheinlichkeiten für den Fall einer Verteilung mit Dichtefunktion

Offenbar läßt sich das Vorgehen aus dem vorigen Abschnitt für alle $B \in \mathcal{B}^n$ übertragen, für die gilt $p(B) > 0$.

Der Fall $p(B) = 0$ kann unter bestimmten Bedingungen auf den Fall $p(B) > 0$ zurückgeführt werden. Dies sei beispielhaft vorgeführt am Fall einer zweidimensionalen Zufallsvariablen $X = (X_1, X_2)$ mit Dichte $f(x_1, x_2) > 0 \; \forall \; (x_1, x_2) \in \mathbb{R}^2$.

Weiter sei f als stetig vorausgesetzt. (Die Stetigkeit von x wird vorausgesetzt, um zu gewährleisten, daß der Wert des Integrals unabhängig von der Reihenfolge der Integration ist, sie bedeutet praktisch keine Einschränkung.) Dann gilt

$$p(X_1 \leq z_1 | a \leq X_2 \leq b) = \frac{p(X_1 \leq z_1 \, \hat{} \, a \leq X_2 \leq b)}{p(a \leq X_2 \leq b)}$$

$$= \frac{\displaystyle\int_{-\infty}^{z_1} \int_a^b f(x_1,x_2) \, dx_1 \, dx_2}{\displaystyle\int_{-\infty}^{\infty} \int_a^b f(x_1,x_2) \, dx_1 \, dx_2}$$

Betrachte nun

$$f_1(x_2) = \int_{-\infty}^{\infty} f(x_1,x_2) \, dx_1 > 0$$

und setze voraus, daß f_1 stetig in x_2 ist. Sei nun

$$a_n = z_2 - 1/n \qquad b_n = z_2 + 1/n$$

Dann existiert

$$\frac{\displaystyle\int_{-\infty}^{z_1} \int_{a_n}^{b_n} f(x_1,x_2) \, dx_1 \, dx_2}{\displaystyle\int_{-\infty}^{\infty} \int_{a_n}^{b_n} f(x_1,x_2) \, dx_1 \, dx_2} = F(z_1 | z_2 - 1/n \leq X_2 \leq z_2 + 1/n)$$

Weiterhin gilt

$$\lim_{n \to \infty} F(z_1 | z_2 - 1/n \leq X_2 \leq z_2 + 1/n) = \frac{\displaystyle\int_{-\infty}^{z_1} f(x_1,z_2) \, dx_1}{\displaystyle\int_{-\infty}^{\infty} f(x_1,z_2) \, dx_1} \quad .$$

$$\frac{\displaystyle\int_{-\infty}^{z_1} f(x_1,z_2)\ dx_1}{f_1(z_2)} = : F(z_1|z_2)$$

<u>Definition 8.8:</u> $F(z_1|z_2)$ heißt z_2-bedingte Verteilungsfunktion für X_1 von $(X_1, X_2) = X.$ $f(x_1,z_2)/f_1(z_2)$ heißt z_2-bedingte Dichte für X_1 von $X = (X_1,X_2).$ $f(z_1,x_2)/f_2(z_1)$ heißt z_1-bedingte Dichte für X_2 von $X = (X_1,X_2).$
Dabei gilt

$$f_2(z_1) = \int_{-\infty}^{\infty} f(z_1,x_2)\ dx_2.$$

<u>Beispiel:</u> Betrachte eine $N(0, \Omega)$ - verteilte Zufallsvariable mit

$$\Omega = \begin{bmatrix} 1 & \rho \\ \rho & 1 \end{bmatrix}.$$

Dann gilt:

$$f(x_1,x_2) = \frac{1}{2\pi(1-\rho^2)^{1/2}}\ \exp(-\frac{1}{2(1-\rho^2)}\ [x_1^2 - 2\rho x_1 x_2 + x_2^2])$$

Man erhält

$$f_1(z_2) = \frac{1}{(2\pi)^{1/2}}\ \exp(-\frac{1}{2}\ z_2^2)$$

und

$$f(x_1,z_2)/f_1(z_2) = \frac{1}{(2\pi(1-\rho^2))^{1/2}}\ \exp(-\frac{1}{2(1-\rho^2)}\ [x_1-\rho z_2]^2)$$

<u>Beispiel: (Radioaktiver Zerfall)</u>
Es gilt folgender
<u>Satz 8.2:</u> Sei X Exp$(0, \lambda)$ - verteilt, d.h. die Dichte ist gegeben durch

$$f(x) = \begin{cases} 0 & x < 0 \\ \lambda \exp(-\lambda x) & x > 0 \end{cases}$$

Dann gilt für $0 < y < x$:

$$p(X \geq x | X \geq y) = p(X \geq x-y).$$

<u>Beweis:</u>

$$p(X \geq x \mid X \geq y) = \frac{p(X \geq x)}{p(X \geq y)} = \frac{\int\limits_{x}^{\infty} \lambda \exp(-\lambda z)\,dz}{\int\limits_{y}^{\infty} \lambda \exp(-\lambda z)\,dz} = \frac{\exp(-\lambda x)}{\exp(-\lambda y)}$$

$$= \exp(-\lambda(x-y)) = \int\limits_{x-y}^{\infty} \lambda \exp(-\lambda z)\,dz = p(X \geq x-y).$$

Dieses Ergebnis wurde in der Atomphysik im Zusammenhang mit der Darstellung des radioaktiven Zerfalls wie folgt verwendet: Man ging von der theoretischen Vorstellung ab, daß die Wahrscheinlichkeit dafür, daß ein Teilchen in den nächsten x Zeiteinheiten nicht zerfällt, unabhängig ist von der bisherigen Lebensdauer. Bezeichnet man mit $p(X \geq x)$ die Wahrscheinlichkeit, daß das Teilchen x Zeiteinheiten überlebt, so zeigt der Satz 8.2, daß die Exponentialverteilung eine Verteilung ist, die diesen Sachverhalt angemessen wiedergibt. Sie ist sogar die einzige, die das leistet. Aus der Realtheorie ist also hervorgegangen, welcher Typ von Wahrscheinlichkeitsverteilung der theoretischen Situation adäquat ist. Diese glückliche Konstellation stellt sich für Ökonomen nicht, wenn mit statistischen Hilfsmitteln ökonomische Verhaltenstheorien überprüft werden sollen.

8.4.4. Bedingte Verteilungen im Fall stochastischer Unabhängigkeit

Es gilt

<u>Satz 8.3:</u> Sei $f(x_1, x_2) = f_1(x_1)\, f_2(x_2)$ die Dichte einer zweidimensionalen Zufallsvariablen und es gelte

$$\int\limits_{-\infty}^{\infty} f_1(x_1)\, dx_1 = \int\limits_{-\infty}^{\infty} f_2(x_2)\, dx_2 = 1, \quad f_1(x) \geq 0,\ f_2(x) \geq 0.$$

Dann gilt

$$f(x_1 \mid z_2) = f_1(x_1)$$
$$f(x_2 \mid z_1) = f_2(x_2)$$

Der Beweis ist einfach und sei als Übung überlassen.

8.5. Zusammenfassung

Dieses Kapitel war zwei neuen Wahrscheinlichkeitskonzepten gewidmet, die sich auf spezifische Anwendungssituationen beziehen:

Das Konzept der Randverteilungen findet Verwendung, wenn eine Situation für eine bestimmte Fragestellung zu umfassend beschrieben wurde in der Weise, daß über die benötigten Unterscheidungen hinaus weitere Unterscheidungen getroffen werden, die für die zu behandelnde Fragestellung irrelevant sind. Das Konzept der Randverteilung dient der Elimination von für die gegenwärtige Fragestellung irrelevanten Informationen. Das mathematische Hilfsmittel ist das der Integration bzw. Summation. Dies ist klar, denn der Informationsverzicht führt dazu, daß in der Ausgangslage zusammengesetzte Ereignisse zu Elementarereignissen aufgrund von Verzicht auf Unterscheidung umgedeutet werden.

Das Konzept der Randverteilung erlaubt die Diskussion des Begriffes "repräsentative Stichprobe", ein Begriff, der der Vorstellung von der Möglichkeit eines Schlusses von einer Teilgesamtheit auf die Gesamtheit zugrundeliegt und somit eine der fundamentalen Stützen statistischen Schließens ist. Es wurde zwar darauf hingewiesen, daß es vorteilhaft sein kann, von der Forderung der Repräsentativität einer Stichprobe abzurücken, der repräsentativen Stichprobe bleibt aber dennoch die Schlüsselrolle zugewiesen, weil sie den Referenzstandard bildet, von dem in <u>bekannter Weise</u> abgewichen werden soll. Abweichungen von der Repräsentativität können also nur dann sinnvolles Ziel einer Erhebung sein, wenn bekannt ist, wie groß die Abweichungen sind. Dann allerdings können solche Abweichungen hilfreich sein, da sie ermöglichen, den Stichprobenumfang ohne Schaden für die Gesamtuntersuchung zu verringern und so Kosten einzusparen.

Das zweite neu eingeführte Konzept war das der bedingten Wahrscheinlichkeit. Dieses Konzept stellt ab auf die Verschärfung von Versuchsbedingungen dahingehend, daß eine Auswahl danach stattfindet, ob gewisse Zusatzbedingungen erfüllt sind oder nicht. Das Ereignis wird also statt auf das sichere Ereignis auf das bedingende Ereignis relativiert. Mathematisch beschreibt man dies so: statt des Ereignisses A wird das Ereignis $A \cap B$ betrachtet; während A aber auf das sichere Ereignis bezogen wurde, wird $A \cap B$ auf B bezogen. Dies führt dazu, daß gilt

$$p(A|B) = \frac{p(A \cap B)}{p(B)} \quad \text{falls } p(A) > 0,$$

während p(A) auch geschrieben werden kann als

$$p(A) = p(A|S) = \frac{p(A \cap S)}{p(S)} = \frac{p(A)}{1}$$

wobei S das sichere Ereignis ist, denn es gilt dann:

$$A \cap S = A \quad \hat{} \quad p(S) = 1.$$

Besondere Beachtung wurde dem Fall gewidmet, daß das bedingende Ereignis fast - unmöglich ist. Unter bestimmten Bedingungen ließ sich dieses Problem durch eine Grenzwertbetrachtung lösen.

Es wurden noch eingeführt die Randdichte und die bedingten Dichte als theoretische Konzepte und die empirische Randverteilung sowie die empirische B - bedingte Verteilung als empirische Konzepte.

Abschließend wurde gezeigt, daß die gemeinsame Verteilungsfunktion (Dichte) sich im Falle der stochastischen Unabhängigkeit der Komponenten als Produkte bestimmter Randverteilungen (Randdichten) bzw. als Produkt bedingter Verteilungen (bedingter Dichten) darstellen läßt.

Aufgabe 8.1: Beweisen Sie Satz 8.3.

Aufgabe 8.2: Lesen Sie etwa bei Courant oder Fichtenholtz nach, unter welchen

Bedingungen an eine Funktion $f: \mathbb{R}^2 \to \mathbb{R}$ gilt:

$$\int_a^b (\int_c^d f(x, y) \, dy) \, dx = \int_c^d (\int_a^b f(x, y) \, dx) \, dy$$

Aufgabe 8.3: Beweisen Sie: Sei $X = (X_1, \ldots \ldots, X_n)$ $N(\mu, \Omega)$ verteilt. Die einzelnen Komponenten von X sind genau dann stochastisch unabhängig, wenn gilt:

$$\Omega = \mathrm{diag}(\sigma_1^2, \ldots \ldots \ldots, \sigma_n^2)$$

Dabei bezeichnet $\mathrm{diag}(a_1, \ldots, a_n)$ eine Diagonalmatrix mit den Diagonalelementen $a_1, \ldots, a_n$.

In diesem Fall gilt:

$$f(x) = \prod_{j=1}^n \frac{1}{(2\pi)^{1/2} \sigma_j} \exp\left(- \frac{(x_j - \mu_j)^2}{2\sigma_j^2}\right).$$

Aufgabe 8.4: Begründen Sie, warum Repräsentativität ein realwissenschaftliches und kein formalwissenschaftliches Konzept ist.

Aufgabe 8.5: Sei (X_1, X_2) $N(\mu, \Omega)$ - verteilt mit

$$\mu = \begin{bmatrix} \mu_1 \\ \mu_2 \end{bmatrix} \quad \text{und} \quad \Omega = \begin{bmatrix} \omega_{11}^2 & \rho\omega_{11}\omega_{22} \\ \rho\omega_{11}\omega_{22} & \omega_{22}^2 \end{bmatrix}.$$

Bestimmen Sie $f(x_1|z_1)$ und $f(x_2|z_1)$.

Hinweis: Beachten Sie, daß $((X_1 - \mu_1)/\omega_{11}, (X_2 - \mu_2)/\omega_{22})$ $N(0, \Omega')$ - verteilt ist mit

$$\Omega' = \begin{bmatrix} 1 & \rho \\ \rho & 1 \end{bmatrix}.$$

Aufgabe 8.6: Sei p Wahrscheinlichkeitsverteilung über $\{\mathbb{R}^1, \mathcal{B}^1\}$. Es gelte: $\{A_j\}_{1 \leq j \leq n}$ sei System von Ereignissen, die folgende Eigenschaften erfüllen:

1. $A_i \cap A_j = \phi \qquad 1 \leq i \neq j \leq n,$

2. $\bigcup\limits_{j=1}^{n} A_j = \mathbb{R}^1,$

3. $p(A_j) > 0 \qquad 1 \leq j \leq n.$

Dann gilt für $B \in \mathcal{B}^1$:

$$p(B) = \sum_{j=1}^{n} P(A_j)\, p(B|A_j).$$

gilt außerdem $p(B) > 0$, so gilt außerdem:

$$p(A_i|B) = \frac{p(A_i)\, p(B|A_i)}{\sum\limits_{j=1}^{n} p(A_j)\, p(B|A_j)}$$

Aufgabe 8.7: Sei (X, Y) zweidimensionale Zufallsvariable mit der gemeinsamen Dichte $f(x, y)$. Definiere

$$f_1(x) = \int_{-\infty}^{\infty} f(x, y)\, dy$$

und

$$F_2(y|x) = \frac{\displaystyle\int_{-\infty}^{y} f(x, z)\, dz}{f_1(x)}$$

Beweisen Sie, daß gilt:

$$\int_{-\infty}^{\infty} f_1(x)\, F_2(z|x)\, dx = \int_{-\infty}^{\infty} \int_{-\infty}^{y} f(x, z)\, dx\, dz = F_2(y).$$

Dabei bezeichnet F_2 die Verteilungsfunktion von Y.

Aufgabe 8.8: Sei p Wahrscheinlichkeitsverteilung über $\mathcal{B}^1$; A, B seien zwei Ereignisse aus $\mathcal{B}^1$. Es gelte:

$$p(A \cap B) = p(A)\, p(B).$$

Zeigen Sie, daß gilt:

$$p(C(A)) \cap C(B)) = p(C(A))\, p(C(B)).$$

Aufgabe 8.9: Sei $\{X_j\}_{1\leq j\leq n}$ Folge stochastisch unabhängiger $N(0, \sigma^2)$ - verteilter Zufallsvariabler. Zeigen Sie durch Grenzwertbetrachtung, daß gilt

$$f(x_1,\ldots\ldots,x_n \mid \sum_{j=1}^{n} x_j^2 = t) = \frac{\Gamma(n/2)}{(2\pi)^{n/2}\, t^{(n-2)/2}} \quad \text{für } t \neq 0,$$

die bedingte Dichte also unabhängig von σ^2 ist.

Anleitung: Bestimmen Sie die Dichte von $t = \sum_{j=1}^{n} x_j^2$ zu

$$f(t) = \begin{cases} 0 & t \leq 0 \\ t^{(n-2)/2} \exp(-t/2\sigma^2)/(\sigma^n\, \Gamma(n/2)) & t > 0 \end{cases}$$

Aufgabe 8.10: Sei $\{X_j\}_{1\leq j\leq n}$ Folge stochastisch unabhängiger $B(1, \alpha)$ - verteilter Zufallsvariabler. Sei $B = \{(x_1,\ldots\ldots,x_n) \mid \sum_{k=1}^{n} x_k = j\}$. Dann gilt:

$$p((x_1,\ldots\ldots\ldots,x_n) \mid B) = \frac{j!\,(n-j)!}{n!}$$

und hängt nicht von α ab.

Aufgabe 8.11 : Sei $\{X_j\}_{1\leq j\leq n}$ Folge stochastisch unabhängiger $P(\lambda)$ - verteilter Zufallsvariabler. Sei $B = \{(x_1,\ldots\ldots\ldots,x_n) \mid \sum_{j=1}^{n} x_j = k)$. Dann gilt:

$$p((x_1,\ldots\ldots,x_n) \mid B) = k!/(\prod_{j=1}^{n} (x_j!))$$

und hängt nicht von λ ab.

Anleitung: Zeigen Sie, daß die Summe Z zweier stochastisch unabhängiger $P(\lambda_1)$ und $P(\lambda_2)$ - verteilter Zufallsvariabler X und Y $p(\lambda_1 + \lambda_2)$ - verteilt ist. Verwenden Sie dazu, daß gilt:

$$p(Z = k) = \sum_{j=0}^{k} p(X = j)\, p(Y = k - j)$$

und verwenden Sie den Binomiallehrsatz.

Aufgabe 8.12: Sei (X, Y) 2 - dimensionale Zufallsvariable mit der Dichtefunktion $f(x, y)$. Sei $f(x, y)$ stetig. Definiere

$$F_1(x) = \int_{-\infty}^{\infty} (\int_{-\infty}^{x} f(u, v)\, du)\, dv,$$

$$F_2(y) = \int_{-\infty}^{y} (\int_{-\infty}^{\infty} f(u, v)\, du)\, dv.$$

Seien X und Y stochastisch unabhängig. Beweisen Sie:

$$F(x, y) = F_1(x)\, F_2(y) \qquad \text{für } (x, y) \in \mathbb{R}^2.$$

In Worten: Die gemeinsame Verteilungsfunktion ist als Produkt der Randverteilungen darstellbar.

Beweisen Sie weiter: Seien $f_1(x)$ und $f_2(y)$ die Ableitungen von $F_1(x)$ und $F_2(y)$. Dann gilt:

$$f(x, y) = f_1(x)\, f_2(y).$$

9. Gesetze der großen Zahlen und zentrale Grenzwertsätze
9.1. Einleitung

Dieses Kapitel ist der Frage von Erkenntnismöglichkeiten gewidmet, die sich aufgrund großer Stichprobenumfänge ergeben. Dabei wird zunächst geklärt, wie die früher angekündigte Aussage zu verstehen ist, die empirischen Momente seien ein gutes Maß für die entsprechenden theoretischen Momente. Dies ist der Inhalt verschiedener Gesetze der großen Zahlen. Gesetze der großen Zahlen sind Gesetze über das Konvergenzverhalten von Folgen von Zufallsvariablen, die abgeleitet sind aus anderen Folgen von Zufallsvariablen. In vielen Fällen hat man es in der Ausgangsfolge mit Folgen stochastisch unabhängiger gleichverteilter Zufallsvariabler zu tun (Wiederholungen von Experimenten) $\{X_t\}_{t \in \mathbb{N}}$, die abgeleitete Folge ist gegeben durch

$$\{1/n \sum_{t=1}^{n} X_t^k\}_{n \in \mathbb{N}} \; ,$$

also durch das k-te empirische Moment der Stichprobe. In der Praxis wichtig sind vor allem die Fälle k = 1 und k = 2.

In der Statistik unterscheidet man verschiedene Konvergenzbegriffe im Zusammenhang mit den Gesetzen der großen Zahlen; aus der Vielzahl möglicher Konvergenzbegriffe seien zwei eingeführt, nämlich der Begriff der Konvergenz nach Wahrscheinlichkeit, der ein vergleichsweise schwacher Konvergenzbegriff ist, und seine Verschärfung zur Konvergenz mit Wahrscheinlichkeit 1. Die Konvergenz nach Wahrscheinlichkeit und die Konvergenz mit Wahrscheinlichkeit 1 sind Konvergenzbegriffe, die sich darauf beziehen, wie Folgen von Zufallsvariablen gegen eine Konstante konvergieren, daß also empirische Momente gute Maße für die zugrundeliegenden theoretischen Momente sind.

Auf die Konvergenz nach Wahrscheinlichkeit beziehen sich die schwachen Gesetze der großen Zahlen, auf den schärferen Konvergenzbegriff mit Wahrscheinlichkeit 1 die starken Gesetze der großen Zahlen. Wesentliches Hilfsmittel zur Beweisführung der schwachen Gesetze der großen Zahlen ist die Tschebyscheff - Ungleichung bzw. die Markov - Ungleichung. Die Tschebyscheff - Ungleichung gibt eine Höchstgrenze dafür an, daß eine Zufallsvariable einen Wert annimmt, der sich um mehr als das k - fache der Streuung vom Erwartungswert der Zufallsvariablen unterscheidet. Diese Höchstwahrscheinlichkeit ist durch $1/k^2$ gegeben. Damit ermöglicht die Tschebyscheff - Ungleichung, die Konvergenz nach Wahrscheinlichkeit von Folgen von Zufallsvariablen darauf zurückzuführen, daß die Folge der Varianzen dieser Folgen gegen 0 konvergiert. Konvergenz nach Wahrscheinlichkeit wird also auf die Konvergenz von Punktfolgen zurückgeführt. Die Markov - Ungleichung erlaubt eine gewisse Verallgemeinerung dieser Überlegung. Gesetze der großen Zahlen beziehen sich vorwiegend auf den Zusammenhang der empirischen Momente mit den zugehörigen theoretischen Momenten. Soweit schwache Gesetze der großen Zahlen bewiesen werden sollen, läuft dies darauf hinaus, vor Ziehung der Stichprobe die sich aus der Stichprobe ergebenden empirischen Momente als Zufallsvariable aufzufassen, deren Varianz zu bestimmen ist. Hier wird die Bedingung der stochastischen Unabhängigkeit benötigt, denn es gilt für Folgen $\{X_t\}_{1 \leq t \leq n}$ stochastisch unabhängiger Zufallsvariabler:

$$\mathrm{var}(1/n \sum_{t=1}^{n} X_t) = 1/n^2 \sum_{t=1}^{n} \mathrm{var}(X_t).$$

Im Falle der Gleichverteilung der Zufallsvariablen wird also die Varianz des Mittelwertes

$$1/n \sum_{t=1}^{n} X_t$$

mit wachsendem n immer kleiner.

Die Tschebyscheff - Ungleichung läßt sich auch auf mehrdimensionale Zufallsvariable verallgemeinern und erlaubt die Formulierung von schwachen Gesetzen der großen Zahlen auch für mehrdimensionale Zufallsvariable. Zu diskutieren ist, welche Beziehungen zwischen den Gesetzen der großen Zahlen für mehrdimensionale Zufallsvariable und dem Konzept repräsentativer Stichproben bestehen. Schließlich wird noch erörtert, in wie weit die empirische Verteilungsfunktion ein Maß für die zugrundeliegende (theoretische) Verteilungsfunktion ist.

Als zweiten Typ von Verteilungsaussagen für große Stichprobenumfänge sind die zentralen Grenzwertsätze einzuführen. Sie begründen die große Bedeutung der Normalverteilung in der Weise, daß die Verteilung der standardisierten Summe stochastisch unabhängiger Zufallsvariabler mit zunehmender Summandenzahl punktweise gegen die Normalverteilung konvergiert. In der praktischen Anwendung untersucht man vorwiegend die Verteilung von Folgen des standardisierten Mittelwertes

$$\{1/n^{1/2} \sum_{t=1}^{n} X_t\}_{n \in \mathbb{N}}$$

<u>vor</u> Ziehung der Stichprobe, so daß der Mittelwert noch als <u>Zufallsvariable</u> und nicht bereits als <u>Realisation</u> einer Zufallsvariablen interpretierbar ist.

Im Zusammenhang mit den zentralen Grenzwertsätzen werden noch zwei mit der Verteilungsfunktion verbundenen Konzepte eingeführt, das Konzept der momenterzeugenden Funktion und das Konzept der charakteristischen Funktion. Diese beiden Konzepte sind hilfreich bei der Untersuchung von Summen stochastisch unabhängiger Zufallsvariabler, deren Verteilungsfunktion oder Dichtefunktion oft nur mit äußerster Mühe direkt auf die Verteilungsfunktionen bzw. Dichten der einzelnen Summanden zurückzuführen ist. Ihre Bedeutung besteht darin, daß sie die zugrundeliegende Verteilungsfunktion vollständig bestimmen, daß es also möglich ist, von der momenterzeugenden Funktion (charakteristischen Funktion) einer Verteilung direkt auf die Verteilungsfunktion selbst zu schließen, falls die momenterzeugende Funktion (charakteristische Funktion) existiert. Es zeigt sich, daß sich das Existenzproblem nur auf momenterzeugende Funktionen bezieht, da charakteristische Funktionen existieren. Einzuführen ist in diesem Zusammenhang der Begriff der Faltung, der für die Bestimmung einzelner im Zusammenhang mit der Normalverteilung auftretenden Verteilungen in Kapitel 11 eine besondere Rolle spielt und gleichzeitig die Schwierigkeiten verdeutlicht, die mit der Untersuchung der Verteilung von Summen von Zufallsvariablen verbunden sind. Zentrale Grenzwertsätze werden bewiesen, indem man zeigt, daß die Folge der momenterzeugenden Funktionen (charakteristischen Funktionen) einer Folge von Zufallsvariablen punktweise gegen die momenterzeugende Funktion (charakteristische Funktion) der Normalverteilung konvergiert. Der große Vorteil dieser Methode besteht darin, daß man sich auf die Untersuchung einer Funktion in unmittelbarer Nähe des Nullpunktes beschränken und deshalb auf Abschätzungen zurückgreifen kann, die allein die Ableitungen der Funktion im Nullpunkt benötigen. Man kann also Aussagen über das Konvergenzverhalten der Verteilungsfunktion von Summen treffen, ohne Voraussetzungen über die Verteilungsfunktion der Summanden zu benutzen. Die Bedeutung der zentralen Grenzwertsätze besteht darin, daß sie erlauben, Aussagen der Form

$$p(|X_n - \mu_n| > k\sigma_n) < 1/k^2$$

zu verallgemeinern und zu verschärfen. Dies ist später wichtig für die Theorie des Testens stochastischer Hypothesen. Das hinter solchen Tests stehende Problem wurde bereits implizit bei verschiedenen Beispielen erörtert. Man erinnere sich an Fragestellungen wie: Führt die Verwendung von Medizin zur Kälbermast zur Beschleunigung des Kälberwachstums? In statistischen Untersuchungen spricht man von signifikanten Einflüssen einzelner Größen auf eine andere Größe. Dabei greift man auf Abschätzungen zurück, die möglich wären, wüßte man, daß die zugrundeliegende Verteilung die Normalverteilung ist. Diese Annahme wird für große Stichproben mit den zentralen Grenzwertsätzen begründet, diese Sätze sind also nicht nur von theoretischem, sondern auch von großem praktischen Interesse. Zur Vermeidung von Mißverständnissen sei aber ausdrücklich auf folgende Punkte hingewiesen:

1. Zentrale Grenzwertsätze lassen keinen Schluß auf die Dichte von Summen zu. Die Dichten der Summen müssen noch nicht einmal existieren, obwohl die Grenzverteilung eine Dichte besitzt. Damit sind nicht für alle Ereignisse gute Wahrscheinlichkeitsabschätzungen auf der Basis der zentralen Grenzwertsätze möglich, sondern in erster Linie nur für Intervalle und solche Ereignisse, die sich als Vereinigung weniger Intervalle darstellen lassen.

2. Die zentralen Grenzwertsätze erlauben keine Aussage darüber, wie groß die Anzahl der stochastisch unabhängigen Summanden sein muß, damit die Anwendung der zentralen Grenzwertsätze mit einer bestimmten Genauigkeit erfolgen kann. Dazu bedarf es mathematisch tieferliegender Ausführungen, die nur unter speziellen Bedingungen erfolgreich waren.

3. Die Approximation ist nicht einheitlich schnell in allen Punkten; vielmehr zeigt sich, daß die Approximation für Intervalle der Form $(-\infty, a]$ bzw. (b, ∞) oft bereits für prakisch relevante Stichprobenumfänge gut sind, falls diese Ereignisse kleine Wahrscheinlichkeiten aufweisen, für Ereignisse dieser Form mit mittleren Wahrscheinlichkeiten aber erheblich größere Stichprobenumfänge für eine vergleichbare absolute Genauigkeit erforderlich sind. Die Bedeutung dieser Aussage wird deutlicher in Kapitel 15, das der Testtheorie gewidmet ist.

9.2. Problemstellung für die Gesetze der großen Zahlen

Für einen Theoretiker, der in bestimmten Situationen Wahrscheinlichkeit als Charakteristikum der objektiven Welt versteht, für den es also sinnvoll ist, von einer real existenten, aber nicht bekannten Wahrscheinlichkeit des Eintretens bestimmter Ereignisse zu sprechen, stellt sich folgende Frage: Kann in dieser Situation durch Beobachten realer Vorgänge auf die zugrundeliegende Wahrscheinlichkeitsverteilung geschlossen werden? Intuitiv stellt man sich vor, daß mit sich vergrößernder Zahl der Beobachtungen das zugrundeliegende Wahrscheinlichkeitsgesetz immer genauer kennengelernt werden kann. Intuitiv ist aber ohne weiteres nicht klar, wie man die Bedeutung von "ein Wahrscheinlichkeitsgesetz immer genauer kennenlernen" präzisieren soll, insbesondere ist nicht von vornherein klar, worin genau die Möglichkeiten zu sehen sind, von einer größeren Anzahl von Beobachtungen auf das zugrundeliegende Wahrscheinlichkeitsgesetz zu schließen.

9.2.1. Worüber sollen große Stichproben genauere Auskunft geben?

Es wurde bereits das Problem diskutiert, wie man überhaupt ein Wahrscheinlichkeitsgesetz charakterisieren kann. Es wurde festgestellt,daß ein Wahrscheinlichkeitsgesetz vollständig bekannt ist, falls die zugrundeliegende Verteilungsfunktion bekannt ist. Ein Ziel kann es also sein, die Verteilungsfunktion
so genau wie möglich zu beschreiben.
Diskutiert wurden bereits Situationen, in denen der Verteilungstyp bekannt ist
und eine einzelne Verteilung innerhalb der Menge aller Verteilungen gleichen
Typs festgelegt wird durch die Angabe einzelner Parameter. In einem solchen
Fall spricht man von einer Klasse parametrischer Verteilungen, und das genau-
ere Kennenlernen der speziellen Verteilung aus dieser Klasse von Verteilungen
reduziert sich auf das genauere Kennenlernen der Parameter, die die spezielle
Verteilung innerhalb der parametrischen Klasse eindeutig festlegen.
Hierzu seien Beispiele genannt:
- Normalverteilung, die durch den Erwartungsvektor μ und die Varianz - Ko-
  varianzmatrix Ω eindeutig bestimmt ist
- Binomialverteilung, die durch n und α eindeutig bestimmt ist
- Poissonverteilung, die durch α eindeutig bestimmt ist

9.2.2. Über den Charakter der Informationen, die man aus großen Stichproben
       beziehen kann

Jede Stichprobe erlaubt es, den theoretischen Konzepten Verteilungsfunktion,
Momente der Verteilungsfunktion empirische Konzepte gegenüberzustellen in Form
empirischer Verteilungsfunktionen bzw. der Stichprobenmomente.
Die Wahrscheinlichkeitstheorie ist nun in der Lage, Aussagen über folgenden
Sachverhalt zu machen:
MIT WELCHER WAHRSCHEINLICHKEIT UNTERSCHEIDET SICH DIE EMPIRISCHE VERTEILUNGS-
FUNKTION MAXIMAL BEI GEGEBENEM STICHPROBENUMFANG UM EINEN BESTIMMTEN WERT?
MIT WELCHER WAHRSCHEINLICHKEIT UNTERSCHEIDET SICH EIN STICHPROBENMOMENT VON
DEM KORRESPONDIERENDEN MOMENT DER ZUGRUNDELIEGENDEN VERTEILUNG MAXIMAL UM

EINEN BESTIMMTEN WERT BEI GEGEBENEM STICHPROBENUMFANG?

Dabei ist die zweite Frage nur sinnvoll, solange man die Existenz des Stichprobenmomentes unterstellen kann, denn jedes empirische Moment existiert, aber nicht jedes Moment einer Verteilung.

Eine Präzisierung einer derartigen Aussage über eine Wahrscheinlichkeit auf der Basis der Zunahme des Stichprobenumfangs ist also in folgender Weise vorzunehmen:

    Man kann bei gegebener Wahrscheinlichkeit den Maximalwert der jeweiligen Abweichung verkleinern

oder

    man kann bei gegebener maximalen Abweichung die Wahrscheinlichkeit dafür erhöhen, daß diese maximale Abweichung nicht überschritten wird.

Informationen über theoretische Größen, die man aus Stichproben beziehen kann, sind also von folgender Art: Man kann Wahrscheinlichkeiten dafür angeben, daß die empirischen Größen, die zu den theoretischen Größen korrespondieren, sich von den theoretischen Größen höchstens um einen bestimmten Wert unterscheiden. Mit großen Stichprobenumfängen versucht man, gleichzeitig den Betrag klein und die Wahrscheinlichkeit des maximalen Unterschiedes zwischen theoretischer und empirischer Größe um diesen Betrag möglichst groß zu halten. Dabei besteht natürlich ein Zielkonflikt zwischen der Größe des Betrages und der Wahrscheinlichkeit dafür, daß die Abweichung nicht größer ist als dieser Betrag.

9.2.3. Die Tschebyscheff'sche Ungleichung

<u>Satz 9.1:</u> Sei X eindimensionale Zufallsvariable mit Erwartungswert μ und Varianz σ^2. Dann gilt

$$p(|X - \mu| \geq k\sigma) \leq \frac{1}{k^2} \quad \text{für } k \in \mathbb{R}^+$$

<u>Beweis:</u> Der Beweis wird geführt für den Fall der Existenz einer Dichtefunktion. Der Beweis für diskrete Zufallsvariable sei als Übungsaufgabe dem Leser überlassen.

Es gilt

$$\sigma^2 = \int\limits_{-\infty}^{\infty} (x-\mu)^2 \, f(x) \, dx.$$

Übergang von X zu X-μ erlaubt, $\mu = 0$ anzunehmen. Dann gilt

$$\sigma^2 = \int\limits_{-\infty}^{\infty} x^2\, f(x)\, dx = \int\limits_{-\infty}^{-k\sigma} x^2\, f(x)\, dx + \int\limits_{-k\sigma}^{k\sigma} x^2\, f(x)\, dx + \int\limits_{k\sigma}^{\infty} x^2\, f(x)\, dx$$

$$\geq \int\limits_{-\infty}^{-k\sigma} x^2\, f(x)\, dx + \int\limits_{k\sigma}^{\infty} x^2\, f(x)\, dx \geq \int\limits_{-\infty}^{-k\sigma} (k\sigma)^2\, f(x)\, dx + \int\limits_{k\sigma}^{\infty} (k\sigma)^2\, f(x)\, dx$$

da $f(x) \geq 0$ und $x^2 \geq (k\sigma)^2$ im Integrationsbereich gilt. Damit erhält man

$$\sigma^2 \geq k^2\sigma^2 \left[\int\limits_{-\infty}^{-k\sigma} f(x)\, dx + \int\limits_{k\sigma}^{\infty} f(x)\, dx \right] = k^2\sigma^2\, p(\,|X| \geq k\sigma).$$

Also gilt nach Division durch $k^2\sigma^2$

$$1/k^2 \geq p(\,|X| \geq k\sigma).$$

9.2.4. Das Konzept der Konvergenz nach Wahrscheinlichkeit

<u>Definition 9.1:</u> Sei $\{X_n\}_{n\in\mathbb{N}}$ eine Folge von Zufallsvariablen. $\{X_n\}_{n\in\mathbb{N}}$ <u>konvergiert nach Wahrscheinlichkeit gegen c</u> (in Symbolen: $X_n \xrightarrow{\text{n.W.}} c$), falls es zu $\epsilon,\ \delta > 0$ ein $n_0 \in \mathbb{N}$ gibt derart, daß gilt

$$p(\,|X_n - c| > \delta) < \epsilon$$

falls $n \geq n_0$ ist.

In Worten: $\epsilon,\ \delta$ mögen noch so kleine positive Zahlen sein, ist nur n (in Abhängigkeit von $\epsilon,\ \delta$) hinreichend groß, so ist die Wahrscheinlichkeit, daß X_n von c um mehr als δ abweicht, kleiner als ϵ.

Es liegt die Frage nach dem Sinn dieser Definition nahe: Wenn man Genauigkeit der Kenntnis über ein Verteilungsgesetz in Abhängigkeit von der Anzahl der Beobachtungen diskutiert, liegt es nahe, die Anzahl der Beobachtungen als wählbar und damit als variabel anzusehen. Die Definition der Konvergenz nach Wahrscheinlichkeit ist für dieses Problem hilfreich, wenn man als Folge von Zufallsvariablen etwa versteht

- die Folge von Werten der empirischen Verteilungsfunktion an einer bestimmten Stelle in Abhängigkeit von der Zahl der einbezogenen Beobachtungen

- die maximale Abweichung der empirischen Verteilungsfunktion von einer bestimmten fest gewählten Verteilungsfunktion in Abhängigkeit von der Zahl der einbezogenen Beobachtungen

-     die Folge von Werten eines bestimmten Stichprobenmomentes, etwa des Mittelwertes oder der Stichprobenvarianz oder eines Stichprobenquantils, in Abhängigkeit von der Zahl der einbezogenen Beobachtungen.

So sei etwa eine Folge von Beobachtungen $\{Y_t\}_{t \in \mathbb{N}}$ eines Zufallsprozesses gegeben, man denke etwa an die dauernde Wiederholung eines Zufallsexperimentes unter Bedingungen, die die Annahme begründen, daß es sich wirklich um Wiederholungen desselben Experimentes handelt (man erinnere sich an die Ausführungen zu stochastisch unabhängigen gleichverteilten Zufallsvariablen). Man definiere

$$X_n = 1/n \sum_{t=1}^{n} Y_t$$

oder

$$X_n = 1/n \sum_{t=1}^{n} (Y_t - 1/n \sum_{j=1}^{n} Y_j)^2$$

oder

$$F_n(z) = 1/n \; |\{Y_t | Y_t \leq z\}|.$$

Alles dies sind Situationen, in denen Konvergenz nach Wahrscheinlichkeit diskutiert wird.

Man kann erwarten, daß die Erhöhung der Beobachtungen allein ohne Beachtung der Umstände, unter denen beobachtet wird, nicht unbedingt informationssteigernd ist. Vielmehr muß darauf geachtet werden, daß jede zusätzliche Beobachtung zusätzliche Informationen liefern kann. Es kann also nicht darum gehen, daß man Vorgänge, die sich nur im Stundentakt verändern können, etwa in jeder Sekunde untersucht und anstelle der an einem Tag möglichen Informativen 24 Beobachtungen (je Stunde eine) 86400 Beobachtungen (jede Sekunde eine) tätigt in der Meinung, mit der Erhöhung der Zahl der Beobachtungen um den Faktor 3600 auch die damit verbundene Information entsprechend gesteigert zu haben.

Ein auf dieses Problem abstellendes statistisches Konzept wurde bereits bereitgestellt, nämlich das der stochastischen Unabhängigkeit zweier Zufallsvariabler, das, auf Experimente oder Beobachtungen übertragen, ja bedeutet, daß jedes einzelne Experiment oder jede einzelne Beobachtung ihren Informationsgehalt daraus bezieht, daß das Ergebnis nicht bereits aufgrund früherer Experimente oder Beobachtungen feststeht. Kann stochastische Unabhängigkeit zwischen je zwei Zufallsvariablen nicht (etwa aufgrund der experimentellen Anordnung) gewährleistet werden, so wurde als Maß für den Zusammenhang dieser Zufallsvariablen das Konzept der Kovarianz oder der Korrelation vorgestellt. Es ermöglicht uns die Frage nach der Charakterisierung von Summen von Zufallsvariablen.

9.2.5. Erwartungswert und Varianz von Summen von Zufallsvariablen

Seien $\{X_1, X_2\}$ zwei Zufallsvariable mit der gemeinsamen Verteilungsfunktion $F(x_1, x_2)$, Erwartungsvektor $\mu = (\mu_1, \mu_2)$ und Varianz - Kovarianzmatrix

$$\Omega = \begin{bmatrix} \sigma_{11} & \sigma_{12} \\ \sigma_{21} & \sigma_{22} \end{bmatrix}.$$

Es gilt

<u>Satz 9.2:</u> Unter obigen Voraussetzungen gilt

$$E(X_1+X_2) = \mu_1 + \mu_2$$

und

$$\text{Var}(X_1+X_2) = \sigma_{11} + \sigma_{22} + \sigma_{12} + \sigma_{21} = \sigma_{11} + \sigma_{22} + 2\sigma_{12}$$

Zur Erinnerung: Es gilt

$$\sigma_{12} = \sigma_{21}.$$

<u>Folgerungen:</u>

1. Sei $\{X_j\}_{1 \leq j \leq n}$ Folge stochastisch unabhängiger gleichverteilter Zufallsvariabler mit Erwartungswert μ und Varianz σ^2. Dann gilt

$$E\left(1/n \sum_{j=1}^{n} X_j\right) = \mu$$

$$\text{Var}\left(1/n \sum_{j=1}^{n} X_j\right) = \sigma^2/n$$

2. Seien $\{X_t\}_{1 \leq t \leq n}$ Folge von Zufallsvariablen mit
$$E\,X_t = \mu_t, \text{cov}(X_i, X_j) = \sigma_{ij}, \quad 1 \leq i,j \leq n.$$
Dann gilt

$$E\left(1/n \sum_{j=1}^{n} X_j\right) = 1/n \sum_{j=1}^{n} \mu_j$$

$$\text{Var}\left(1/n \sum_{j=1}^{n} X_j\right) = 1/n^2 \sum_{i=1}^{n} \sum_{j=1}^{n} \sigma_{ij}$$

3. Betrachte folgenden Sonderfall von 2:

- $\mu_t = \mu$

$\sigma_{ij} = \sigma(|i-j|)$, d.h. die Kovarianz zweier Zufallsvariabler hängt ab von der Differenz ihrer Indices, nicht aber in einer darüber hinausgehenden Weise von i und j.

Dann gilt

$$E(1/n \sum_{j=1}^{n} X_j) = \mu$$

$$\text{var}(1/n \sum_{j=1}^{n} X_j) = 1/n^2 \sum_{t=-n+1}^{n-1} (n-|t|) \; \sigma(|t|)$$

4. Betrachte folgenden Sonderfall von 3:

- $\sigma(|i-j|) = \sigma^2$ $1 \leq i,j \leq n$.

Dann gilt

$$E(1/n \sum_{j=1}^{n} X_j) = \mu \qquad \text{Var} \; (1/n \sum_{j=1}^{n} X_j) = \sigma^2.$$

Betrachte nun die einzelnen Folgerungen genauer:

In Folgerung 1 wird die Situation beschrieben, in der Beobachtungen auf der Grundlage von Zufallsexperimenten gemacht werden, bei denen davon ausgegangen werden kann, daß in jedem Experiment die Ausgangsbedingungen die gleichen sind, daß also insbesondere die vorhergehenden Experimente die Ausgänge später durchgeführter Experimente nicht beeinflussen.

Der Mittelwert hat Erwartungswert μ und Varianz σ^2/n, d.h. mit steigendem Stichprobenumfang n wird die Varianz immer kleiner. Man wird sehen, daß dies für die Anwendung der Tschebyscheff - Ungleichung sehr hilfreich ist und genau das liefert, was die Intuition nahelegte: Eine Zunahme der Anzahl von Beobachtungen erlaubt eine Präzisierung über die zugrundeliegende Wahrscheinlichkeitsverteilung.

Die zweite Folgerung ist wegen ihrer Allgemeinheit kaum zu interpretieren; die Zufallsvariable müssen nicht einmal auf die Wiederholung des gleichen Experimentes hinweisen. Insbesondere kann jedes Experiment künftige Experimentausgänge beeinflussen.

Die dritte Folgerung ist von Interesse für die Beschreibung folgender Situation: Man begibt sich heraus aus dem Labor, d.h. heraus aus der Situation, in der die Annahme vertretbar ist, daß für jedes Experiment die Ausgangslage wieder hergestellt werden kann, in der künftige Ausgänge desselben Vorgangs unabhängig von den früheren Ausgängen derselben Vorgänge sind. Die Ausgänge zweier Vorgänge beeinflussen also einander. Die Vorstellung hinter den Voraussetzungen der dritten Folgerung ist nun folgende: die Differenz zwischen zwei Zufallsvariablen entspricht dem zeitlichen Abstand zwischen den zwei zugehörigen

Beobachtungen, Beobachtungen werden also in äquidistanten zeitlichen Abständen getroffen. Der erwartete Ausgang jedes Vorganges ist derselbe, die Kovarianz zwischen zwei Vorgängen als Beschreibung der wechselseitigen Abhängigkeit dieser Vorgänge hängt allein ab von ihrer zeitlichen Differenz, nicht aber von den exakten Zeitpunkten, zu denen sie durchgeführt werden. Dies ist die Vorstellung, die Ausdruck findet im Modell des schwach stationären stochastischen Prozesses, der definiert ist als Folge von Zufallsvariablen, die genau die Voraussetzungen der dritten Folgerung erfüllen.

<u>Definition 9.2:</u> Eine Folge von Zufallsvariablen $\{X_t\}_{t\in\mathbb{Z}}$ mit

$$E\, X_t = \mu$$

$$\text{Cov}(X_t, X_\tau) = \sigma(|t-\tau|)$$

heißt <u>schwach stationärer stochastischer Prozeß.</u>

Unterstelle nun die zusätzliche Bedingung

$$t \to \infty \longrightarrow \sigma(t) \to 0$$

d.h. ist der zeitliche Abstand zwischen zwei Beobachtungen hinreichend groß, so ist der wechselseitige Einfluß der zugrundeliegenden Vorgänge aufeinander vernachlässigbar sein.

Galt in Folgerung 1

$$\lim_{n\to\infty} 1/n\; \sigma^2 = 0 \;,$$

so gilt hier

$$\lim_{n\to\infty}\left|\; 1/n^2 \sum_{t=-n+1}^{n-1} (n-|t|)\, \sigma(|t|)\; \right| \leq \lim_{n\to\infty} 1/n^2 \sum_{t=-n+1}^{n-1} (n-|t|)\, |\sigma(|t|)|$$

$$\leq \lim_{n\to\infty} 1/n \sum_{t=-n+1}^{n-1} |\sigma(|t|)| = 0 \;,$$

d.h. auch im dritten Fall wird die Streuung des Mittelwertes beliebig klein durch entsprechende Erhöhung des Stichprobenumfanges.

Die vierte Folgerung stellt ab auf die Situation, in der der Ausgang des ersten Vorganges die künftigen Vorgänge fast vollständig festlegt, d.h. Abweichungen sind zwar logisch möglich, kommen aber nur mit Wahrscheinlichkeit 0 vor. Der Mittelwert behält zwar den Erwartungswert μ, die Varianz kann aber durch Erhöhung der Anzahl der Beobachtungen nicht gesenkt werden. Weitere Beobachtungen liefern also keine Information, die eine Präzisierung des zugrundeliegenden Wahrscheinlichkeitsgesetzes erlauben.

9.2.6. Schwache Gesetze der großen Zahlen

__Satz 9.3:__ Sei $\{X_t\}_{t \in \mathbb{N}}$ Folge stochastisch unabhängiger gleichverteilter Zufallsvariabler mit Erwartungswert μ und Varianz σ^2. Sei

$$\bar{X}_n = 1/n \sum_{t=1}^{n} X_t \ .$$

Dann gilt: zu ϵ, $\delta > 0$ gibt es n_o derart, daß für $n > n_o$ gilt

$$p(|\bar{X}_n - \mu| > \delta) < \epsilon .$$

__Satz 9.4:__ Sei $\{X_t\}_{t \in \mathbb{N}}$ Folge stochastisch unabhängiger gleichverteilter Zufallsvariabler mit Erwartungswert $\mu_t = \mu$ und Varianz σ_t^2. Es gelte

$$\lim_{n \to \infty} 1/n \sum_{t=1}^{n} \sigma_t^2 = \sigma^2 \ .$$

Dann gilt
zu ϵ, $\delta > 0$ existiert n_o derart, daß für $n > n_o$ erfüllt ist

$$p(|\bar{X}_n - \mu| > \delta) < \epsilon .$$

__Satz 9.5:__ Sei $\{X_t\}_{t \in \mathbb{N}}$ schwach stationärer Prozeß, d.h. es gilt

$$EX_t = \mu \text{ für } t \in \mathbb{N} \text{ und } \mathrm{cov}(X_t, X_\tau) = \sigma(|t-\tau|) \text{ für } t,\tau \in \mathbb{N}.$$

Es gelte außerdem

$$\lim_{t \to \infty} \sigma(t) = 0.$$

Dann existiert zu ϵ, $\delta > 0$ ein n_o, so daß für $n > n_o$ erfüllt ist

$$p(|\bar{X}_n - \mu| > \delta) < \epsilon .$$

Bewiesen wird nur den ersten Satz, der Nachweis der übrigen Sätze verläuft analog und ist als Übungsaufgabe durchzuführen.

__Beweis:__ Sei ϵ, $\delta > 0$ gegeben. Dann existieren h, k $\in \mathbb{N}$ derart, daß gilt

$$1/k^2 < \epsilon \text{ und } \sigma/h < \delta \text{ und } h = k.$$

Wähle

$$n_o = h^2.$$

Dann gilt für $n > n_o$

$$p(|\bar{X}_n - \mu| \geq \delta) \leq p(|\bar{X}_n - \mu| \geq \sigma/h) \leq p(|\bar{X}_n - \mu| \geq k\,\sigma/n_o) \leq 1/k^2 < \epsilon .$$

Dabei folgen die einzelnen Schritte aus Abschwächungen von Bedingungen bzw. aus der Tschebyscheff - Ungleichung.

Die genannten drei Sätze sind drei Instanzen der <u>schwachen Gesetze der großen Zahlen</u>, die folgendes beinhalten: Es werden Bedingungen genannt, unter denen es sehr unwahrscheinlich ist, daß bei hinreichend großem Stichprobenumfang ein spezielles empirisches Moment (hier der Mittelwert) um mehr als ein vorgegebenes δ von theoretischen Gegenstück des empirischen Momentes, also hier vom Erwartungswert, abweicht.

Die drei Sätze bezogen sich auf den Zusammenhang zwischen Mittelwert und Erwartungswert, ähnliche Sätze kann man auch für den Zusammenhang zwischen empirischen Momenten höherer Ordnung und ihren theoretischen Gegenstücken formulieren. So ist X^2 ebenfalls Zufallsvariable, falls X Zufallsvariable ist. Will man jedoch auf die Tschebyscheff - Ungleichung zurückgreifen, so denke man daran, daß die Varianz von X^2 etwas anderes ist als die Varianz von X. Es existiere $E\ X^4$. Dann gilt

$$\mathrm{Var}(X^2)\ =\ E(X^2 - E\ X^2)^2\ =\ E\ X^4\ -\ (E\ X^2)^2$$

gegenüber

$$\mathrm{var}(X)\ =\ E\ X^2\ -\ (E\ X)^2.$$

Nun ist die Forderung der Existenz von $E\ X^4$ wesentlich einschränkender als die Forderung der Existenz von $\mathrm{var}(X)$. Aus diesem Grunde ist man daran interessiert, ob man die Forderung der Existenz von $E\ X^4$ abschwächen kann und dennoch Möglichkeiten offenhält, Gesetze der großen Zahlen für X^2 zu zeigen.

9.2.7. Die Markov - Ungleichung

Hilfreich ist dazu folgende Verallgemeinerung der Tschebyscheff - Ungleichung:

<u>Satz 9.6:</u> <u>(Markov - Ungleichung):</u> Sei Z Zufallsvariable, und für ein festes $\alpha \geq 1$ existiere

$$B(\alpha)\ =\ E(\,|Z-\mu|^{\alpha}).$$

Dann gilt für $k \geq 1$:

$$p(\,|Z-\mu|\ >\ (B(\alpha)^{1/\alpha}\ k)\ <\ 1/k^{\alpha}$$

Der Beweis verläuft analog zu dem der Tschebyscheff - Ungleichung und sei als
Übungsaufgabe geführt.

<u>Bemerkung:</u> Der Übergang zu $|X-\mu|^{\alpha}$ anstelle von $(X-\mu)^{\alpha}$ ist notwendig, um das
positive Vorzeichen zu sichern, das für $(X-\mu)^2$ automatisch gewährleistet ist
und den Beweis der Tschebyscheff - Ungleichung erst ermöglichte.

Markov's Ungleichung gewinnt ihre Bedeutung daraus, daß sie Beweise für Gesetze der großen Zahlen ermöglicht für empirische Momente n-ter Ordnung, solange
die Existenz von $B(\alpha)$ für ein festes $\alpha > n$ bekannt ist. Diese Prämisse ist wesentlich schwächer als die Prämisse der Existenz des 2n-ten Momentes, das die
Anwendung der Tschebyscheff - Ungleichung erfordern würde. Allerdings ist das
Konvergenzverhalten viel langsamer, d.h. Unterstellung schwächerer Voraussetzungen ändert zwar prinzipiell nichts, aber praktisch vieles, da Konvergenzbe-
trachtungen aus praktischer Sicht nur dann interessant sind, wenn sie bereits
für einen vergleichsweise kleinen Stichprobenumfang anwendbar sind.

9.2.8. Der den starken Gesetzen der großen Zahlen zugrundeliegende Konvergenz-
       begriff, starke Gesetze der großen Zahlen und der Satz von Glivenko -
       Cantelli

<u>Definition 9.3:</u> Eine Folge $\{X_t\}_{t\in\mathbb{N}}$ von Zufallsvariablen konvergiert mit Wahr-
scheinlichkeit 1 (oder konvergiert fast - sicher) gegen eine Konstante c (in

Symbolen: $X_n \xrightarrow{\text{f.s.}} c$), wenn gilt: Zu ϵ, $\delta > 0$ gibt es n_o derart, so daß
für $n > n_o$ gilt

$$p(|X_{n+n'+1}-c| > \delta \,\hat{}\, |X_{n+n'+2}-c| > \delta \,\hat{}\, \ldots\ldots \,\hat{}\, |X_{n+n'+m}-c| > \delta) < \epsilon$$

für m, $n' \in \mathbb{N}$.

Vergleicht man die Definition der Konvergenz mit Wahrscheinlichkeit 1 mit der
Definition der Konvergenz nach Wahrscheinlichkeit, die ja lautet: zu ϵ, $\delta > 0$
gibt es n_o derart, daß gilt

$$p(|X_n-c| > \delta) < \epsilon \qquad \text{für } n > n_o,$$

so stellt man fest:

Die Konvergenz mit Wahrscheinlichkeit 1 ist eine Simultanaussage ($m \in \mathbb{N}$ in Definition 9.3), während die Konvergenz nach Wahrscheinlichkeit eine Individual-
aussage ist (die Beschränkung liegt in $m = 1$).

Starke Gesetze der großen Zahlen gehen aus schwachen Gesetzen der großen Zahlen hervor, indem der Begriff der Konvergenz nach Wahrscheinlichkeit in der Formulierung der schwachen Gesetze der großen Zahlen ersetzt wird durch die Konvergenz mit Wahrscheinlichkeit 1. Der Nachweis der starken Gesetze der großen Zahlen verlangt anstelle der Tschebyscheff - Ungleichung eine Ungleichung, die sich auf Simultanaussagen bezieht. Solche Ungleichungen sind formuliert und bewiesen worden von Kolmogoroff bzw. von Hayek - Renyi, hier sei auf ihre Formulierung verzichtet.

Hat man es mit einer Folge stochastisch unabhängiger gleichverteilter Zufallsvariabler zu tun, deren Erwartungswert und Varianz existiert, so kann man anstelle der schwachen Gesetze der großen Zahlen sogar starke Gesetze der großen Zahlen beweisen; Kolmogoroff hat sogar gezeigt, daß die Existenz des Erwartungswertes ausreicht, um für Folgen stochastisch unabhängiger gleichverteilter Zufallsvariabler $\{X_t\}_{t \in \mathbb{N}}$ zu beweisen, daß

$$\left\{ 1/n \sum_{t=1}^{n} X_t \right\}_{n \in \mathbb{N}}$$

mit Wahrscheinlichkeit 1 gegen E X konvergiert.

Ohne Erfolg jedoch sind Bemühungen geblieben, für schwach stationäre stochastische Prozesse starke Gesetze der großen Zahlen zu beweisen. Bezüglich des Zusammenhangs zwischen der Verteilungsfunktion als theoretischem Konzept und der empirischen Verteilungsfunktion ist es Glivenko - Cantelli gelungen, den folgenden Satz zu beweisen:

<u>Satz 9.7: Glivenko - Cantelli)</u>: Sei $\{X_t\}_{t \in \mathbb{N}}$ Folge stochastisch unabhängiger gleichverteilter Zufallsvariabler mit Verteilungsfunktion F(x). Sei $\{F_n(x)\}_{n \in \mathbb{N}}$ die Folge der empirischen Verteilungsfunktionen, die durch $\{X_t\}_{1 \leq t \leq n}$ gegeben sind mittels

$$F_n(x) = 1/n \; |\{t \,|\, 1 \leq t \leq n \; \hat{} \; X_t \leq x\}|.$$

Sei

$$\Delta_n = \sup_{-\infty \,<\, x \,<\, \infty} |F_n(x) - F(x)|.$$

Dann gilt:

$$\{\Delta_n\}_{n \in \mathbb{N}} \xrightarrow[\text{f.s.}]{} 0 \, .$$

Die empirische Verteilungsfunktion liefert also bei hinreichend großem Stichprobenumfang mit beliebig großer Wahrscheinlichkeit eine beliebig genaue Annäherung an die wahre Verteilungsfunktion.

Wissenschaftstheoretisch bedeuten die Gesetze der großen Zahlen folgendes: Akzeptiert man eine Wahrscheinlichkeitsinterpretation, die Wahrscheinlichkeit als Charakteristikum der realen Welt versteht, und akzeptiert man, daß es im Labor gelingt, Wiederholungen von Zufallsexperimenten durchzuführen (mißt man also der Sprechweise von Folgen stochastisch unabhängiger gleichverteilter Zufallsvariabler über das Modelldenken hinaus reale Bedeutung bei), so gelingt es, durch hinreichend häufiges Beobachten beliebig genaue Informationen über das zugrundeliegende Verteilungsgesetz bzw. über die theoretischen Momente im Falle ihrer Existenz mit beliebig großer Wahrscheinlichkeit zu erzielen. Die zugrundeliegenden Gesetzmäßigkeiten stochastischer Natur sind also mit beliebig großer Wahrscheinlichkeit beliebig genau zu erkennen, wobei ihr stochastischer Charakter allerdings nicht erlaubt, für den Einzelfall zu gesicherten Aussagen zu gelangen. Eine solche Wahrscheinlichkeitsauffassung liegt etwa materialistischen Auffassungen des realen Geschehens zugrunde, die davon ausgehen, daß die Materie das Denken durchdringt und somit ermöglicht, daß auf der Basis der gefundenen Erkenntnisse die Welt durch das Denken bewußt verändert wird. Man lese etwa die Ausführungen im Philosophischen Wörterbuch von G. Klaus, M. Buhr über Wahrscheinlichkeit durch, um einen Eindruck von der Bedeutung dieser Aussagen über den Wissenschaftsoptimismus des Materialismus zu gewinnen.

9.2.9. Die Tschebyscheff - Ungleichung für mehrdimensionale Zufallsvariable

Sei $X = (X_1, \ldots\ldots, X_n)$ n - dimensionale Zufallsvariable mit Erwartungsvektor

$$\mu = (\mu_1, \ldots\ldots, \mu_n)^t$$

und Varianz - Kovarianz - Matrix

$$\Omega = \left[\omega_{ij} \right]_{1 \leq i, j \leq n}.$$

Dann liefert die Tschebyscheff - Ungleichung im eindimensionalen Fall für die einzelne Komponente X_i:

$$p(|X_i - \mu_i| \geq k\omega_{ii}^{1/2}) \leq 1/k^2.$$

(Beachte, daß man im eindimensionalen Fall Varianzen als σ^2 schreibt, während hier die Varianz der i-ten Komponente durch ω_{ii} gegeben ist.)

Aus dieser Beziehung erhält man unmittelbar:

$$p(|X_i - \mu_i| < k\omega_{ii}^{1/2}) \geq 1 - 1/k^2.$$

Folgende einfachen Beziehungen erlauben nun eine Verallgemeinerung der Tschebyscheff - Ungleichung vom eindimensionalen Fall auf den n -dimensionalen Fall:

1. $$p(\bigcup_{i=1}^{n} A_i) \leq \sum_{i=1}^{n} p(A_i)$$

(die A_i müssen nicht paarweise disjunkt sein)

2. $$p(\bigcap_{i=1}^{n} A_i) = 1 - p(\bigcup_{i=1}^{n} C(A_i)) \geq 1 - \sum_{i=1}^{n} p(C(A_i)),$$

$C(A_i)$ Komplement von A_i,
denn es gilt

$$C(\bigcap_{i=1}^{n} A_i) = \bigcup_{i=1}^{n} C(A_i).$$

1. und 2., auf die mehrdimensionale Zufallsvariable X bezogen, liefern unmittelbar:

$$p(|X_1 - \mu_1| \leq k_1\omega_{11}^{1/2} \; ^\wedge \ldots \ldots \; ^\wedge \; |X_n - \mu_n| \leq k_n\omega_{nn}^{1/2})$$

$$\geq 1 - p(|X_1 - \mu_1| > k_1\omega_{11}^{1/2} \; v \ldots v \; |X_n - \mu_n| > k_n\omega_{nn}^{1/2}) \geq 1 - \sum_{i=1}^{n} 1/k_i^2 .$$

Dies sei formuliert als

<u>Satz 9.8 (n - dimensionale Tschebyscheff , Ungleichung)</u>: Sei $X = (X_1, \ldots, X_n)$ n - dimensionale Zufallsvariable mit Erwartungsvektor M und Varianz - Kovarianz - Matrix Ω,

$$\Omega = \left[\omega_{ij} \right]_{1 \leq i, j \leq n}.$$

Dann gilt:

$$p(|X_1 - \mu_1| \leq k_1\omega_{11}^{1/2} \; ^\wedge \ldots \ldots \; ^\wedge \; |X_n - \mu_n| \leq k_n\omega_{nn}^{1/2}) \geq 1 - \sum_{j=1}^{n} 1/k_j^2.$$

Mit Hilfe dieser Ungleichung können die schwachen Gesetze für eindimensionale Zufallsvariable auf n - dimensionale Zufallsvariable übertragen werden. Beachte die Bedeutung dieser Verallgemeinerung, die darin besteht, daß schwache Gesetze der großen Zahlen für mehrdimensionale Zufallsvariable die Begründung dafür abgeben, wie man ϵ - repräsentative Stichproben ziehen kann:

Zieht man eine Zufallsstichprobe aus einer großen Grundgesamtheit, so kann man zu vorgegebenem ϵ, δ ein n_o derart bestimmen daß für einen Stichprobenumfang n mit

$$n \geq n_o$$

mit der Mindestwahrscheinlichkeit $1 - \delta$ eine ϵ - repräsentative Stichprobe gezogen wird. Diese Aussage ist folgendermaßen zu verstehen: Ob eine spezielle Stichprobe ϵ - repräsentativ ist, kann mit statistischen Mitteln nicht entschieden werden. Hierzu ist ein realwissenschaftliches Urteil erforderlich. Die Zufallsstichprobe ist jedoch ein von der Statistik bereitgestelltes Konzept, das bei dauerhaftem Einsatz in den meisten Fällen zu einer ϵ - repräsentativen Stichprobe ohne Garantie für den Einzelfall führt. Allerdings bedarf es dazu eines Mindestumfangs für die Stichprobe, und hier setzen Kostenüberlegungen an, die zu Abweichungen von der Repräsentativität führen und so lange sinnvoll sind, wie man die Abweichungen von der Repräsentativität messen kann.

Aufgabe 9.1: Beweisen Sie die Tschebyscheff - Ungleichung für den diskreten Fall.

Aufgabe 9.2: Beweisen Sie die Markov - Ungleichung für den Fall diskreter Verteilungsfunktionen und für den Fall der Existenz einer Dichte.

Aufgabe 9.3: Beweisen Sie Satz 9.4 und Satz 9.5.

Aufgabe 9.4: Beschreiben Sie den Unterschied zwischen Konvergenz nach Wahrscheinlichkeit und Konvergenz mit Wahrscheinlichkeit 1.

Aufgabe 9.5: Schreiben Sie drei schwache Gesetze der großen Zahlen auf.

Aufgabe 9.6: Formulieren Sie den Satz von Glivenko - Cantelli und interpretieren Sie die Aussage.

Aufgabe 9.7: Erklären Sie mit eigenen Worten die Bedeutung der Gesetze der großen Zahlen.

9.3. Problemstellung der zentralen Grenzwertsätze

Die Fragestellung der zentralen Grenzwertsätze stellt gegenüber derjenigen der Gesetze der großen Zahlen eine Verallgemeinerung dar insofern, als nach einer Folge von Verteilungsfunktionen normierter Summen von Zufallsvariablen gefragt wird. Dabei findet die Normierung so statt,daß nach Normierung der Erwartungswert 0 und die Varianz 1 ist. Zur Wahl dieses Normierungsfaktors gibt Anlaß der folgende

Satz 9.9: Sei $\{X_n\}_{n\in\mathbb{N}}$ Folge stochastisch unabhängiger Zufallsvariabler mit

$$E\ X_n = \mu_n \qquad \mathrm{var}(X_n) = \sigma_n^2, \qquad n \in \mathbb{N}.$$

Dann gilt für

$$Y_n = \frac{1}{(\sum\limits_{t=1}^{n} \sigma_t^2)^{1/2}} \sum_{t=1}^{n} (X_t - \mu_t)$$

1. $E\ Y_n = 0 \qquad\qquad \forall\ n \in \mathbb{N}$
2. $\mathrm{var}(Y_n) = 1.$

Beweis: Der Beweis ergibt sich unmittelbar daraus, daß der Erwartungswert der Summe mit der Summe der Erwartungswerte übereinstimmt und daß im Falle der stochastischen Unabhängigkeit der Summanden ebenfalls gilt: die Varianz der Summe stimmt überein mit der Summe der Varianzen. Die Normierung ist also nichts anderes als eine Standardisierung.

Anwendungen:
1. Sind alle X_n stochastisch unabhängig und gleichverteilt mit Erwartungswert μ und Varianz σ^2, so wähle als Normierungsfaktor

$$\frac{1}{n^{1/2}\,\sigma}$$

und betrachte die Folge $\{Y_n\}_{n\in\mathbb{N}}$ mit

$$Y_n = \frac{1}{n^{1/2}\,\sigma} \sum_{t=1}^{n} (X_t - \mu)$$

2. Sind alle X_n stochastisch unabhängig mit Erwartungswert μ_n und Varianz σ_n^2, so wähle als Normierungsfaktor

$$S_n = \left(\sum_{j=1}^{n} \sigma_j^2 \right)^{1/2}$$

und betrachte $\{Y_n\}_{n \in \mathbb{N}}$ mit

$$Y_n = \frac{1}{S_n} \sum_{t=1}^{n} (X_t - \mu_t).$$

Im Gegensatz zu dieser Normierung hatte man bei den Gesetzen der großen Zahlen eine Normierung gewählt, bei der die Varianz der normierten Summe gegen 0 konvergierte. Dies führte dazu, daß die Folge der Verteilungsfunktionen gegen eine Verteilungsfunktion konvergierte, die zu einer Zufallsvariablen mit Varianz 0 gehört, und das ist eine diskrete Verteilung, deren Trägermenge nur aus einem Punkt c besteht. Die zu dieser Einpunktverteilung gehörige Verteilungsfunktion ist gegeben durch

$$F(x) = \begin{cases} 0 & x < c \\ 1 & x \geq c \end{cases}.$$

Im Falle des kleineren Normierungsfaktors wird die Varianz konstant auf 1 gehalten, man kennt also nicht von vornherein den Verteilungstyp der Grenzverteilung. Es läge also eine Überlegung nahe, daß man die Folge der Verteilungsfunktionen der $\{Y_n\}_{n \in \mathbb{N}}$ explizit ausrechnet und mittels punktweiser Grenzwertbetrachtung prüft, wie die Verteilungsfunktion der Grenzverteilung aussieht. Dies stößt aber auf eine große analytische Schwierigkeit, da dazu komplizierte Integrale zu lösen sind. Dieses Problem nennt man auch das Problem des Faltungsintegrals.

9.3.1. Das Faltungsintegral

Das Problem, die Verteilungsfunktion einer Summe von Zufallsvariablen $X_1 + X_2$ zu finden, sei anhand eines Beispiels erläutert:
Sei (X_1, X_2) $N(0, I)$ - verteilt. Wie sieht dann die Verteilungsfunktion von $X_1 + X_2$ aus?
Sei also $Z = X_1 + X_2$. Dann gilt für die Dichte von Z:

$$f(z) = 1/2\pi \int_{-\infty}^{\infty} \exp(-1/2 \ x_1^2) \ \exp(-1/2 \ (z-x_1)^2) \ dx_1 \ .$$

Dies resultiert daraus, daß die Dichte von Z alle die Möglichkeiten zu untersuchen hat, in denen

$$x_1 + x_2 = z$$

gilt. Wenn also z fest und x_1 frei gewählt wird, muß gelten

$$x_2 = z - x_1.$$

Das Integral weist darauf hin, daß alle derartigen Möglichkeiten zu berücksichtigen sind. Hinter der Bestimmung der Dichte (Verteilung) einer Summe zweier Zufallsvariabler steckt also ein Integrationsvorgang im Falle der Existenz einer gemeinsamen Dichte, ein Summationsvorgang im diskreten Fall.

Führt man obiges Beispiel weiter, so erhält man

$$f(z) = 1/2\pi \int_{-\infty}^{\infty} \exp(-1/2\ x_1^2)\ \exp(-1/2\ (z-x_1)^2)\ dx_1$$

$$= 1/2\pi \int_{-\infty}^{\infty} \exp(-1/2\ z^2)\ \exp(-1/2\ [x_1^2 + x_1^2 - 2x_1 z])\ dx_1$$

$$= 1/2\pi \int_{-\infty}^{\infty} \exp(-1/4\ z^2)\ \exp(-1/2\ [x_1^2 + x_1^2 - 2x_1 z + 2z^2/4])\ dx_1$$

$$= 1/2\pi\ \exp(-1/4\ z^2) \int_{-\infty}^{\infty} \exp(-\frac{1}{2}\ (2[x_1 - z/2]^2))\ dx_1$$

$$= \frac{1}{(2\pi)^{1/2}}\ \frac{1}{2^{1/2}}\ \exp(-\frac{1}{2}\ z^2/2)$$

da

$$\int_{-\infty}^{\infty} \exp(-\frac{1}{2}\ 2[x_1-z/2]^2)\ dx_1 = \int_{-\infty}^{\infty} \exp(-\frac{1}{2*1/2}\ [x_1-z/2]^2)\ dx_1 = (2\pi)^{1/2} * (1/2)^{1/2}$$

(Integral der Dichte einer N(z/2, 1/2) - verteilten Zufallsvariablen).

Damit erhält man als Verteilungsgesetz von $Z = X_1 + X_2$ das einer N(0, 2) - Verteilung.

Allgemein zeigt man auf gleiche Weise, daß die Summe stochastisch unabhängiger normalverteilter Zufallsvariabler normalverteilt ist, wobei der Erwartungswert der Summe mit der Summe der Erwartungswerte und die Varianz der Summe mit der Summe der Varianzen übereinstimmt.

- 208 -

<u>Definition 9.4:</u> Das Integral

$$\int_{-\infty}^{\infty} f(x_1,\ z - x_1)\ dx_1$$

zweier Zufallsvariabler X_1, X_2 mit gemeinsamer Dichte $f(x_1,\ x_2)$ heißt <u>Faltungsintegral der gemeinsamen Dichte $f(x_1,\ x_2)$.</u>

Im Regelfall ist dieses Integral nur schwer oder gar nicht analytisch bestimmbar, die Bestimmung der Verteilung einer Summe von Zufallsvariablen ist also nur schwer oder gar nicht durchführbar. Insbesondere bedarf es zu seiner Anwendung die explizite Angabe der gemeinsamen Verteilungsfunktion der Folge von Zufallsvariablen $\{X_i\}_{1 \leq i \leq n}$.

Es liegt also die Vermutung nahe, daß die Bestimmung der Verteilungsfunktion der Grenzverteilung das noch gravierendere und erst recht nicht lösbare Problem darstellt.

Interessanterweise ist es aber gelungen, einen Ansatz zu formulieren, der

1. analytisch durchführbar ist

und

2. mit wesentlich schwächeren Informationen als der Vorgabe der gemeinsamen Verteilungsfunktion der $\{X_t\}_{1 \leq t \leq n}$ für alle n auskommt.

Dazu hat man sich auf die Idee besonnen, Verteilungsfunktionen durch Kennzahlen zu charakterisieren. Es wurde bereits festgestellt, daß es nicht möglich ist, die Verteilungsfunktion allein durch endlich viele Kennzahlen festzulegen, wenn man nicht gleichzeitig eine parametrische Hypothese unterstellt der Art, daß die Verteilungsfunktion von einem ganz bestimmten Typ ist. Also hat man ein unendliches System von Kennzahlen entwickelt, bei dem

1. die Bestimmung jeder einzelnen Kennzahl leicht möglich ist,

2. Approximationsformeln vorliegen, die die benötigten Kennzahlen auf wenige Kennzahlen zurückführen,

3. die Untersuchung der Grenzverteilung ohne Angabe der gemeinsamen Verteilungsfunktion der $\{X_t\}_{1 \leq t \leq n}$ für alle n ermöglicht wird.

Genauer: Man hat zwei solche unendlichen Systeme von Kennzahlen entwickelt: das erste System, das zur momenterzeugenden Funktion führt, wurde früher entdeckt, leidet aber unter dem Mangel, daß die benötigten Kennzahlen nicht immer existieren. Dies gab Anlaß zur Entwicklung eines neuen Kennzahlensystems, das zur charakteristischen Funktion führt und bei dem dieses Existenzproblem sich nicht stellt. Beide Konzepte haben die Eigenschaft, daß man von der momenterzeugenden Funktion im Falle ihrer Existenz, von der charakteristischen Funktion immer auf die zugrundeliegende Verteilungsfunktion zurückschließen kann. Die Untersuchung der zentralen Grenzwertsätze läuft also so ab, daß man von gewissen Eigenschaften der charakteristischen Funktionen der X_t auf die charakteristische Funktion der Grenzverteilung zurückschließt und anschließend von der charakteristischen Funktion der Grenzverteilung auf die Verteilungsfunktion der Grenzverteilung schließt. Der zugehörige Konvergenzbegriff ist der Begriff der <u>Konvergenz nach Verteilung.</u> Im folgenden wird erläutert, wie dies genauer vonstatten geht.

9.3.2. Momenterzeugende Funktionen als Alternative zum Faltungsintegral

Die Idee, die hinter der momenterzeugenden Funktion steht, ist die Ausnutzung der wichtigen Eigenschaft der Exponentialfunktion, die gegeben ist durch

$$\exp(x + y) = \exp(x)\ \exp(y).$$

Unter der zusätzlichen Annahme, daß zwei Zufallsvariable X und Y stochastisch unabhängig sind, läßt sich dies folgendermaßen ausnutzen: Man unterstelle der Einfachheit, daß X und Y Dichtefunktionen besitzen. Die gemeinsame Dichtefunktion von X und Y ist dann wegen der unterstellten stochastischen Unabhängigkeit von X und Y als Produkt der Dichten von X und Y gegeben. Sei also $f_1(x)$ die Dichte von X und $f_2(y)$ die Dichte von Y. Definiere nun

$$m_X(t_1) = E\ \exp(t_1 X)$$
$$m_Y(t_2) = E\ \exp(t_2 Y)$$
$$m_{X,Y}(t_1,\ t_2) = E\ \exp(t_1 X + t_2 Y)$$

allgemein im Falle von n Zufallsvariablen $\{X_t\}_{1 \leq t \leq n}$

$$m_{X_1,\ldots,X_n}(t_1,\ldots,t_n) = E\ \exp\left(\sum_{j=1}^{n} t_j X_j\right).$$

Beschränkt man sich auf den Sonderfall $t_1 = t_2 = \ldots = t_n = t$, so erhält man aufgrund der obigen Definition von $m_{X_1,\ldots,X_n}(t_1,\ldots,t_n)$:

$$m_{X_1,\ldots,X_n}(t,t,\ldots,t) = E\ \exp\left(t \sum_{j=1}^{n} X_j\right) = m_{X_1+\ldots+X_n}(t).$$

Worin liegt nun der Gewinn? Es gilt

$$m_{X+Y}(t) = m_{X,Y}(t,t) = E\ \exp(t(X + Y))$$

$$= \int_{-\infty}^{\infty} \int_{-\infty}^{\infty} \exp(tx + ty)\ f_1(x)\ f_2(y)\ dx\ dy$$

$$= \int_{-\infty}^{\infty} \exp(tx)\, f_1(x)\, dx \int_{-\infty}^{\infty} \exp(ty)\, f_2(y)\, dy = m_X(t)\, m_Y(t).$$

Der Gewinn besteht also darin, daß statt der erforderlichen Integration beim Faltungsintegral eine Multiplikation der momenterzeugenden Funktionen tritt. Zu erörtern ist nun die Frage, warum man eigentlich die momenterzeugende Funktion _nur in einem kleinen Bereich_ für die einzelnen Summanden festlegen muß, um die momenterzeugende Funktion der Grenzverteilung _vollständig_ festzulegen. Der Schlüssel zur Beantwortung dieser Frage liegt im Normierungsfaktor, der bei zunehmendem Stichprobenumfang gegen 0 strebt, und folgendem

<u>Satz 9.10:</u> Sei $m_X(t)$ der Wert der momenterzeugende Funktion von X an der Stelle t. Dann gilt:

Die momenterzeugende Funktion der Zufallsvariablen $aX + b$, $a, b \in \mathbb{R}$, an der Stelle t ist gegeben durch

$$m_{aX+b}(t) = m_X(at)\, \exp(tb).$$

<u>Beweis:</u>

$$m_{aX+b}(t) = E\,\exp((aX + b)\, t) = E\,\exp(atX)\,\exp(bt) = \exp(bt)\, m_X(at).$$

Da die momenterzeugende Funktion von $Y_n = \dfrac{1}{S_n} \sum_{t=1}^{n} (X_t - \mu_t)$ zu untersuchen ist, gilt

$$m_{Y_n}(t) = m_{\frac{1}{S_n}\sum_{1\leq t\leq n}(X_t - \mu_t)}(t) = \exp\left(t/S_n \sum_{1\leq t\leq n}\mu_t\right) \prod_{t=1}^{n} m_{X_t}(t/S_n).$$

Da gilt

$$\lim_{n\to\infty} S_n = \infty,$$

erhält man unmittelbar

$$\lim_{n\to\infty} t/S_n = 0 \qquad \forall\, t \in \mathbb{R}.$$

Der Name "momenterzeugende Funktion" sei begründet mit dem folgenden

<u>Satz 9.11:</u> Die Zufallsvariable X besitze die ersten k Momente. Darüber hinaus gebe es ein Intervall $(-h, h)$, so daß für $t \in (-h, h)$ $m_X(t)$ existiert. Weiterhin sei $m_X(t)$ im Intervall $(-h, h)$ k mal stetig differenzierbar. Dann gilt:

Das j - te Moment m_j von X ist gegeben durch

$$m_j = \frac{d^j}{(dt)^j} \; m_X(t)$$

an der Stelle $t = 0$.

<u>Beweis:</u> Hier sei nur der Fall der Existenz der Dichte von X analysiert. Für diskrete Zufallsvariable verläuft der Beweis analog.

$$\frac{d^j}{(dt)^j} \, m_X(t) = \frac{d^j}{(dt)^j} \int_{-\infty}^{\infty} \exp(tx) \; f(x) \; dx = \int_{-\infty}^{\infty} \frac{d^j}{(dt)^j} \exp(tx) \; f(x) \; dx$$

$$= \int_{-\infty}^{\infty} x^j \exp(tx) \; f(x) \; dx.$$

Setzt man $t = 0$, so erhält man das behauptete Ergebnis.

Aufgabe 9.9: Schlagen Sie in einem Analysis - Lehrbuch nach, unter welchen Bedingungen Differentiation und Integration vertauschbar sind, und zeigen Sie, daß hier entsprechende Bedingungen erfüllt sind.

Dieses Ergebnis kann man nun folgendermaßen auswerten: Vorausgesetzt, die beiden ersten Momente von X existieren und es gibt ein Intervall $(- h, h)$, innerhalb dessen die momenterzeugende Funktion $m_X(t)$ existiert und zweimal stetig differenzierbar ist, dann läßt sich $m_X(t)$ in unmittelbarer Nähe des Nullpunktes schreiben als

$$m_X(t) = m_X(0) + m_1 * t + \frac{m_2}{2} t^2 + R(t)$$

mit

$$\lim_{t \to 0} R(t)/t^2 = 0$$

Dies ergibt sich unmittelbar als Definition der zweifachen stetigen Differenzierbarkeit von $m_X(t)$ in $(-h, h)$ bzw. aus dem Satz von Taylor unter Verwendung des Peano - Restgliedes. Damit ergibt sich folgender

<u>Satz 9.12:</u> Sei $\{X_n\}_{n \in \mathbb{N}}$ Folge stochastisch unabhängiger gleichverteilter Zufallsvariabler mit Erwartungswert μ und Varianz σ^2. Außerdem gebe es ein Intervall $(-h, h)$ so, daß $m_{X_n}(t)$ dort zweimal stetig differenzierbar ist. Dann gilt:

Die momenterzeugende Funktion der Grenzverteilung der $\{Y_n\}_{n \in \mathbb{N}}$ mit

$$Y_n = \frac{1}{n^{1/2}\,\sigma} \sum_{j=1}^{n} (X_j - \mu)$$

ist gegeben durch

$$m_Y(t) = \exp(t^2/2).$$

<u>Beweis:</u> Gehe über zu

$$Y_n = \frac{1}{n^{1/2}} \sum_{j=1}^{n} (X_j - \mu)/\sigma$$

und erhalte wegen

$$E\,(X_j - \mu)/\sigma = 0 \quad \text{und} \quad \mathrm{var}((X_j - \mu)/\sigma) = 1$$

auf der Basis von Satz 9.10:

$$m_{Y_n}(t) = \prod_{j=1}^{n} m_{(X_j - \mu)/\sigma}(t/n^{1/2})$$

$$= \left[1 + \frac{t^2}{2n} + R(t/n^{1/2})\right]^n = \left[1 + \frac{t^2}{n}\left(1 + \frac{R(t/n^{1/2})}{t^2/n}\right)\right]^n.$$

Läßt man n gegen ∞ streben, so gilt

$$\lim_{n\to\infty} R(t/n^{1/2})\,\frac{t^2}{n} = 0$$

und man erhält schließlich

$$\lim_{n\to\infty} \left[1 + \frac{t^2}{2n} + R(t/n^{1/2})\right]^n = \lim_{n\to\infty} \left(1 + \frac{t^2}{2n}\right)^n = \exp(t^2/2).$$

Dies ist aber die momenterzeugende Funktion der Standardnormalverteilung, denn es gilt

<u>Satz 9.13:</u> Sei X N(0, 1) – verteilt. Dann gilt

$$m_X(t) = \exp(t^2/2).$$

<u>Beweis:</u> Es gilt

$$m_X(t) = E\,\exp(tX) = \frac{1}{(2\pi)^{1/2}} \int_{\infty}^{\infty} \exp(tx)\,\exp(-x^2/2)\,dx$$

$$= \frac{1}{(2\pi)^{1/2}} \exp(t^2/2) \int_{-\infty}^{\infty} \exp(- t^2/2) \exp(tx) \exp(- x^2/2) \, dx$$

$$= \exp(t^2/2) \frac{1}{(2\pi)^{1/2}} \int_{-\infty}^{\infty} \exp(- (x - t)^2/2) \, dx = \exp(t^2/2),$$

da

$$f(x) = \frac{1}{(2\pi)^{1/2}} \exp(- (x - t)^2/2)$$

die Dichte einer $N(t, 1)$ - verteilten Zufallsvariablen ist.

Damit ist also festgestellt, daß die momenterzeugende Funktion der Grenzverteilung der $\{Y_n\}_{n \in \mathbb{N}}$ mit

$$Y_n = \frac{1}{n^{1/2} \sigma} \sum_{t=1}^{n} (X_t - \mu)$$

die momenterzeugende Funktion der Standardnormalverteilung ist. Es ist nur noch als Satz zu formulieren, daß man von der momenterzeugenden Funktion auf die Verteilungsfunktion zurückschließen kann, falls die momenterzeugende Funktion für alle $t \in \mathbb{R}$ existiert. Dies ist Inhalt des

<u>Satz 9.14:</u> Sei $m_X : \mathbb{R} \rightarrow \mathbb{R}$ die momenterzeugende Funktion einer Zufallsvariablen X. Sei m_Y die momenterzeugende Funktion einer Zufallsvariablen Y. $M_X(t)$ stimme mit $m_Y(t)$ überein für alle $t \in \mathbb{R}$. Dann besitzen X und Y die gleiche Verteilungsfunktion.

Es wurde vorgeführt, wie man mit Hilfe der momenterzeugenden Funktion versucht hat, zentrale Grenzwertsätze zu beweisen. Dieser Versuch hat sich aus folgendem Grunde als problematisch erwiesen:

Man muß die Existenz der momenterzeugenden Funktion für jedes X_t der Folge in einem Intervall $(-h, h)$ und zusätzlich die zweifache stetige Differenzierbarkeit der momenterzeugenden Funktion voraussetzen. Diese Voraussetzungen sind aber praktisch nicht überprüfbar.

Über den Konvergenzprozeß der Verteilungsfunktionen der Y_j an die Verteilungsfunktion der Grenzverteilung selbst ist ebenfalls nichts bekannt. Die Ergebnisse sind also noch im höchsten Maße unbefriedigend. Erst das neue Konzept der charakteristischen Funktionen führt hier zu entscheidenden konzeptionellen

- 214 -

Verbesserungen, da die Konvergenz von Folgen charakteristischer Funktionen und die Konvergenz der zugehörigen Verteilungsfunktionen aufeinander bezogen werden können. Insbesondere geht die einfache Grundidee, die zur Einführung der momenterzeugenden Funktionen geführt hat, nicht verloren.

9.3.3. Charakteristische Funktionen als Alternative zum Faltungsintegral

__Definition 9.5:__ Sei $X = (X_1, \ldots, X_n)$ mit Dichtefunktion $f(x_1, \ldots, x_n)$, $t = (t_1, \ldots, t_n)$.

$$\psi_X(t) = \int_{-\infty}^{\infty} \cdots \int_{-\infty}^{\infty} \exp(i \sum_{j=1}^{} t_j x_j)\, f(x_1, \ldots, x_n)\, dx_1 \cdots dx_n$$

heißt __charakteristische Funktion von X.__

Sei X diskrete n-dimensionale Zufallsvariable mit Trägermenge F und Wahrscheinlichkeitsgesetz p.

$$\psi_X(t) = \sum_{x_j \in F} \exp(i \sum_{k=1}^{n} t_k x_{kj})\, p(x_{1j}, \ldots, x_{nj})$$

heißt __charakteristische Funktion von X.__

Dabei ist $i = (-1)^{1/2}$.

Ein kurzer Exkurs über Rechnen innerhalb der Menge der komplexen Zahlen $\mathbb{C}$, zu der i gehört, wird im Anhang aufgeführt.

__Bemerkungen:__

1: Es gilt:
$$\exp(ix) = \cos(x) + i \sin(x)$$

2. Sei $f(x_1, x_2) = f_1(x_1) f_2(x_2)$. Dann gilt

$$\psi_{X_1 + X_2}(t) = \int_{-\infty}^{\infty} \int_{-\infty}^{\infty} \exp(i\, t(x_1 + x_2))\, f_1(x_1)\, f_2(x_2)\, dx_1\, dx_2$$

$$= \int_{-\infty}^{\infty} \exp(i\, tx_1)\, f_1(x_1)\, dx_1 \int_{-\infty}^{\infty} \exp(i\, tx_2)\, f_2(x_2)\, dx_2 = \psi_{X_1}(t)\, \psi_{X_2}(t).$$

Aufgabe 9.10: Man beweise gleiches Ergebnis für diskret verteilte Zufallsvariable.

Aufgabe 9.11: Schlagen Sie in einem Analysis - Lehrbuch den Satz von Taylor nach und gewinnen Sie die Reihenentwicklungen

$$\exp(x) = \sum_{j=0}^{\infty} \frac{x^j}{j!} \qquad \sin(x) = \sum_{j=0}^{\infty} (-1)^j \frac{x^{2j+1}}{)2j+1)!}$$

$$\cos(x) = \sum_{j=0}^{\infty} (-1)^j \frac{x^{2j}}{(2j)!} .$$

Anleitung: Verwenden Sie, daß gilt:

$$\exp(0) = 1, \ \cos(0) = 1, \ \sin(0) = 0, \ d/dx \ \exp(x) = \exp(x),$$
$$d/dx \ \cos(x) = -\sin(x), \ d/dx \ \sin(x) = \cos(x)$$

und wenden Sie den Satz von Taylor an.

Aufgabe 9.12: Zeigen Sie nun, daß gilt:

$$\exp(ix) = \cos(x) + i \sin(y).$$

Anleitung: Verwenden Sie, daß gilt

$$\exp(ix) = \sum_{j=0}^{\infty} \frac{(ix)^j}{j!}$$

und nutzen Sie aus, daß gilt $i^2 = -1$. Verwenden Sie dann die Reihenentwicklungen von $\sin(x)$ und $\cos(x)$.

<u>Satz 9.15</u>: Die charakteristische Funktion der Summe stochastisch unabhängiger Zufallsvariabler ist das Produkt der charakteristischen Funktionen der Summanden.

An die Stelle der Bestimmung der Faltung bei der Untersuchung von Wahrscheinlichkeitsverteilungen tritt also wie bei den momenterzeugenden Funktionen die Bestimmung von Produkten bei der Untersuchung der charakteristischen Funktionen der Summe stochastisch unabhängiger Zufallsvariabler.

3. Sei $\varphi_X(t)$ an der Stelle $t = 0$ n-mal stetig differenzierbar. Dann gilt

$$\frac{d^r}{dt^r} \ \varphi_X(t) \ \big|_{t=0} = i^r \ E \ X^r \qquad \text{für } 0 \leq r \leq n,$$

d.h. die r-te Ableitung der charakteristischen Funktion an der Stelle $t = 0$ erlaubt die Bestimmung des r-ten Momentes der Verteilung.

4. Sei $Y = aX + b$. Dann gilt

$$\varphi_Y(t) = e^{itb} \varphi_X(at) \qquad \forall \ a,b \in \mathbb{R} .$$

9.3.4. Der Satz von Levi - Cramer

Die Grundlage dafür, daß mit Hilfe der charakteristischen Funktionen der Grenzprozeß präzisiert werden kann, ist der Satz von Levi - Cramer, der den Zusammenhang von Folgen von Verteilungen von Zufallsvariablen und Folgen der zugehörigen charakteristischen Funktionen untersucht für den Fall, daß entweder die Folge der Verteilungsfunktionen in einem bestimmten Sinne gegen eine Verteilungsfunktion oder die Folge der charakteristischen Funktionen gegen eine charakteristische Funktion in einem ebenfalls noch zu beschreibenden Sinn konvergiert. Insbesondere wird dadurch die Definition der Konvergenz nach Verteilung als sinnvolles Konzept eingeführt.

<u>Definition 9.6:</u> Sei $\{F_n(x)\}_{n\in\mathbb{N}}$ eine Folge von Verteilungsfunktionen, $F(x)$ sei Verteilungsfunktion. $\{F_n(x)\}_{n\in\mathbb{N}}$ <u>konvergiert nach Verteilung gegen $F(x)$</u>, in Symbolen:

$$F_n \xrightarrow{\quad n.V. \quad} F,$$

wenn für jede Stelle x, an der $F(x)$ stetig ist, gilt:

$$\lim_{n\to\infty} F_n(x) = F(x)$$

<u>Definition 9.7:</u> Sei $\{\varphi_n(t)\}_{n\in\mathbb{N}}$ eine Folge von charakteristischen Funktionen. $\{\varphi_n(t)\}_{n\in\mathbb{N}}$ <u>konvergiert gegen eine charakteristische Funktion $\varphi(t)$</u>, in Symbolen:

$$\varphi_n \xrightarrow{\quad\quad} \varphi,$$

wenn für jeden Punkt t gilt:

$$\lim_{n\to\infty} \varphi_n(t) = \varphi(t).$$

Die Konvergenz ist <u>gleichmäßig im Intervall $(-h,h)$, $h > 0$,</u> wenn zu $\epsilon > 0$ ein $n_o(\epsilon)$ gefunden werden kann derart daß gilt

$$|\varphi_n(x) - \varphi(x)| < \epsilon \qquad \text{für } -h < x < h,$$

falls $n > n_o$ ist.

<u>Satz 9.16 (Levi - Cramer):</u> Sei $\{X_n\}_{n\in\mathbb{N}}$ Folge von Zufallsvariablen mit der zugehörigen Folge von Verteilungsfunktionen $\{F_n(x)\}_{n\in\mathbb{N}}$. $F(x)$ sei Verteilungsfunktion der Zufallsvariablen X, und es gelte

$$F_n \xrightarrow{\quad n.V. \quad} F.$$

Dann gilt:

$$\varphi_{X_n}(t) \xrightarrow{\quad\quad} \varphi_X(t)$$

und für jedes $h > 0$ gilt: die Konvergenz ist in $(-h, h)$ gleichmäßig .

Umgekehrt gelte

$$\varphi_{X_n} \xrightarrow{\quad\quad} \varphi ,$$

φ sei charakteristische Funktion der Verteilungsfunktion F(x) einer Zufallsvariablen X, außerdem existiere h > 0, so daß φ(t) in (- h, h) stetig ist. Dann gilt:

$$F_n \xrightarrow{\text{n.V.}} F \ ,$$

außerdem ist die Konvergenz der $\{\varphi_{X_n}(t)\}_{t \in \mathbb{N}}$ im Intervall (- h, h) gleichmäßig.

Im Bild:

$$
\begin{array}{ccc}
F_j & \xrightarrow{\text{n.V.}} & F \\
\uparrow & & \uparrow \\
\varphi_j & \xrightarrow[\substack{\text{gleichmäßig in} \\ (-h,h) \ \forall h > 0}]{} & \varphi
\end{array}
$$

Der Begriff der Konvergenz nach Verteilung ist im Hinblick auf das Instrument der charakteristischen Funktionen und den Satz von Levi - Cramer zu verstehen, die Beschränkung auf Stetigkeitsstellen von F erscheint zunächst problematisch, aber die Normalverteilung besitzt als wichtige Grenzverteilung eine stetige Verteilungsfunktion. Darüber hinaus ist eine Verteilungsfunktion eindeutig bestimmt, wenn sie an allen Stetigkeitsstellen bestimmt ist.

9.3.5. Einige charakteristische Funktionen
9.3.5.1. Poisson - Verteilte Zufallsvariable

Sei X P(λ) - verteilt. Dann gilt

$$p(X = k) = e^{-\lambda} \lambda^k/k!$$

also

$$\varphi_X(t) = \sum_{k \in \mathbb{N}_o} \exp(itk) \exp(-\lambda) \ \lambda^k/k! = e^{-\lambda} e^{\lambda e^{it}} = e^{\lambda(e^{it}-1)}$$

9.3.5.2. N(0,1) - verteilte Zufallsvariable

Sei X N(0, 1) - verteilt. Dann gilt

$$\varphi_X(t) = \frac{1}{(2\pi)^{1/2}} \int_{-\infty}^{\infty} \exp(itx) \exp(-1/2\ x^2)\ dx =$$

$$\frac{1}{(2\pi)^{1/2}} \exp(-1/2\ t^2) \int_{-\infty}^{\infty} \exp(-1/2\ (x-it)^2)\ dx = \exp(-1/2\ t^2)$$

9.3.5.3. Normalverteilte Zufallsvariable

Sei X N(μ, σ^2) - verteilt. Dann gilt

$$\varphi_X(t) = e^{it\mu} e^{-1/2\ \sigma^2 t^2}$$

9.3.6. Einige zentrale Grenzwertsätze

<u>Satz 9.17 (Lindeberg - Levi)</u>: Sei $\{X_n\}_{n\in\mathbb{N}}$ Folge stochastisch unabhängiger gleichverteilter Zufallsvariabler mit Erwartungswert μ und Varianz σ^2. Sei

$$Y_n = \frac{1}{n^{1/2}\sigma}\ (X_j - \mu)$$

Sei $\{F_n(x)\}_{n\in\mathbb{N}}$ die Folge der zu den $\{Y_n\}_{n\in\mathbb{N}}$ gehörigen Verteilungsfunktionen. Sei F die Verteilungsfunktion der N(0, 1) - Verteilung. Dann gilt Die Folge der Verteilungsfunktionen $\{F_n(x)\}_{n\in\mathbb{N}}$ konvergiert nach Verteilung gegen F.

<u>Satz 9.18:</u> Sei $\{X_j\}_{j\in\mathbb{N}}$ Folge stochastisch unabhängiger n-dimensionaler stochastisch unabhängiger gleichverteilter Zufallsvariabler mit Erwartungsvektor μ und Varianz - Kovarianz - Matrix Ω. Sei

$$Y_n = 1/n^{1/2} \sum_{j=1}^{n} (X_j - \mu).$$

Dann konvergiert die Folge der Verteilungsfunktionen der $\{Y_j\}_{j\in\mathbb{N}}$ nach Verteilung gegen die Verteilungsfunktion einer N(0, Ω) - verteilten Zufallsvariablen X.

Man kann wie bei den Gesetzen der großen Zahlen die Bedingungen der gleichen Verteilung und der stochastischen Unabhängigkeit durch schwächere Bedingungen ersetzen, die zugehörigen Ausführungen sprengen jedoch den Rahmen der Einführung.

Auf den Beweis der Sätze kann verzichtet werden, weil sie im wesentlichen genau so ablaufen wie in dem für uns überschaubareren Fall der momenterzeugenden Funktionen bis auf den Hinweis, daß der Satz von Levi - Cramer die Art der Konvergenz beschreibt als Konvergenz nach Verteilung.

Gegenüber den Gesetzen der großen Zahlen stellen die zentralen Grenzwertsätze insofern eine Verschärfung dar, als sie die Bestimmung von

$$p(\,|Y_n-\mu|\,>\,k)$$

auf die Normalverteilung zurückführen für große n und somit ein schärferes Abschätzungsinstrument liefern als die Tschebyscheff - Ungleichung.

Die Konstruktion der Y_n im ersten der beiden formulierten Grenzwertsätze ist so gewählt, daß die Grenzverteilung standardisiert ist.

9.4. Zusammenfassung

Gegenstand dieses Kapitels war die Darlegung der folgenden Zusammenhänge:

1. Der Begriff der Konvergenz nach Verteilung bezieht sich auf Verteilungsfunktionen und nicht auf Dichtefunktionen. Es können also Folgen von Zufallsvariablen nach Verteilung gegen eine Verteilungsfunktion konvergieren, die eine Dichte besitzt, ohne daß auch nur ein Folgenelement eine Dichte besitzt. Vgl. Graphiken auf S. 264f.

2. Über die <u>Konvergenzgeschwindigkeit</u> ist nichts gesagt worden, man hat also zunächst keine Anhaltspunkte, wie groß die Anzahl der Summanden sein muß, damit die Grenzverteilung ein gutes Maß für die Summenverteilung ist. Man kann den Schaubildern entnehmen, daß die Qualität der Approximation der Summenverteilung durch die Grenzverteilung sehr davon abhängt, an welcher Stelle man sich befindet. So ist etwa die Konvergenz für kleine und große Wahrscheinlichkeiten schon für recht kleine Summandenzahlen brauchbar, aber für mittlere Wahrscheinlichkeiten ist die Grenzverteilung selbst bei vergleichsweise großen Stichprobenumfängen oft nur ein schlechtes Maß für die Wahrscheinlichkeitsverteilung der Summenvariablen.

3. Generell kann man sagen, daß selbst eine gute Approximation der Verteilungsfunktion der Summenvariablen durch die Normalverteilung keineswegs

ausreicht, um eine gute Abschätzung für die Wahrscheinlichkeiten beliebiger Ereignisse zu ermöglichen. Die Wahrscheinlichkeiten von Intervallen sind im Falle der guten Übereinstimmung von Verteilungsfunktion der Summe mit der Grenzverteilung gut, aber sobald die Vereinigung vieler paarweise disjunkter Intervalle untersucht ist, wird die Übereinstimmung schlechter, da dann möglicherweise zahlreiche kleine Abweichungen sich zu einer großen Abweichung häufen. Es ist also Vorsicht geboten, wenn man anstelle der Wahrscheinlichkeitsverteilung der Summe die Grenzwahrscheinlichkeit verwendet.

4. Es wurde dargelegt, worin die Hilfestellung besteht, die der Übergang von der Faltung zur momenterzeugenden Funktion bzw. zur charakteristischen Funktion leistet. Insbesondere sollte deutlich sein, daß das Konzept der momenterzeugenden Funktion Existenzprobleme mit sich bringt, die für die charakteristische Funktion nicht existieren.

Aufgabe 9.13: Formulieren und erläutern Sie den Satz von Levi - Cramer.

Aufgabe 9.14: Welche Rolle spielt die Voraussetzung, daß die einzelnen Summanden stochastisch unabhängig sind, für den Übergang von der Faltung zu charakteristischen Funktionen?

Aufgabe 9.15: Beweisen Sie Satz 9.17 mit Hilfe des Satzes von Levi - Cramer. Anleitung: Prüfen Sie, wie weit Sie die Argumente auf der Basis momenterzeugender Funktionen auf charakteristische Funktionen übertragen können und welche zusätzlichen Hilfen der Übergang von momenterzeugenden Funktionen zu charakteristischen Funktionen mit sich bringt.

Aufgabe 9.16: Sei X N(0, 1) - verteilt. Vergleichen Sie die Abschätzung auf der Basis der Tschebyscheff - Ungleichung mit der tatsächlichen Wahrscheinlichkeit für folgende Fragen:

$$p(|X| \geq 1), \quad p(|X \geq 2|), \quad p(|X| \geq 3).$$

Aufgabe 9.17: Beweisen Sie:

$$\int_0^\infty x^{(2j+1)/2 \, - \, 1} \, e^{-u/2} \, du = 2^{(2j+1)/2} \, \Gamma((2j+1)/2).$$

Dabei gilt:

$$\Gamma((2j+1)/2) = \pi^{1/2} \, 2^{-j} \, \prod_{k=1}^{j} (2k - 1).$$

Anleitung: Ausgehend von

$$\int_{-\infty}^\infty \exp(- \, x^2/2) \, dx = (2\pi)^{1/2}$$

benutze die Variablentransformation $u = x^2$ und gewinne so, daß gilt

$$\int_{-\infty}^{\infty} \exp(- x^2/2)\ dx = 2 \int_{0}^{\infty} \exp(- x^2/2)\ dx = \int_{0}^{\infty} e^{-u/2}\ u^{1/2 - 1}\ du = 2^{1/2}\ \pi^{1/2}.$$

Benutze nun die Produktregel der Integration, um zu zeigen, daß gilt:

$$\int_{0}^{\infty} e^{-u/2}\ u^{(2j+1)/2 - 1}\ du = (2j-1)/2 \int_{0}^{\infty} e^{-u/2}\ u^{(2j-1)/2 - 1}\ du.$$

Aufgabe 9.17: Beweisen Sie mit $i^2 = - 1$, daß gilt:

$$\int_{-\infty}^{\infty} \exp(- (x - i\mu)^2/2)\ dx = (2\pi)^{1/2}.$$

Anleitung: Schreiben Sie

$$\exp(- (x - i\mu)^2/2) = \exp(- x^2/2)\ \exp(\mu^2/2)\ \exp(i\mu)$$

$$= \exp(\mu^2/2)\ \ \exp(- x^2/2)\ \sum_{j=0}^{\infty} \frac{(ix)^j}{j!}\ ,$$

verwenden Sie, daß gilt

$$\int_{-\infty}^{\infty} x^{2j+1}\ \exp(- x^2/2)\ dx = 0$$

(x^{2j+1} schiefsymmetrisch, $\exp(- x^2/2)$ symmetrisch um 0) und gewinnen Sie nun, daß gilt:

$$\int_{-\infty}^{\infty} \exp(- (x - i\mu)^2/2)\ dx = \exp(\mu^2/2)\ \sum_{j=0}^{\infty} \int_{-\infty}^{\infty} \frac{(- \mu^2)^j}{(2j)!}\ x^{2j}\ \exp(- x^2/2)\ dx.$$

Wenden Sie nun die Variablensubstitution $u = x^2$ an, benutzen Sie das Ergebnis von Aufgabe 9.16 und verwenden Sie folgende Formel:

$$(2j)! = 2^j\ j!\ \prod_{k=1}^{j} (2k - 1).$$

Diese Aufgabe liefert die Grundlage, um die charakteristische Funktion einer $N(0, 1)$ - verteilten Zufallsvariablen zu bestimmen.

Aufgabe 9.18: Beweisen Sie: Konvergiert eine Folge von Verteilungsfunktionen $\{F_i\}_{1 \leq i \leq n}$ einer Folge von Zufallsvariablen $\{X_j\}_{j \in \mathbb{N}}$ nach Verteilung gegen die Verteilungsfunktion F einer Einpunktverteilung mit

$$F(x) = \begin{cases} 0 & x < c \\ 1 & x \geq c \end{cases},$$

so gilt: Die Folge der $\{X_i\}_{i \in \mathbb{N}}$ konvergiert nach Wahrscheinlichkeit gegen c.

Beweisen Sie nun mit Hilfe des Instrumentes der charakteristischen Funktionen folgende Aussage: Sei $\{X_j\}_{j \in \mathbb{N}}$ Folge von stochastisch unabhängigen gleichverteilten Zufallsvariablen mit Erwartungswert μ. Dann gilt: Die Folge der $\{Y_n\}_{n \in \mathbb{N}}$ mit

$$Y_n = 1/n \sum_{j=1}^{n} X_j$$

konvergiert nach Wahrscheinlichkeit gegen μ.

Anleitung: Wie beim Beweis der zentralen Grenzwertsätze entwickeln Sie die charakteristische Funktion der Zufallsvariablen X_j nach dem Satz von Taylor, brechen jedoch bereits die Reihenentwicklung nach dem ersten Glied ab (die Existenz von μ wurde ja nur vorausgesetzt, nicht die Existenz von σ^2. Sie erhalten dann

$$\varphi_{X_j}(t/n) = (1 + \mu t i/n + R(t))$$

mit

$$\lim_{t \to 0} R(t)/t = 0$$

aufgrund der Definition der Differenzierbarkeit. Dies liefert

$$\varphi_{Y_n}(t) = \prod_{j=1}^{n} \varphi_{X_j}(t/n)$$

$$= (1 + t\mu i/n + R(t/n))^n = \{1 + n^{-1}t[\mu i + R(t/n)/(t/n)]\}^n$$

$$\underset{n \to \infty}{\longrightarrow} \exp(i\mu t).$$

Offenbar ist $\exp(i\mu t)$ die charakteristische Funktion der Einpunktverteilung mit Trägermenge $\{\mu\}$.

Aufgabe 9.19: Beweisen Sie: Eine Folge von n - dimensionalen Zufallsvariablen $\{(X_{t1}, \dots \dots , X_{tn}\}_{t \in \mathbb{N}}$ konvergiert genau dann nach Verteilung gegen eine $N(0, I_n)$ - verteilte Zufallsvariable, wenn für beliebiges $\alpha \in \mathbb{R}^n$ gilt: Die Folge der $\{Y(\alpha)_t\}_{t \in \mathbb{N}}$ mit

$$Y(\alpha)_t = \sum_{j=1}^{n} \alpha_j X_{tj}$$

konvergiert nach Verteilung gegen eine $N(0, \sum_{j=1}^{n} \alpha_j^2)$ - verteilte Zufallsvariable.

Anleitung: Nutzen Sie aus, daß gilt

$$\varphi_{(X_1,\ldots\ldots,X_n)}(t_1,\ldots\ldots,t_n) = E \exp(i \sum_{j=1}^{n} t_j X_j)$$

$$= E \exp(it_1 \sum_{j=1}^{n} t_j X_j / t_1) = \varphi_{Y(\alpha)}(t_1)$$

mit $\alpha_j = t_j / t_1$.

Bemerkung: Dieses Ergebnis stammt von Varadarajan und erlaubt die Rückführung der zentralen Grenzwertsätze im n - dimensionalen Fall auf den eindimensionalen Fall.

Aufgabe 9.20: Sei $\{X_t\}_{t \in \mathbb{N}}$ Folge von Zufallsvariablen, die nach Verteilung gegen eine N(0, 1) - verteilte Zufallsvariable konvergiert. Sei $\{Y_t\}_{t \in \mathbb{N}}$ eine Folge von Zufallsvariablen, die nach Wahrscheinlichkeit gegen eine Konstante c konvergiert. Beweisen Sie:

1. $\{Y_t + X_t\}_{t \in \mathbb{N}}$ konvergiert nach Verteilung gegen eine N(c, 1) - ver teilte Zufallsvariable.

2. Sei $c \neq 0$. Dann konvergiert die Folge der $\{Y_t X_t\}_{t \in \mathbb{N}}$ nach Verteilung gegen eine N(0, c^2) - verteilte Zufallsvariable.

Bemerkung: Diese Aussage stammt von Cramer und ist ein wichtiges Instrument zum Nachweis zentraler Grenzwertsätze bei Preisgabe der Voraussetzung der stochastischen Unabhängigkeit der Summanden. Genau so wie man schwache Gesetze der großen Zahlen etwa für schwach stationäre Prozesse beweisen kann, wenn man an die Kovarianzen $\{\sigma(k)\}_{k \in \mathbb{N}}$ entsprechende Anfor derungen stellt, so kann man Bedingungen an den schwach stationären stochastischen Prozeß stellen und dennoch zentrale Grenzwertsätze beweisen. Ein wichtiges Konzept ist in diesem Zusammenhang das der m - Abhängigkeit, das man in einem fortgeschrittenen Lehrbuch erläutert findet, etwa bei Ibragimow - Linnik in [1970]; wichtige schwach stationäre Prozesse, für die sich zentrale Grenzwertsätze beweisen lassen, sind ARMA(m, n) - Prozesse, die gewisse Stabilitätsbedingungen erfüllen. Hierfür sei eben falls auf die weiterführende Literatur verwiesen.

Anleitung zur Lösung der Aufgabe: Es gilt:

$$p(X + Y \leq z) \leq p(X \leq z + \epsilon) + p(|Y - c| \geq \epsilon)$$
$$p(X + Y \leq z) \geq p(X \leq z - \epsilon \ \hat{} \ |Y - c| \leq \epsilon)$$

$$p(XY \leq (c - \epsilon)z) \leq p(X \leq z) + p(|Y - c| \geq \epsilon)$$
$$p(XY \leq (c + \epsilon)z) \geq p(X \leq z \ \hat{} \ |Y - c| \leq \epsilon)$$
$$p(A \cap B) \geq p(A) - p(C(B))$$

Benutzen Sie diese Abschätzungen zur Durchführung der entsprechenden Grenzprozesse.

Multiple - Choice - Aufgaben

In den folgenden Aufgaben werden Sie mit Aussagen konfrontiert, die Sie auf ihre Richtigkeit hin zu überprüfen haben. Sie werden feststellen, daß zahlreiche Aussagen eindeutig entscheidbar sind; einzelne Aussagen sollen Anlaß zu einer intensiveren Auseinandersetzung bieten; diese Aussagen sind nicht ohne weiteres zu entscheiden; vielmehr setzt ihre Entscheidbarkeit die Übernahme einer bestimmten wissenschaftlichen Position voraus. Versuchen Sie, derartige Aufgaben zu entdecken und dann die der Entscheidung zugrundegelegte wissenschaftliche Position zu erklären. Zu allen Aufgaben werden die Kapitel angegeben, die anhand der Aufgaben nachgearbeitet werden sollen.

Messung und sprachliche Grundlagen der Wahrscheinlichkeitstheorie
(Kapitel 1., 2.):

1. Die sprachlichen Hilfsmittel zur Unterscheidung von Alternativen umfassen in der Wahrscheinlichkeitstheorie Objekte, Attribute und Erfüllungsgrade der Attribute.
2. Mit den in 1. genannten sprachlichen Hilfsmitteln lassen sich besonders gut Handlungen beschreiben.
3. Die Anzahl der Komponenten, die zur Messung der verschiedenen Alternativen erforderlich ist, ist gegeben durch die Anzahl der Objekte, mit deren Hilfe die Alternativen beschrieben werden.
4. Der Meßvorgang drückt Ereignisse im Objektbereich durch Teilmengen eines Zahlenbereichs aus.
5. Im Objektbereich sind die Rechenoperationen, die im Zahlenbereich möglich sind, nicht immer interpretierbar. Dies führt zum Problem des Skalenniveaus.
6. An eine Ordinalskala sind schärfere Anforderungen gestellt als an eine Kardinalskala.
7. Die schwächsten Anforderungen sind an eine Nominalskala gestellt.
8. Das Problem des Skalenniveaus besteht darin, die Operationen im Zahlenbereich zu bestimmen, die sich im Objektbereich interpretieren lassen.
9. Kardinalskalen sind immer stetig.
10. Falls die Menge der Elementarereignisse endlich ist, stammt sie von Ordinalskalen.
11. Ordinal skalierte Zufallsvariable besitzen oft mangels Unterscheidungs-

vermögens nur endlich viele Elementarereignisse, man denke etwa an die Skala der Schulnoten.

12. Der Nutzen ist eine stetige ordinal skalierte Größe.

13. Messung ist in der Statistik ein realwissenschaftlicher Vorgang. Er setzt die Nennung aller die Alternativen charakterisierenden Objekte, die Aufzählung der die Objekte charakterisierenden Attribute und die Formulierung einer Skala für jedes Attribut voraus.

14. Messung ist eine Abbildung des Objektbereichs in einen Zahlenbereich.

15. Die sprachlichen Hilfsmittel Objekte, Attribute, Erfüllungsgrade von Attributen sind eher für Zustandsbeschreibungen angemessen. Zur Beschreibung von Prozessen werden Operatoren benötigt.

16. Prozeßbeschreibungen sind leichter durchführbar als Zustandsbeschreibungen.

17. Man kann versuchen, Prozeßbeschreibungen auf Zustandsbeschreibungen zurückzuführen, indem man eine Prozeßbeschreibung als eine Folge von Zustandsbeschreibungen versteht. Operatoren dienen dann zur Beschreibung, wie ein Zustand in einen anderen übergeht.

Bedeutungsfragen: (Kapitel 2)

1. Der Begriff der Wiederholung läßt sich besonders gut als Seinskategorie interpretieren.

2. Aussagen über diese Welt sind immer auf das Hintergrundwissen dessen zu relativieren, der diese Aussagen formuliert.

3. Das Indifferenzprinzip oder das Prinzip vom unzureichenden Grunde ist ein objektivistisches Prinzip zur Bestimmung von Wahrscheinlichkeiten.

4. Das Indifferenzprinzip führt zu logischen Schwierigkeiten nur dann, wenn man es mit endlich vielen Alternativen zu tun hat. Sobald man es mit stetig skalierten Alternativen zu tun hat, lösen sich diese Schwierigkeiten auf.

5. Das statistische Bild für Wiederholungen von Zufallsexperimenten ist das der Folge stochastisch unabhängiger gleichverteilter Zufallsvariabler.

6. Die Beurteilung, ob es sich um eine Wiederholung handelt, stützt sich auf Beschreibungen und somit auf Wissenskategorien und nicht nur auf Seinskategorien.

7. Jede Messung setzt ein theoretisches Vorurteil voraus. Dagegen gelingt

eine Beschreibung eines Phänomens ohne Rückgriff auf Theorien.

8. Ereignisse werden nur als gleich angesehen, wenn sie übereinstimmen.

9. Sind Ereignisse voneinander verschieden, so werden die Unterschiede auch entdeckt.

10. Für die Objektivisten ist Wahrscheinlichkeit ein Charakteristikum der Einschätzungen einer Person über eine reale Situation und nicht allein ein Charakteristikum der Situation selbst.

11. Daten werden in den Wirtschaftswissenschaften vorwiegend auf der Basis eines subjektivistischen Wahrscheinlichkeitsverständnisses erhoben.

12. Ein Beispiel für das objektivistische Wahrscheinlichkeitsverständnis ist das Urnenmodell.

13. Beschreibung setzt ein theoretisches Vorverständnis voraus, um zu klären, was an einer Situation beschreibenswert ist.

14. Zwei Situationen werden als gleich angesehen, wenn die Situationsbeschreibungen übereinstimmen.

Ereignisse, Ereignissysteme, Mengenalgebren, σ - Algebren: (Kapitel 2)

1. Es ist möglich, einen Punkt durch endliche Vereinigung offener Mengen zu gewinnen.

2. Es ist möglich, ein abgeschlossenes Intervall als endliche Vereinigung offener Intervalle zu gewinnen.

3. Es ist möglich, ein abgeschlossenes Intervall als Vereinigung abzählbar vieler offener Intervalle zu gewinnen.

4a: Die ganzen Zahlen sind abzählbar.

4b: Die rationalen Zahlen sind abzählbar.

4c: Die reellen Zahlen sind abzählbar.

4d: Das Interval [0, 1] ist abzählbar

4e: Eine Menge M heißt abzählbar, wenn es eine Abbildung f einer Teilmenge N der natürlichen Zahlen nach M gibt derart, daß zu $m \in M$ ein $n \in N$ existiert mit $f(n) = m$.

4f. Eine Menge M daraufhin zu überprüfen, ob sie abzählbar ist, heißt: Man suche eine Abbildung $f: \mathbb{N} \to M$.

4g. Alle endlichen Mengen sind abzählbar.

4h. Die Teilmenge der geraden natürlichen Zahlen ist genau so mächtig wie die Menge der natürlichen Zahlen.

4i: Die Menge der rationalen Zahlen wird mit dem Cantor'schen Diagonalverfahren abgezählt und ist deshalb genau so mächtig wie die Menge der natürlichen Zahlen.

5. Seien M_1, M_2 Teilmengen des $\mathbb{R}^n$. Dann gilt

5a: $$M_1 \cup M_2 = \mathbb{R}^n - (C(M_1) \cup C(M_2))$$
5b: $$M_1 \cap M_2 = C(M_1 \cup M_2)$$
5c: $$M_1 \cap M_2 = C(C(M_1) \cup C(M_2))$$

6a. Ein offenes Intervall läßt sich darstellen als abzählbare Vereinigung abgeschlossener Intervalle.

6b. Ein offenes Intervall läßt sich darstellen als abzählbarer Durchschnitt offener Intervalle.

6c. Ein abgeschlossenes Intervall läßt sich darstellen als abzählbare Vereinigung offener Intervalle.

6d. Ein abgeschlossenes Intervall läßt sich darstellen als abzählbarer Durchschnitt offener Intervalle.

6e. Eine offene Teilmenge M des $\mathbb{R}^n$ ist wie folgt definiert: falls $x \in \mathbb{R}^n$, so gibt es $\epsilon > 0$ derart, daß $\{y \mid |y - x| < \epsilon\} \subset M$ gilt.

Sei nun M offene Teilmenge des $\mathbb{R}^1$ und $\{a_i\}_{i \in \mathbb{N}}$ Folge reeller Zahlen, für die gilt:

1. $a_i \in C(M)$
2. $\lim_{n \to \infty} a_i = a$.

Dann kann a nicht Element von M sein.

6f. Allgemein heißt eine Teilmenge M des $\mathbb{R}^n$ abgeschlossen, wenn ihr Komplement offen ist. Sei $M = \{x \mid x > 0 \,\hat{}\, x \in \mathbb{R}\}$. M ist abgeschlossen.

7. $\mathcal{A}$ sei System von Teilmengen des $\mathbb{R}^n$. Es seien folgende Bedingungen erfüllt:

$\phi \in \mathcal{A}$

$A \in \mathcal{A} \to \mathbb{R}^n - A \in \mathcal{A}$

$A_1, A_2 \in \mathcal{A} \to A_1 \cup A_2 \in \mathcal{A}$

Dann ist $\mathcal{A}$ Mengenalgebra.

8. $\mathcal{A}$ sei System von Teilmengen des $\mathbb{R}^n$. Es seien folgende Bedingungen erfüllt:

$$\mathbb{R}^n \in \mathcal{A}$$

$$A \in \mathcal{A} \rightarrow \mathbb{R}^n - A \in \mathcal{A}$$
$$A_1, \ A_2 \in \mathcal{A} \rightarrow A_1 \cap A_2 \in \mathcal{A}$$
$\mathcal{A}$ ist Mengenalgebra.

9. $\mathcal{A}$ sei System von Teilmengen des $\mathbb{R}^n$. Es seien folgende Bedingungen erfüllt:

$$\mathbb{R}^n \in \mathcal{A}$$

$$A \in \mathcal{A} \rightarrow \mathbb{R}^n - A \in \mathcal{A}$$
$$A_1, \ A_2 \in \mathcal{A} \rightarrow A_1 \cup A_2 \in \mathcal{A}, \ A_1 \cap A_2 \in \mathcal{A}$$
$\mathcal{A}$ ist Mengenalgebra.

10. Der Durchschnitt zweier Mengenalgebren von Teilmengen des $\mathbb{R}^n$ ist keine Mengenalgebra, weil die Eigenschaft der Abgeschlossenheit gegenüber Vereinigung für den Durchschnitt zweier Mengenalgebren nicht erfüllt ist.

11. Sei $\mathcal{A}_1$ Mengenalgebra über dem $\mathbb{R}^m$, $\mathcal{A}_2$ sei Mengenalgebra über dem $\mathbb{R}^n$. Der Durchschnitt von $\mathcal{A}_1$ und $\mathcal{A}_2$ ist genau dann Mengenalgebra, wenn $m = n$ gilt.

12. $\{\phi\}$ ist Mengenalgebra über $\mathbb{R}$.

13. Die Vereinigung zweier Mengenalgebren über $\mathbb{R}^1$ ist Mengenalgebra.

14. Sei $\phi \neq A$, $A \subset \mathbb{R}^1$. Dann gilt: $\{\phi, A, \mathbb{R}^1 - A, \mathbb{R}^1\}$ ist Mengenalgebra.

15. Die Ereignisalgebra über $\mathbb{R}^n$ ist die kleinste Mengenalgebra über $\mathbb{R}^n$, die sämtliche Basisereignisse

$$I(\alpha) = \prod_{i=1}^{n} (-\infty, \ \alpha_i]$$

enthält für $\alpha = (\alpha_1, \ldots, \alpha_n)$, $\alpha \in \mathbb{R}^n$.

16. Die Ereignisalgebra über $\mathbb{R}^n$ ist die kleinste Mengenalgebra über $\mathbb{R}^n$, die sämtliche Basisereignisse $I(\alpha)$ enthält für $\alpha \in \mathbb{Q}^n$.

17. Die Ereignis - σ - Algebra über $\mathbb{R}^n$ ist die kleinste σ - Algebra über $\mathbb{R}^n$, die sämtliche Intervalle $I(\alpha)$, $\alpha \in \mathbb{R}^n$, enthält.

18. Die Ereignis - σ - Algebra über $\mathbb{R}^n$ ist die kleinste σ - Algebra über $\mathbb{R}^n$, die sämtliche Intervalle $I(\alpha)$, $\alpha \in \mathbb{Q}^n$, enthält.

19. Die Ereignisalgebra A^1 über $\mathbb{R}^1$ enthält die Intervalle $(-\infty, a]$, $a \in \mathbb{R}$.

20. Die Ereignisalgebra A^1 über $\mathbb{R}^1$ enthält die Intervalle $(-\infty, a)$, $a \in \mathbb{R}$.

21. Die Ereignisalgebra A^1 über $\mathbb{R}^1$ enthält alle Intervalle (a, ∞), $a \in \mathbb{R}$.

22. Die Ereignisalgebra A^1 über $\mathbb{R}^1$ enthält alle Intervalle $[a, \infty)$, $a \infty \mathbb{R}$.

23. Die Ereignisalgebra A^1 über $\mathbb{R}^1$ enthält das Elementarereignis $\{0\}$.

24. Die Ereignisalgebra A^1 über $\mathbb{R}^1$ enthält kein Elementarereignis.

25. Die Ereignisalgebra A^1 über $\mathbb{R}^1$ enthält viele Elementarereignisse, insbesondere die Elementarereignisse $\{a\}$, $a \in \mathbb{Q}$, aber nicht alle Elementarereignisse. $\{\pi\}$ ist etwa kein Elementarereignis aus A^1.

26. Sei a $<$ b, a, b $\in \mathbb{R}$. Dann gilt

26a. $[a, b] = \bigcap_{n \in \mathbb{N}} (a-1/n, b+1/n]$.

26b. $[a, b] = \bigcap_{n \in \mathbb{N}} (a-1/n, b+1/n)$.

26c. $[a, b] = \bigcup_{n \in \mathbb{N}} (a+1/n, b-1/n)$.

26d. $[a, b] = \bigcup_{n \in \mathbb{N}} [a+1/n, b-1/n]$.

26e. $(a, b) = \bigcup_{n \in \mathbb{N}} (a+1/n, b-1/n)$.

26f. $(a, b) = \bigcup_{n \in \mathbb{N}} [a+1/n, b-1/n]$.

26g. $(a, b) = \bigcup_{n \in \mathbb{N}} [a+1/n, b-1/n)$.

26h. $(-\infty, a) = \bigcup_{n \in \mathbb{N}} (-\infty, a-1/n]$.

26i. $(-\infty, a) = \bigcap_{n \in \mathbb{N}} (-\infty, a+1/n]$.

26j. $(-\infty, a) = \bigcup_{n \in \mathbb{N}} (-\infty, a-1/n)$.

26k. $(-\infty, a) = \bigcap_{n \in \mathbb{N}} (-\infty, a+1/n)$.

27. Zu jeder reellen Zahl a gibt es eine Folge $\{a_i\}_{i \in \mathbb{N}}$ von rationalen Zahlen derart, daß gilt

$$\lim_{i \to \infty} a_i = a.$$

28. Zu jeder reellen Zahl a gibt es eine monoton steigende Folge $\{a_i\}_{i \in \mathbb{N}}$ von rationalen Zahlen derart, daß gilt

$$\lim_{i \to \infty} a_i = a.$$

29. Zu jeder reellen Zahl a gibt es eine monoton fallende Folge $\{a_i\}_{i \in \mathbb{N}}$ von rationalen Zahlen derart, daß gilt

$$\lim_{i \to \infty} a_i = a.$$

30. **Jedes abgeschlossene Intervall des $\mathbb{R}^1$ läßt sich als abzählbarer Durchschnitt offener Intervalle des $\mathbb{R}^1$ darstellen.**

31. **Jedes abgeschlossene Intervall des $\mathbb{R}^1$ läßt sich als abzählbarer Durchschnitt offener Intervalle des $\mathbb{R}^1$ mit rationalen Randpunkten darstellen.**

32. **Jedes abgeschlossene Intervall des $\mathbb{R}^1$ läßt sich als abzählbare Vereinigung offener Intervalle des $\mathbb{R}^1$ darstellen.**

33. **Jedes offene Intervall des $\mathbb{R}^1$ läßt sich als abzählbare Vereinigung abgeschlossener Intervalle des $\mathbb{R}^1$ darstellen.**

34. **Elementarereignisse des $\mathbb{R}^1$ lassen sich als Schnittmenge zweier offener Intervalle des $\mathbb{R}^1$ darstellen.**

35. **Elementarereignisse des $\mathbb{R}^1$ lassen sich als Schnittmenge zweier abgeschlossener Intervalle des $\mathbb{R}^1$ darstellen.**

36. **Elementarereignisse lassen sich als offene Intervalle darstellen.**

37. **Elementarereignisse lassen sich als abgeschlossene Intervalle darstellen.**

Wahrscheinlichkeitsverteilungen und Verteilungsfunktionen: (Kapitel 4, 5)

1. X besitze Dichtefunktion

$$f(x) = \frac{1}{(2\pi)^{1/2}\sigma} \exp\left(-\frac{1}{2\sigma^2} x^2\right).$$

Sei $0 < a < b$. Dann gilt:

1a: $\qquad p(-b \leq X \leq -a) = p(a \leq X \leq b).$

1b: $\qquad p(-b \leq X \leq a) = p(-a \leq X \leq b).$

1c: $\qquad p(a < X < b) = p(-a \leq X \leq b).$

1d: $\qquad p(a \leq X < -b) = p(-a \leq x \leq b).$

1e: $\qquad p(a < X < b) = p(a \leq X \leq b).$

2. In einer Urne befinden sich m Kugeln, von denen m_1 rot sind. Es werde in jedem Versuch eine Kugel entnommen, diese Kugel werde nicht wieder zurückgelegt. Jede der verbleibenden Kugeln habe in jedem Versuch die gleiche Chance, gezogen zu werden. Es gelte

$$n \leq \min(m-m_1, m_1).$$

j messe die Anzahl der in n Versuchen gezogenen Kugeln. Es gelte:
$$n \geq 10.$$

2a: Dann gilt:

$$p(j) = \frac{m_1!\,(m-m_1)!\,n!\,(m-n)!}{j!\,(m_1-j)!\,m!\,(m-m_1-n+j)!\,(n-j)!}$$

2b: $\qquad p(2.7 \leq j \leq 4) = p(3 \leq j \leq 4)$

2c: $\qquad p(2 \leq j < 4.1) = p(2 \leq j \leq 4)$

2d: $\qquad p(2 < j \leq 4) = p(3 \leq j \leq 4.5)$

2e: $\qquad p(2 \leq j \leq 10) = 1 - p(0) - p(1)$

2f: $\qquad p(1 \leq j \leq 8) = 1 - p(0) - p(j > 8)$

2g: $\qquad p(2.3 \leq j) = 1 - p(j \leq 3)$

2h: $\qquad p(2.9 \leq j) = 1 - p(j < 3)$

2i: $\qquad p(2.9) = 0$

2j: $\qquad p(3.1 \leq j) = 1 - p(j \leq 3.9)$

3.   X sei R(3, 10) - verteilt. Dann gilt

3a:
$$F(x) = \begin{cases} 0 & x \leq 3 \\ (x-3)/7 & x \geq 3 \end{cases}$$

3b:
$$F(x) = \begin{cases} 0 & x < 3 \\ (x-3)/7 & 3 \leq x \leq 10 \\ 1 & x \geq 10 \end{cases}$$

3c:
$$F(x) = \begin{cases} 0 & x \leq 3 \\ (x-3)/7 & 3 \leq x < 10 \\ 1 & x \geq 10 \end{cases}$$

3d: $\qquad p(2 \leq X \leq 7) = p(6 \leq X \leq 11)$

de: $\qquad p(1 \leq X \leq 8) = p(4 \leq X \leq 9)$

3f: $\qquad p(5 < X < 6) = p(7 \leq X \leq 8)$

3g: $\qquad F(5) = 0.2$

3h: $\qquad p(4 \leq X \leq 7) = F(7) - F(4)$

3i: $\qquad p(4 < X < 7) = F(7) - F(4)$

3j: $\qquad p(3 < X \leq 7) = F(7)$

4.   X sei B(n, α) - verteilt, n $\geq$ 100. F sei die Verteilungsfunktion von X. Dann gilt

4a: $$p(3 \leq X) = 1 - p(1) - p(2).$$

4b: $$p(X \leq 100) = 1$$

4c: $$p(j) = \frac{n!}{j!\,(n-j)!} \; \alpha^j (1-\alpha)^{n-j}$$

4d: $$p(3 \leq X < 7) = \sum_{j=3}^{7} \frac{n!}{j!\,(n-j)!} \; \alpha^j (1-\alpha)^{n-j}$$

4e: $$p(3 < X \leq 7) = F(7) - F(3)$$

4f: $$p(2 \leq X \leq 100) = 1 - F(2)$$

4g: $$p(2 \leq X) = 1 - F(2)$$

4h: $$p(99 \leq X) = 1 - F(99) + p(X = 99)$$

4i: $$p(7 \leq X) = 1 - F(6)$$

4j: $$p(7 \leq X) = 1 - F(6.5)$$

Setze nun fest: n = 100, α = 0.5. Dann gilt:

4k: $$p(X = 30) = p(X = 60)$$

4l: $$p(X \leq 20) = p(X \geq 80)$$

4m: $$p(X \geq 30) = 1 - F(70)$$

4n: $$p(X \geq 50) = 1/2$$

4o: $$p(X \leq 50) = 1/2$$

5.   Sei n = 205, α = 1/2. Dann gilt

5a: $$p(X \leq 102) = p(X \geq 103)$$

5b: $$p(X \geq 102.5) = p(X \leq 102.05)$$

5c: $$p(X \geq 102.5) = p(X \leq 102.5)$$

5d: $$p(X \geq 102.5) = p(X < 102.5)$$

6.   Eine Wahrscheinlichkeitsverteilung p einer n - dimensionalen Zufallsvariablen ist eine Funktion

$$p: \mathcal{B}^n \to [0, 1].$$

7.   Eine Wahrscheinlichkeitsverteilung p einer n - dimensionalen Zufallsvariablen ist eine Funktion

$$p: \mathbb{R}^n \to [0, 1].$$

8.   Eine Verteilungsfunktion p einer n - dimensionalen Zufallsvariablen ist eine Funktion

$$p: \mathbb{R}^n \to [0, 1].$$

9.   Eine Verteilungsfunktion p einer n - dimensionalen Zufallsvariablen X

legt die Wahrscheinlichkeiten für alle Ereignisse aus $\mathcal{B}^n$ fest.

10. Eine Verteilungsfunktion F einer n - dimensionalen Zufallsvariablen legt nur die Wahrscheinlichkeiten der Basisereignisse $I(a)$, $a \in \mathbb{R}^n$, fest, und ist deshalb weniger informativ als die zugehörige Wahrscheinlichkeitsverteilung p: $\mathcal{B}^n \to [0, 1]$.

11. Eine Verteilungsfunktion F einer n - dimensionalen Zufallsvariablen X ist genau so informativ wie die Wahrscheinlichkeitsverteilung p dieser Zufallsvariablen, da die Borel'sche σ - Algebra $\mathcal{B}^n$ so konstruiert ist, daß die Wahrscheinlichkeiten von Ereignissen auf Wahrscheinlichkeiten von n - dimensionalen Intervallen zurückführbar sind.

12. Eine Verteilungsfunktion F einer n - dimensionalen Zufallsvariablen X ist schwach monoton fallend.

13. Die hypergeometrische Verteilung charakterisiert das Urnenmodell, wobei die gezogene Kugel wieder zurückgelegt wird.

14. Die hypergeometrische Verteilung charakterisiert das Urnenmodell ohne Zurücklegen. Von besonderem Interesse ist die hypergeometrische Verteilung dann, wenn die Anzahl der gezogenen Kugeln größer ist als die Anzahl der schwarzen Kugeln in der Urne.

15. Die Binomialverteilung und die negative Binomialverteilung charakterisieren das Urnenmodell mit Zurücklegen.

16. Der Unterschied zwischen Binomialverteilung und negativer Binomialverteilung besteht darin, daß bei der Binomialverteilung die Anzahl der Ziehungen feststeht und die Anzahl der Erfolge zufällig ist, während bei der negativen Binomialverteilung die Anzahl der Erfolge feststeht und die Zahl der Versuche zufällig ist.

17. Die Poisson - Verteilung läßt sich als Grenzfall der Binomialverteilung interpretieren.

18. Die Poisson - Verteilung kommt bevorzugt zum Einsatz, wenn die Anzahl der Versuche unbestimmt, aber sehr groß ist, und wenn außerdem die Erfolgswahrscheinlichkeit in jedem einzelnen Versuch sehr klein ist.

19. Die Fähigkeit, die Poisson - Verteilung als Approximation für die Binomialverteilung beruht auf folgender Abschätzung für großes n:

$$(1 - \lambda/n)^{n-j} \approx \exp(-\lambda) \quad \text{und} \quad \frac{n!}{j! \, (n-j)!} \, (\lambda/n)^j \approx \frac{\lambda^j}{j!}$$

Beide Abschätzungen sind nur richtig, wenn j im Vergleich zu n betragsmäßig sehr klein ist.

Unmögliche und fast unmögliche, sichere und fast - sichere Ereignisse, Trägermenge (Kapitel 5)

1. Ein unmögliches Ereignis besitzt Wahrscheinlichkeit 0, ein sicheres Er-
    eignis tritt mit Wahrscheinlichkeit 1 ein.

2. Eine Zufallsvariable X sei Poisson - verteilt. Ein Ereignis E besitze die
    Wahrscheinlichkeit 0. Dann ist E unmöglich und nicht nur fast - unmög-
    lich.

3. Eine Zufallsvariable X sei R(5, 10) - verteilt. Ein Ereignis $E \in \mathcal{B}^1$ be-
    sitze die Wahrscheinlichkeit 0. Dann ist E unmöglich und nicht nur fast
    - unmöglich.

4. Eine Zufallsvariable X sei R(5, 10) - verteilt. Für jedes Ereignis $E \neq \phi$,
    $E \in \mathcal{B}^1$, das die Wahrscheinlichkeit 0 besitzt, gilt: E ist nicht unmög-
    lich, sondern nur fast - unmöglich.

5. Eine Zufallsvariable X sei R(0, 1) - verteilt. Es gibt unter den Ereig-
    nissen $E \in \mathcal{B}^1$, die Wahrscheinlichkeit 0 besitzen und sich von ϕ unter-
    scheiden, solche, die fast - unmöglich sind, und solche, die unmöglich
    sind.

6. Eine eindimensionale Zufallsvariable X sei N(0, 1) - verteilt. $E \in \mathcal{B}^1$ sei
    Ereignis, das sich von ϕ unterscheidet. E besitze Wahrscheinlichkeit 0.
    Dann gilt: E ist nicht unmöglich, aber fast - unmöglich.

7. Eine eindimensionale Zufallsvariable X sei N(0, 1) - verteilt. Unter den
    Ereignissen $E \in \mathcal{B}^1$, die $\neq \phi$ sind und Wahrscheinlichkeit 0 besitzen, gibt
    es unmögliche und fast - unmögliche Ereignisse.

8. Die Trägermenge einer Zufallsvariablen X enthält alle Ereignisse, die
    nicht logisch ausgeschlossen sind.

9. Die Trägermenge einer Zufallsvariablen X enthält nur Elementarereignis-
    se, die nicht logisch ausgeschlossen sind.

10. Die Trägermenge einer diskret verteilten Zufallsvariablen enthält Elemen-
    tarereignisse, die mit Wahrscheinlichkeit > 0 eintreten.

11. Die Trägermenge einer diskret verteilten Zufallsvariablen enthält fast -
    unmögliche Elementarereignisse.

12. Die Trägermenge einer stetig verteilten Zufallsvariablen enthält fast -
    unmögliche Ereignisse.

13. Die Trägermenge einer stetig verteilten Zufallsvariablen enthält nur

fast - unmögliche Ereignisse.

Stochastische Unabhängigkeit (Kapitel 4)

1. Zwei n - dimensionale Zufallsvariable X_1 und X_2 sind stochastisch unabhängig, wenn es Ereignisse A, B $\in \mathcal{B}^n$ gibt derart, daß gilt
$$p(X_1 \in A \,\hat{}\, X_2 \in B) = p(X_1 \in A) \, p(X_2 \in B).$$

2. Zwei n - dimensionale Zufallsvariable X_1 und X_2 sind stochastisch unabhängig, wenn für alle A, B $\in \mathcal{B}^n$ gilt
$$p(X_1 \in A \,\hat{}\, X_2 \in B) = p(X_1 \in A) \, p(X_2 \in B).$$

3. Zwei n - dimensionale Zufallsvariable X_1 und X_2 seien nicht stochastisch unabhängig. Dann gibt es Ereignisse A, B derart, daß gilt
$$p(X_1 \in A \,\hat{}\, X_2 \in B) = p(X_1 \in A) \, p(X_2 \in B).$$

4. Zwei n - dimensionale Zufallsvariable X_1 und X_2 seien nicht stochastisch unabhängig. Dann gibt es Ereignisse A, B derart, daß gilt
$$p(X_1 \in A \,\hat{}\, X_2 \in B) \neq p(X_1 \in A) \, p(X_2 \in B).$$

5. Zwei n - dimensionale Zufallsvariable X_1 und X_2 seien nicht stochastisch unabhängig. Dann gibt es keine Ereignisse A, B derart, daß gilt
$$p(X_1 \in A \,\hat{}\, X_2 \in B) = p(X_1 \in A) \, p(X_2 \in B).$$

Elemente von $\mathcal{B}^n$ (Kapitel 2)

1a. $\mathbb{R}^n$ ist Element von $\mathcal{B}^n$.

1b. $\mathbb{Q}$ ist Element von $\mathcal{B}^n$.

1c. $\mathbb{R}^n - \mathbb{Q}^n$ ist Element von $\mathcal{B}^n$.

1d. $\mathcal{B}^n$ enthält außer Intervallen keine überabzählbaren Mengen.

1e. $\mathcal{B}^n$ enthält Komplemente aller n - dimensionalen Intervalle.

1f. $\mathcal{B}^n$ enthält Komplemente aller abzählbaren Mengen.

1g. Es gibt überabzählbare Teilmengen des $\mathbb{R}^n$, die kein Element von $\mathcal{B}^n$ sind.

σ - Additivität (Kapitel 3)

1. σ - Additivität ist eine Eigenschaft der Verteilungsfunktion einer Zufallsvariablen und nicht eine Eigenschaft der Wahrscheinlichkeitsverteilung einer Zufallsvariablen.

2.   Sei F Verteilungsfunktion einer Zufallsvariablen. Dann ist F σ - additiv.

3. σ - Additivität einer Wahrscheinlichkeitsverteilung p: $\mathcal{B}^n \to [0, 1]$ liegt vor, wenn gilt: Sei $\{A_i\}_{i \in \mathbb{N}}$ Folge von Elementen aus $\mathcal{B}^n$. Dann gilt

$$p\left(\bigcup_{i \in \mathbb{N}} A_i \right) = \sum_{i \in \mathbb{N}} p(A_i)$$

σ - Algebren und Trägermengen (Kapitel 3)

1.   Sei X eindimensionale Zufallsvariable mit Trägermenge $\mathbb{R}$. Dann kann die Potenzmenge von $\mathbb{R}$ als σ - Ereignisalgebra Verwendung finden.

2.   Sei X eindimensionale Zufallsvariable mit den ganzen Zahlen als Trägermenge. Dann kann die Potenzmenge von $\mathbb{Z}$ als Ereignis - σ - Algebra eingesetzt werden.

3.   Die Potenzmenge von $\mathbb{R}$ ist keine σ - Algebra und kann deshalb nicht als Ereignis - σ - Algebra einer Zufallsvariablen X mit Trägermenge $\mathbb{R}$ verwendet werden.

4.   Sei X eindimensionale Zufallsvariable mit Trägermenge $\mathbb{R}$. Die Potenzmenge von $\mathbb{R}$ wird deshalb nicht als σ - Algebra verwendet, weil es möglicherweise zur Verteilungsfunktion F von X keine σ - additive Wahrscheinlichkeitsverteilung gibt, die jedem Element der Potenzmenge eine Wahrscheinlichkeit zuweist und für die außerdem gilt

$$p(X \leq a) = F(a) \; \forall \, a \in \mathbb{R}.$$

5.   Sei X diskret verteilte Zufallsvariable mit Trägermenge $\mathbb{Z}$. Die Potenzmenge von $\mathbb{Z}$ kann deshalb als Ereignis - σ - Algebra Verwendung finden anstelle von $\mathcal{B}^1$, weil für ein beliebiges Ereignis B aus $\mathcal{B}^1$ gilt

$$p(B) = p(B \cap \mathbb{Z}).$$

6.   X sei diskret verteilt mit Trägermenge $\mathbb{Z}$. Sei B $\in \mathcal{B}^1$. Dann gilt: B - (B $\cap \mathbb{Z}$) ist unmögliches Ereignis.

7.   Sei $\mathbb{Z}$ die Trägermenge einer Zufallsvariablen X. Dann kann die Potenzmenge von $\mathbb{Z}$ als σ - Algebra verwendet werden, weil $\mathbb{Z}$ abzählbar ist.

8.   Die kleinste σ - Algebra, die nur Teilmengen von $\mathbb{Z}$ enthält und die außerdem jedes Element von $\mathbb{Z}$ als Element enthält, ist die Potenzmenge von $\mathbb{Z}$.

9.   Sei X Zufallsvariable mit Trägermenge $\mathbb{N}$. Dann kann die Potenzmenge von $\mathbb{N}$ nicht sicher als σ - Algebra gewählt werden.

10. Die Potenzmenge von $\mathbb{N}$ ist Mengenalgebra, aber keine σ - Algebra.

Kombinatorik (Kapitel 4)

1.   Es gibt

$$\frac{49!}{7!\,42!}$$

Möglichkeiten, beim Lotto Ziehungen einschließlich der Zusatzzahl durchzuführen, wenn man die Reihenfolge, in der die 7 Kugeln zieht, nicht be achtet.

2.   Es gibt

$$\frac{49!}{7!}$$

derartige verschiedene Möglichkeiten, wenn man Ziehungen sogar nach der Reihenfolge unterscheidet, nach der die Kugeln gezogen werden.

3.   Die Ziehung der Lottozahlen führte zu einem Ergebnis, das folgendermaßen gekennzeichnet werden kann: Sei $x_1 < x_2 < x_3 < x_4 < x_5 < x_6$ das Ziehungsergebnis ohne Zusatzzahl, nachdem die Zahlen nach Größe sortiert sind. Dann gibt es

a: $-\ 24\ \dfrac{23!}{6!\ 17!}$

b: $-\ 24\ \dfrac{23!}{4!\ 19!}$

c: $-\ 23\ \dfrac{24!}{6!\ 18!}$

d: $-\ 23\ \dfrac{24!}{4!\ 20!}$

Möglichkeiten, ein Ziehungsergebnis zu ermitteln, bei dem es zwei aufeinanderfolgende Zahlen x_i und x_{i+1} gibt derart, daß $x_{i+1} - x_i = 25$ gilt.

4.   Die größtmögliche Differenz zweier aufeinanderfolgender Zahlen (ohne Berücksichtigung der Zusatzzahlen ist 43.

5.   Verschärfe die Bedingung $x_{i+1} - x_i = 25$ zu $x_4 - x_3 = 25$. Dann gibt es

$$\sum_{j=2}^{21} \frac{j!\ (23-j)!}{(j-2)!\ 2!2!\ (21-j)!}$$

derartiger Serien.

6. Es gibt n^m Möglichkeiten, m Socken auf n Schubladen zu verteilen, wenn jede Schublade mindestens m Socken beinhalten kann.

7. Es gibt n! Möglichkeiten, n Socken auf n Schubladen zu verteilen, wenn in jeder Schublade nur ein Socken liegen darf.

8. Es gibt n!/m! Möglichkeiten, n-m Socken auf n Schubladen zu verteilen, wenn n > m $\geq$ 0 gilt und in jeder Schublade höchstens ein Socken liegen darf.

9. Es seien m weiße Kugeln und p schwarze Kugeln auf n $\geq$ m+p Fächer so zu verteilen, daß in jedem Fach höchstens eine Kugel liegt. Nach der Reihenfolge, in der die Kugeln auf die Fächer verteilt werden, werde nicht unterschieden. Dann gibt es

a. $\quad - \dfrac{n!}{m!\ p!}$

b. $\quad - \begin{bmatrix} n \\ m+p \end{bmatrix} \begin{bmatrix} m+p \\ p \end{bmatrix}$

c. $\quad - \begin{bmatrix} n \\ m+p \end{bmatrix} \begin{bmatrix} m+p \\ m \end{bmatrix}$

derartige Möglichkeiten.

10. Es gilt

$$\begin{bmatrix} n \\ m-1 \end{bmatrix} + \begin{bmatrix} n \\ m \end{bmatrix} = \begin{bmatrix} n+1 \\ m+1 \end{bmatrix}$$

falls $0 \leq m \leq n$ ist und $m, n \in \mathbb{Z}$ gilt.

11. Es gilt

$$(a + b)^n = \sum_{j=1}^{n} \frac{n!}{j!\,(n-j)!}\ a^j b^{n-j}$$

für $n \in \mathbb{N}$.

Momente eindimensionaler Stichproben und Zufallsvariabler (Kapitel 6)

1. Der Mittelwert einer Stichprobe $\{x_1, \ldots, x_T\}$ ist definiert durch

$$\bar{x} = \sum_{j=1}^{T} x_j.$$

2. Der Mittelwert einer Stichprobe $\{x_1, \ldots, x_T\}$ ist definiert als Summe aller eingetretenen Elementarereignisse, multipliziert mit der relativen Häufigkeit ihres Eintretens.

3. Die Varianz einer Stichprobe $\{x_1,\ldots\ldots, x_T\}$ ist gegeben als Summe aller eingetretenen Abweichungen vom Mittelwert, multipliziert mit der relativen Häufigkeit ihres Eintretens.

4. Die Varianz einer Stichprobe $\{x_1, \ldots, x_T\}$ ist gegeben als die Summe der Quadrate aller eingetretenen Abweichungen vom Mittelwert, multipliziert mit der Häufigkeit ihres Eintretens.

5. Die Varianz einer Stichprobe $\{x_1,\ldots,x_T\}$ ist gegeben als die Summe der Quadrate aller eingetretenen Abweichungen vom Mittelwert, multipliziert mit der relativen Häufigkeit ihres Eintretens.

6. Sei $\{x_1,\ldots\ldots,x_T\}$ Stichprobe, sei $\bar{x}$ der Mittelwert, s^2 die Varianz. Dann gilt:

a:
$$s^2 = \frac{1}{T} \sum_{j=1}^{T} (x_j - \bar{x})^2$$

b:
$$s^2 = \frac{1}{T} \sum_{j=1}^{T} (x_j - \frac{1}{T} \sum_{j=1}^{T} x_j)^2$$

c:
$$s^2 = \sum_{j=1}^{T} x_j^2 - \bar{\bar{x}}$$

d:
$$\sum_{j=1}^{T} x_j^2 = s^2 + \bar{x}$$

7. Für die Stichprobe $\{x_1,\ldots, x_n\}$ existieren alle zentralen Momente, aber nicht alle Momente.

8. Alle zentrale Momente existieren nur dann, wenn alle Momente existieren. Für eine endliche Stichprobe existieren alle Momente.

9. Man kann von den Momenten einer endlichen Stichprobe auf die zentralen Momente der Stichprobe schließen.

10. Man kann von den zentralen Momenten einer Stichprobe auf die Momente der Stichprobe schließen.

11. Kennt man den Mittelwert einer endlichen Stichprobe und außerdem alle zentralen Momente der Stichprobe, so kann man auch auf sämtliche Elemente der Stichprobe schließen.

12. Kennt man die eingetretenen m Ereignisse einer endlichen Stichprobe und die ersten m Momente der Stichprobe, so kann man auf die relativen Häufigkeiten schließen, mit der diese Ereignisse eingetreten sind.

13. Kennt man die eingetretenen m Ereignisse einer Stichprobe und die ersten m-1 Momente der Stichprobe, so kann man auf die relativen Häufigkeiten schließen, mit der diese Ereignisse eingetreten sind.

14. Kennt man die eingetretenen m Ereignisse einer Stichprobe und die ersten

m-1 zentralen Momente, so kann man auf die relativen Häufigkeiten schließen, mit der diese Ereignisse eingetreten sind.

15. Das erste zentrale Moment einer Stichprobe ist 1.

16. Das erste zentrale Moment einer Stichprobe ist 0.

17. Das erste zentrale Moment einer Stichprobe ist nicht definiert.

18. Mittelwerte sind für alle Skalenniveaus sinnvoll interpretierbar.

19. Quantile sind für alle Skalenniveaus sinnvoll interpretierbar.

20. Quantile sind nur für ordinale Skalen sinnvoll interpretierbar.

21. Quantile sind auch für kardinale Skalen sinnvoll interpretierbar.

22. Mittelwerte sind auch für Ordinalskalen sinnvoll interpretierbar.

23. Mittelwerte sind für Ordinalskalen eigentlich nicht interpretierbar.

24. Die Streuung, die auf der Grundlage einer ordinal skalierten Stichprobe
    bestimmt wird, ist ein gutes Maß für die qualitativen Unterschiede, die
    in der Stichprobe zum Ausdruck kommen.

25. Der Mittelwert der Noten eines Klausurergebnisses ist ein gutes Maß für
    die Leistungsfähigkeit der Klausurteilnehmer.

26. Ist die Streuung der Klausurnoten groß, ist gesichert, daß das Leistungs-
    spektrum der Klausurteilnehmer groß ist.

27. Die Streuung der Klausurnoten ist bestenfalls ein Indiz für die Streuung
    der erbrachten Leistungen.

28. Klausurnoten sind nominal skaliert.

29. Klausurnoten sind ordinal skaliert.

30. Der Median einer Stichprobe vom Umfang 2n+1 ist eindeutig bestimmt.

31. Der Median einer Stichprobe vom Umfang 2m ist nicht notwendig eindeutig
    bestimmt.

32. Der Median einer Stichprobe vom Umfang 2m+1 ist immer eindeutig bestimmt.

33. Der Median einer Stichprobe vom Umfang 2m ist nie eindeutig bestimmt.

34. Ob der Median einer Stichprobe vom Umfang 2m eindeutig bestimmt ist,
    hängt von der Stichprobe ab.

35. Für jedes α, $0 \leq \alpha \leq 1$ und für jede endliche mindestens ordinal skalierte
    Stichprobe existiert ein Stichproben- Lageparameter zum Niveau α.

36. Verschiedene α führen auch zu verschiedenen Stichproben- Lageparametern
    bei einer gegebenen mindestens ordinal skalierten Stichprobe.

37. Verschiedene α können in einer Stichprobe zum gleichen Stichproben - La-
    geparameter führen.

38. Ein Stichproben- Lageparameter einer Stichprobe $\{x_1, \ldots\ldots, x_T\}$ zum Niveau
    $\alpha > 0$ ist bestimmt durch eine Zahl a, die folgendes erfüllt:

Die relative Häufigkeit, daß eine Realisation $x_t \leq a$ erfüllt, ist $\geq \alpha$. Gleichzeitig ist die relative Häufigkeit, daß eine Realisation $x_t \geq a$ erfüllt, $\geq 1-\alpha$.

39. Ein Stichproben- Lageparameter einer Stichprobe $\{x_1, \ldots, x_T\}$ zum Niveau $\alpha > 0$ ist bestimmt durch eine Zahl a, die folgendes erfüllt:

$$h(x \geq a) \geq \alpha \text{ und } h(x \leq a) \geq \alpha.$$

Dabei ist h(E) die Häufigkeit, mit der ein Ereignis E eingetreten ist.

40. Stichproben - Lageparameter zum Niveau α sind nur interpretierbar für Stichproben, die mindestens ordinal skaliert sind.

Charakterisierung von Verteilungen durch ihre Momente (Kapitel 6)

1. Sei X R(a, b) - verteilt. Dann gilt:

$$\mu = E\,X = (a + b)/2 \quad \text{und} \quad \sigma^2 = \text{var}(X) = (a - b)^2/12. \text{ Außerdem gilt}$$

$$a = \mu - (3\sigma^2)^{1/2} \quad b = \mu + (3\sigma^2)^{1/2}$$

2. Sei X B(n, α) - verteilt. Dann gilt:

$$\mu = E\,X = n\alpha \quad \text{und} \quad \sigma^2 = \text{var}(X) = n\alpha(1-\alpha).$$

Außerdem gilt

$$n = \mu^2/(\mu - \sigma^2) \quad \text{und} \quad \alpha = \mu - \sigma^2/\mu$$

3. Sei X P(α) - verteilt. Dann gilt:

$$\mu = E\,X = \alpha \quad \text{und} \quad E\,X^2 = \alpha + \alpha^2.$$

4. Sei X Zufallsvariable mit endlicher Trägermenge. Dann existieren alle Momente, und man kann bei bekannter Trägermenge von den Momenten auf die zugrundeliegende Verteilung schließen.

5. Sei X Zufallsvariable mit diskreter Trägermenge. Dann existieren alle Momente, und man kann bei bekannter Trägermenge von den Momenten auf die zugrundeliegende Verteilung schließen.

6. Sei X R(a, b) - verteilt. Dann existieren für X alle Momente.

7. Sei X Poisson - verteilt. Da die Trägermenge von X unendlich viele Elemente besitzt, existieren für X nicht alle Momente.

8. Sei X eindimensionale Zufallsvariable mit Trägermenge $T = \mathbb{N}$. Sei

$$p(j) = \frac{1}{j(j+1)} \quad \text{für } j \in T.$$

Dann gilt: X besitzt keinen Erwartungswert.

9. Existiert für eine eindimensionale Zufallsvariable kein betragsmäßig größtes Elementarereignis, so existieren für X nicht alle Momente.

10. Es gibt eindimensionale Zufallsvariable X,deren Trägermenge kein betragsmäßig größtes Element besitzt und für die gilt: $E\ X^k$ existiert $\forall\ k \in \mathbb{N}$.

11. X sei Zufallsvariable, $\mu = E\ X$ und $\sigma^2 = \text{var}(X)$ existieren. Dann gilt:
$$Y = (X - \mu)/\sigma^2$$
besitzt Erwartungswert 0 und Varianz 1.

Stichprobenmomente mehrdimensionaler Stichproben (Kapitel 7)

1. Sei $\{x_t\}_{1 \leq t \leq T}$ Stichprobe von Elementen des $\mathbb{R}^n$ des Umfanges T. Dann ist
die Matrix der zweiten Momente eine Matrix mit T Zeilen und Spalten.

2. Sei $\{x_j\}_{1 \leq j \leq T}$ Stichprobe von Elementen des $\mathbb{R}^n$ vom Umfang T. Dann gilt:
Die Matrix der zweiten Momente ist definiert durch
$$\sum_{j=1}^{T} x_j x_j^t.$$
Dabei ist $x_j = (x_{1j},\ x_{2j},\ \ldots\ldots,\ x_{nj})^t$.

3. Sei $\{x_j\}_{1 \leq j \leq T}$ Stichprobe von Elementen des $\mathbb{R}^n$ vom Umfang T. Dann gilt:
Die Matrix S der zweiten zentralen Stichprobenmomente ist gegeben durch
$$S = 1/T \sum_{j=1}^{T} x_j x_j^t - \bar{x}\bar{x}^t$$
mit $\bar{x} = (\bar{x}_1, \ldots\ldots, \bar{x}_n)^t$ und $\bar{x}_i = \sum_{j=1}^{T} x_{ij}/T$.

4. $\bar{x} = \sum_{j=1}^{T} x_j$ ist der Mittelwertvektor der Stichprobe $\{x_j\}_{1 \leq j \leq T}$ von Elementen des $\mathbb{R}^n$ vom Umfang T.

5. Sei $\{x_j\}_{1 \leq j \leq T}$ Stichprobe von Elementen des $\mathbb{R}^n$ vom Umfang T. Sei $\bar{x}$ der
Vektor der Mittelwerte. Dann gilt
$$\sum_{j=1}^{T} (x_j - \bar{x}) = 0.$$

6. Sei $\{x_j\}_{1 \leq j \leq T}$ Stichprobe von Elementen des $\mathbb{R}^n$ vom Umfang T. Sei S die Matrix der zentralen Stichprobenmomente zweiter Ordnung. Dann gilt:
$$S = S^t.$$

7. S sei die Matrix der zweiten zentralen Stichprobenmomente einer Stichpro-

be von Elementen des $\mathbb{R}^n$ vom Umfang T. Dann gilt für $\alpha \in \mathbb{R}^n$:

$$\alpha^t S \alpha \geq 0..$$

8. Sei $\{x_j\}_{1 \leq j \leq T}$ Stichprobe von Elementen des $\mathbb{R}^n$ vom Umfang T. Dann existiert für alle $i_1,\ldots, i_n \in \mathbb{N} \cup \{0\}$ das Moment $(i_1,\ldots,i_n)$ - ter Ordnung und ist definiert mittels

$$m_{i_1 i_2 \ldots i_n} = 1/T \sum_{j=1}^{T} x_{1j}^{i_1} x_{2j}^{i_2} \ldots x_{nj}^{i_n}$$

9. Die Stichprobenmomente einer Stichprobe lassen sich nur dann sinnvoll interpretieren, wenn die Komponenten der Stichprobenelemente kardinales Skalenniveau aufweisen.

10. Man kann auch für kardinal skalierte zweidimensionale Stichproben des Umfangs T den Spearman'schen Rangkorrelationskoeffizienten betrachten, die Verwendung des Kendall'schen τ hingegen ist ausgeschlossen, weil die Definition von Kendall's τ ein Skalenniveau verlangt, das im Falle kardinal skalierter Stichproben nicht vorliegt.

11. Spearman's Rangkorrelationskoeffizient kann auf der Grundlage der folgenden Vorstellung interpretiert werden: Gleiche Differenzen von Rangzahlen weisen auf gleiche Qualitätsunterschiede hin.

12. Der Spearman'sche Rangkorrelationskoeffizient weist den Vorteil auf, daß seine Interpretation nicht darunter leidet, wenn die Rangfolge der einzelnen Merkmale nicht eindeutig bestimmt ist.

13. Der Skalenrang $R_t(x_1,\ldots, x_T)$ einer Serie $\{x_j\}_{1 \leq j \leq T}$ mit ordinalem Skalenniveau ist bestimmt als die Anzahl der Komponenten von $\{x_j\}_{1 \leq j \leq T}$, die $\geq x_t$ sind.

14. Spearman's Rangkorrelationskoeffizient r_{Sp} einer Serie $\{(x_j, y_j)\}_{1 \leq j \leq T}$ mit ordinalem Skalenniveau ist definiert durch

$$r_{Sp} = 1 - \frac{6}{T(T-1)(T+1)} \sum_{t=1}^{T} (R_t(x_1,\ldots, x_T) - R(y_1,\ldots,y_T))^2.$$

15. Gilt für die Stichprobe $\{(x_j, y_j)\}_{1 \leq j \leq T}$ die Bedingung

$$x_i < x_{i+1} \quad \text{und} \quad y_i < y_{i+1} \quad \text{für alle } i < T,$$

so nimmt Spearman's Rangkorrelationkoeffizient den Wert 1 an.

16. Die letzte Aussage ist auch richtig, wenn man die Bedingung

$$x_i < x_{i+1} \quad \text{und} \quad y_i < y_{i+1}$$

ersetzt durch die schwächere Bedingung

$$x_i \leq x_{i+1} \quad \text{und} \quad y_i \leq y_{i+1} \quad \text{für alle } i < T.$$

17. Sei $\{(x_j, y_j)\}_{1 \leq j \leq T}$ zweidimensionale ordinal skalierte Stichprobe vom

Umfang n. Es gelte:

$$x_i < x_{i+1} \text{ und } y_i < y_{i+1} \quad \text{für alle } i < T.$$

Dann ist die Anzahl der Proversionen dieser Serie gegeben durch $T(T-1)/2$. Dabei ist die t-te Proversion s_t definiert mittels

$$s_t = |\{(x_j, y_j) \mid x_j > x_t \wedge y_j > y_t\}|.$$

18. Sei $\{(x_j, y_j)\}_{1 \leq j \leq T}$ ordinal skalierte zweidimensionale Stichprobe vom Umfang T. Es gelte:

$$i \neq j \longrightarrow x_i \neq x_j \text{ und } y_i \neq y_j.$$

Mit s_t sei die t-te Proversion bezeichnet. Dann ist Kendall's τ definiert durch

$$\tau = \frac{4}{T(T-1)} \sum_{t=1}^{T} s_t - 1$$

19. Sei

Merkmal 1	1	2	
Merkmal 2			
1	2	3	5
2	3	2	5
	5	5	10

Dann gilt: $\aleph^2 = 0.4$.

20. Sei eine Kontingenztafel gegeben mit den Häufigkeiten t_{ij}, $1 \leq i \leq m$, $1 \leq j \leq n$, $t_{ij} \in \mathbb{N} \cup \{0\}$. Dann gilt

$$\aleph^2 = T \sum_{i=1}^{m} \sum_{j=1}^{n} \frac{(t_{ij} - t_{.j} t_{i.}/T)^2}{t_{i.} t_{.j}}$$

mit

$$T = \sum_{i=1}^{m} \sum_{j=1}^{n} t_{ij} \ , \ t_{i.} = \sum_{j=1}^{n} t_{ij} \quad t_{.j} = \sum_{i=1}^{m} t_{ij} \ .$$

In dieser Kontingenztafel gilt mit obigen Bezeichnungen

$$\sum_{i=1}^{m} \sum_{j=1}^{n} (t_{ij} - t_{i.} t_{.j}) = 0.$$

21. Bezeichne mit h_{ij}, $h_{i.}$, $h_{.j}$ die zu t_{ij}, $t_{i.}$, $t_{.j}$ gehörigen relativen Häufigkeiten. Dann gilt

$$\sum_{i=1}^{m} \sum_{j=1}^{n} (h_{ij} - h_{i.} h_{.j}) = 0.$$

22. Der Wert $\aleph^2$ bei der Auswertung der Kontingenztafel nimmt Werte in $\mathbb{R}$ an, insbesondere kann man keinen kleineren Wertebereich angeben, in dem $\aleph^2$ liegt.

23. Bei der Bestimmung eines Zusammenhangs zwischen einer zweidimensionalen Stichprobe $\{(x_j, y_j)\}_{1 \leq j \leq T}$, bei der die x_j kardinal, die y_j ordinal skaliert sind, kann man etwa auf Kendall's τ zurückgreifen, man bekommt aber bei der Verwendung des empirischen Korrelationskoeffizienten Interpretationsschwierigkeiten wegen der Unterstellung der Interpretierbarkeit von Addition und Subtraktion.

24. Ist die Varianz - Kovarianz - Matrix Ω einer n - dimensionalen Zufallsvariablen X Diagonalmatrix, so sind die einzelnen Komponenten miteinander unkorreliert.

25. Unkorrelierte Zufallsvariable sind voneinander stochastisch unabhängig. Zwei Zufallsvariable X und Y mögen Varianzen besitzen und voneinander stochastisch unabhängig sein. Dann sind beide Zufallsvariable unkorreliert.

26. Ist die zweidimensionale Zufallsvariable (X, Y) normalverteilt und sind X und Y voneinander unkorreliert, so sind X und Y voneinander stochastisch unabhängig.

27. Sei (X, Y) Zufallsvariabler mit gemeinsamer Dichtefunktion f(x, y). Sind X und Y miteinander unkorreliert, so gilt: $f(x, y) = f_1(x)\, f_2(y)$.

28. Sei (X, Y) Zufallsvariable mit gemeinsamer Dichtefunktion f(x, y). Es gelte

$$f(x, y) = f_1(x)\, f_2(y).$$

Dann sind X und Y unkorreliert.

29. (X, Y) sei eine zweidimensionale Zufallsvariable, so daß die Varianzen von X und Y existieren. Dann existiert auch die Kovarianz von X und Y.

30. (X, Y) sei zweidimensionale Zufallsvariable mit Kovarianz a. Dann gilt:

$$a \geq 0.$$

31. Der Pearson - Bravais'sche Korrelationskoeffizient ρ einer zweidimensionalen Zufallsvariablen (X, Y) ist gegeben durch

$$\rho = (E\, XY - EX\, EY)/(\mathrm{Var}(X)\, \mathrm{Var}(Y))^{1/2}$$

und existiert nur, wenn die Matrix der zweiten Momente existiert.

32. Den Pearson - Bravais'schen Korrelationskoeffizienten kann man auch für zweidimensionale Zufallsvariable (X, Y) bestimmen, für die nur die Matrix der zentralen zweiten Momente existiert, die Existenz der Matrix der

zweiten Momente muß dann nicht mehr separat geprüft werden.

33. Besitzt die Trägermenge T einer zweidimensionalen Zufallsvariablen nur Elemente mit positiven Komponenten und existiert die Matrix der zweiten Momente, so ist der Pearson - Bravais'sche Korrelation notwendig positiv.

34. Sei (X, Y) zweidimensionale Zufallsvariable mit diskreter Trägermenge. Dann nimmt der Pearson - Bravais'sche Korrelationskoeffizient ρ genau dann den Wert 1 an, wenn gilt:
$$Y = a + bX \text{ und } b > 0.$$

35. (X, Y) sei Zufallsvariable, deren zweite Momente existieren. Dann nimmt der Korrelationskoeffizient ρ einen Wert zwischen -1 und 1 an.

36. Sei X n - dimensionale Zufallsvariable mit endlicher Trägermenge. Dann existieren alle Momente $(i_1, \ldots, i_n)$ter Ordnung.

37. Eine $N(\mu, \Omega)$ - verteilte Zufallsvariable n - dimensionale Zufallsvariable besitzt die Dichtefunktion
$$f(x) = \frac{1}{(2\pi)^{n/2} (\det \Omega)^{1/2}} \exp\{- 1/2 (x-\mu)^t \Omega^{-1} (x-\mu)\} \qquad x \in \mathbb{R}^n.$$

38. Die Varianz - Kovarianz - Matrix einer n - dimensionalen $N(\mu, \Omega)$ - verteilten Zufallsvariablen X ist durch Ω gegeben. Es gilt außerdem $E\,X = \mu$.

39. Es sei X n - dimensionale Zufallsvariable mit Erwartungsvektor μ und Varianz - Kovarianz - Matrix Ω. Dann gilt:
$$E\,AX = A\mu \text{ und } \mathrm{Cov}(AX) = A\Omega A^t$$
für jede (m, n) - Matrix A.

40. Es gilt $\begin{bmatrix} 1 & -1 \\ 1 & 1 \end{bmatrix} \begin{bmatrix} 4 & 3 \\ 3 & 4 \end{bmatrix} \begin{bmatrix} 1 & 1 \\ -1 & 1 \end{bmatrix} = \begin{bmatrix} 1 & 0 \\ 0 & 7 \end{bmatrix}.$

41. Sei X $N(\mu, \Omega)$ - verteilt mit
$$\mu = \begin{bmatrix} 1 \\ 1 \end{bmatrix} \quad \text{und} \quad \Omega = \begin{bmatrix} 4 & 3 \\ 3 & 4 \end{bmatrix}.$$
Dann gilt
$\begin{bmatrix} 1 & 1 \\ -1 & 1 \end{bmatrix}$ X besitzt Erwartungsvektor $\begin{bmatrix} 2 \\ 0 \end{bmatrix}$ und Varianz - Kovarianz - Matrix $\begin{bmatrix} 2 & 0 \\ 0 & 14 \end{bmatrix}.$

Momente von Summen von Zufallsvariablen (Kapitel 9)

1. Seien f, g integrierbare Funktionen, f + g sei Funktion. Dann gilt: Das Integral von f + g stimmt mit der Summe der Integrale von f und g überein.

2. Seien f und g integrierbare Funktionen, deren Produkt existiere. Dann gilt: Das Produkt aus f und g existiert und das Integral des Produktes stimmt mit dem Produkt der Integrale überein.

3. Sei f(x, y) die Dichte einer zweidimensionalen Zufallsvariablen (X, Y). Gilt für beliebige a, α, b, β die Beziehung

$$\int_a^b \int_\alpha^\beta f(x, y)\, dx\, dy = \int_a^b \int_\alpha^\beta f_1(x)\, f_2(y)\, dx\, dy$$

und sind $f_1(x)$ und $f_2(y)$ stetige Dichtefunktionen, so gilt

$$f(x, y) = f_1(x)\, f_2(y) \qquad \forall\ x,\ y.$$

4. Der Erwartungswert der Summe zweier eindimensionaler Zufallsvariabler stimmt mit der Summe der Erwartungswerte beider Zufallsvariabler überein, falls die Erwartungswerte beider Zufallsvariabler existieren.

5. Für stochastisch unabhängige eindimensionale Zufallsvariable X und Y existiere $E\, X^2$ und $E\, Y^2$. Dann gilt:

$$\mathrm{var}(X + Y) = \mathrm{var}(X) + \mathrm{var}(Y).$$

6. Falls X und Y eindimensionale unkorrelierte Zufallsvariable mit existierenden Varianzen sind, gilt:

$$\mathrm{var}(X + Y) = \mathrm{var}(X) + \mathrm{var}(Y).$$

7. Es gibt unkorrelierte Zufallsvariable X und Y, deren Varianz existiert und für die gilt

$$\mathrm{var}(X + Y) = \mathrm{var}(X) + \mathrm{var}(Y).$$

8. Sei X n-dimensionale Zufallsvariable mit Varianz - Kovarianz - Matrix Ω. Dann gilt für die Zufallsvariable Y = - X: Y besitzt Varianz - Kovarianz - Matrix Ω.

9. Sei X n-dimensionale Zufallsvariable mit der Varianz - Kovarianz - Matrix Ω. Das i-te Diagonalelement von Ω ist die Varianz der i-ten Komponente von X.

Interpretationsfragen (Kapitel 1, 2):

1. Eine Person beschreibe zwei Versuche nach bestem Wissen. Die Beschreibungen beider Versuche stimmen überein. Damit ist bewiesen, daß der zweite Versuch eine Wiederholung des ersten Versuchs ist.

2. Eine Person beschreibe zwei Zufallsexperimente und finde keinerlei Anhaltspunkte dafür, daß die Versuchsanordnung dazu führt, daß der Ausgang des ersten Experiments den Versuchsausgang des zweiten Experimentes be-

einflußt. Dann ist es zwar vernünftig, von der stochastischen Unabhängigkeit der beiden Versuche auszugehen, aber die stochastische Unabhängigkeit ist durch fehlende Ansatzpunkte für die Erkennung eines Zusammenhangs zwischen beiden Versuchsausgängen nicht bewiesen.

Bedingte Verteilungen (Kapitel 8)

1. Sei p eine Wahrscheinlichkeitsverteilung:

$$p: \mathcal{B}^n \to [0, 1].$$

Sei $B \in \mathcal{B}^n$ und es gelte $p(B) > 0$. Dann ist die B - bedingte Wahrscheinlichkeit für das Eintreten von $A \in \mathcal{B}$ bestimmt durch

$$p(B|A) = p(A \cap B)/p(B).$$

2. Sei (X, Y) zweidimensionale Zufallsvariable mit Dichtefunktion $f(x, y)$.
X und Y seien stochastisch unabhängig voneinander und es gelte

$$f(x, y) > 0 \ \forall \ (x, y) \in \mathbb{R}^2.$$

Sei $a < b$ und $\alpha < \beta$. Dann gilt:

$$p(a < X \leq b)\,|\,\alpha < Y \leq \beta) = p(a < X \leq b).$$

3. Sei (X, Y) zweidimensionale Zufallsvariable mit stetiger Dichtefunktion
$f(x, y)$, $f(x, y) > 0 \ \forall \ (x, y) \in \mathbb{R}^2$. Für alle $a < b$, $\alpha < \beta$ gelte:

$$p(a < X \leq b|\alpha < Y \leq \beta) = p(a < X \leq b).$$

Dann stimmt $f(x, y)$ mit dem Produkt der Randdichten von X und Y überein.

4. Sei (X, Y) zweidimensionale Zufallsvariable, die dem gemeinsamen Verteilungsgesetz p unterliegen, es gelte

$$E (X - E X)(Y - E Y) \neq 0.$$

Dann gibt es $a < b$, $\alpha < \beta$ mit

$$p(a < X \leq b|\alpha < Y \leq \beta) \neq p(a < X \leq \beta).$$

5. Randverteilungen sind ein zentrales Konzept für die Diskussion, wann eine
Stichprobe repräsentativ ist.

6. Die Beurteilung, ob eine Stichprobe repräsentativ ist oder nicht, ist ein
reines Formalproblem und kein realwissenschaftliches Problem.

7. Seien $A, B \in \mathcal{B}^n$, p sei Wahrscheinlichkeitsverteilung über $\mathcal{B}^n$. Es gelte

$$p(A) > 0 \ \text{und} \ p(B) > 0.$$

Dann gilt wegen

$$p(A|B) = p(A \cap B)/p(B)$$

und

$$p(B \mid A) = p(A \cap B)/p(A)$$

die Aussage

$$p(A \mid B)\ p(B) = p(B \mid A)\ p(A).$$

8.   Es gilt die Formel

$$p(B \mid A)\ p(B) = p(A \mid B)\ p(A).$$

9.   Sei (X, Y) zweidimensionale Zufallsvariable mit Dichtefunktion $f(x,\ y)$. Dann gilt für alle x, y mit $f(x,\ y) > 0$: die z – bedingte Dichte $f(x \mid z)$ von X lautet

$$f(x \mid z) = \frac{f(x,z)}{\displaystyle\int_{-\infty}^{\infty} f(x,\ z)\ dx}.$$

10.   Sei (X, Y) zweidimensionale Zufallsvariable mit Dichtefunktion $f(x,\ y)$. Sind X und Y unkorreliert, so gilt: $f(x, y)$ stimmt mit dem Produkt der Randdichten überein.

11.   Sei (X, Y) zweidimensionale Zufallsvariable mit Dichtefunktion $f(x,\ y)$. X und Y seien stochastisch unabhängig. Dann stimmt $f(x, y)$ mit dem Produkt der Randdichten überein. Ebenso gilt

$$f(x,\ y) = f(x \mid y)\ f(y \mid x)\ ,$$

d.h. $f(x, y)$ ist das Produkt der y – bedingten Dichtefunktion von X und der x – bedingten Dichtefunktion von Y.

12.   Sei (X, Y) zweidimensionale $N(\mu,\ \Omega)$ – verteilte Zufallsvariable. X sei mit Y unkorreliert. Dann zerfällt die Dichtefunktion $f(x, y)$ von (X, Y) in das Produkt der Randdichten von X und Y, d.h. es gilt

$$f(x,\ y) = \int_{-\infty}^{\infty} f(x,\ z)\ dz\ \int_{-\infty}^{\infty} f(z,\ y)\ dy.$$

13.   Sei (X, Y) zweidimensionale $N(\mu,\ \Omega)$ verteilte Zufallsvariable. X sei mit Y unkorreliert. Dann zerfällt die Dichtefunktion $f(x, y)$ in das Produkt

$$f(x,\ y) = f(x \mid y)\ f(y \mid x).$$

Gesetze der Großen Zahlen und zentrale Grenzwertsätze (Kapitel 9)

1.   Die Tschebyscheff – Ungleichung ist nur anwendbar für Zufallsvariable, die eine Varianz besitzen.

2.   Die Tschebyscheff – Ungleichung gibt eine Höchstwahrscheinlichkeit dafür

an, daß die Realisation einer Zufallsvariable um nicht mehr als das $k\sigma$ - fache vom Erwartungswert abweicht.

3.· Will man die Tschebyscheff - Ungleichung auf Aussagen über die Abweichung von $(X - \mu)^2$ von σ^2 beziehen, reicht es aus, die Existenz von $E\,X^3$ vorauszusetzen.

4. Eine Folge von Zufallsvariablen $\{X_i\}$ konvergiere nach Wahrscheinlichkeit gegen c. Es existiere $\mu_i = E\,X_i\ \forall\ i \in \mathbb{N}$. Dann gilt:
$$\lim_{n\to\infty} \mu_i = c.$$

5. Sei $\{X_i\}_{i\in\mathbb{N}}$ eine Folge von Zufallsvariablen, die mit Wahrscheinlichkeit 1 gegen c konvergiert. Dann konvergiert $\{X_i\}_{i\in\mathbb{N}}$ nach Wahrscheinlichkeit gegen c.

6. Es existieren Folgen von Zufallsvariablen $\{X_i\}$ derart, daß gilt:
   1. μ_i existiert $\forall$ i und $\lim_{n\to\infty} \mu_i = \infty$
   2. $\{X_i\}_{i\in\mathbb{N}}$ konvergiert nach Wahrscheinlichkeit gegen c.

7. Sei $\{X_i\}_{i\in\mathbb{N}}$ Folge gleichverteilter Zufallsvariabler mit Erwartungswert μ. Dann kann man mit Hilfe der Tschebyscheff - Ungleichung darauf schließen, daß gilt: Die Folge der Y_n mit
$$Y_n = 1/n \sum_{i=1}^{n} X_i$$
konvergiert nach Wahrscheinlichkeit gegen μ.

8. Faßt man Konstante als Zufallsvariable mit einer Trägermenge auf, die nur aus einem Punkt besteht, so ist ihre Verteilungsfunktion gegeben durch
$$F(x) = \begin{cases} 0 & x < c \\ 1 & x \geq c \end{cases}$$

9. Faßt man Konstante als Zufallsvariable mit einer Trägermenge auf, die nur aus einem Punkt besteht, so impliziert Konvergenz nach Verteilung gegen die Verteilungsfunktion dieser Verteilung das Konzept der Konvergenz nach Wahrscheinlichkeit.

10. Sei X Zufallsvariable mit Trägermenge $\{\mu\}$. Dann gilt
$$\varphi_X(t) = \exp(i\mu).$$
Dabei ist $i = (-1)^{1/2}$.

11. Mit Hilfe des Konzeptes der charakteristischen Funktionen kann man zeigen, daß gilt:
Sei $\{X_i\}_{i\in\mathbb{N}}$ Folge stochastisch unabhängiger gleichverteilter Zufallsvariabler mit Erwartungswert μ. Sei $\{Y_n\}_{n\in\mathbb{N}}$ gegeben durch

$$Y_n = 1/n \sum_{i=1}^{n} X_i.$$

Dann gilt: $\{Y_n\}_{n \in \mathbb{N}}$ konvergiert nach Wahrscheinlichkeit gegen μ.

12. Schwache Gesetze der großen Zahlen geben Bedingungen an, deren Erfüllung garantiert, daß Folgen von Zufallsvariablen nach Verteilung gegen eine Konstante konvergieren.

13. Schwache Gesetze der großen Zahlen geben Bedingungen an, deren Erfüllung garantiert, daß Folgen von Zufallsvariablen nach Wahrscheinlichkeit gegen eine Konstante konvergieren.

14. Schwache Gesetze der großen Zahlen geben Bedingungen an, deren Erfüllung garantiert, daß Folgen von Zufallsvariablen fast - sicher gegen eine Konstante konvergieren.

15. Schwache Gesetze der großen Zahlen lassen sich nicht für die Folge der Mittelwerte $\{1/n \sum_{i=1}^{n} X_i\}_{i \in \mathbb{N}}$ einer Folge $\{X_i\}_{i \in \mathbb{N}}$ von Zufallsvariablen beweisen, wenn nicht gleichzeitig unterstellt wird, daß die X_i paarweise stochastisch unabhängig sind.

16. Eine Folge von Zufallsvariablen $\{X_i\}_{i \in \mathbb{N}}$ heißt schwach stationärer stochastischer Prozeß, wenn gilt:

1: $E\,X_i = \mu \quad \forall\, i \in \mathbb{N}$

2. $\mathrm{cov}(X_i, X_j) = \sigma_{ij}$ existiert $\forall\, i, j \in \mathbb{N}$.

17. Sei $\{X_i\}_{i \in \mathbb{N}}$ schwach stationärer stochastischer Prozeß. Sei $\rho(i, j)$ der Korrelationskoeffizient von X_i und X_j. Dann gilt:

$\rho(i, j)$ hängt allein von $|i-j|$ ab.

18. Sei $\{X_i\}_{i \in \mathbb{N}}$ Folge stochastisch unabhängiger gleichverteilter Zufallsvariabler, für die $E\,|X|^3$ existiert. Dann kann man mit Hilfe der Markov - Ungleichung zeigen, daß $\{1/n \sum_{i=1}^{n} X_i^2\}_{n \in \mathbb{N}}$ nach Wahrscheinlichkeit gegen $\mu^2 + \sigma^2$ konvergiert, wobei $\mu = E\,X_i$, $\sigma^2 = \mathrm{var}(X_i)$ gilt.

19. Die Summe stochastisch unabhängiger normalverteilter Zufallsvariabler ist normalverteilt. Dies beweist man mit Hilfe des Konzeptes der charakteristischen Funktionen.

20. Die charakteristische Funktion $\varphi_X(t)$ einer $N(\mu, \sigma^2)$ - verteilten Zufallsvariablen X ist gegeben durch

$$\varphi_X(t) = \exp(i\mu)\,\exp(-\sigma^2 t^2/2).$$

21. Eine zufällig gezogene Stichprobe ist ϵ - repräsentativ, wenn der Stich-

probenumfang hinreichend groß ist.

22. Eine Folge von Zufallsvariablen $\{X_i\}_{i \in \mathbb{N}}$ konvergiere nach Verteilung gegen X. Die X_i mögen die Dichtefunktionen f_i besitzen. Dann konvergiert die Folge der Dichtefunktionen $f_i(x)$ punktweise gegen die Dichtefunktion $f(x)$ von X.

23. Eine Folge von Zufallsvariablen $\{X_i\}_{i \in \mathbb{N}}$ kann nach Verteilung gegen eine Zufallsvariable X mit Dichtefunktion $f(x)$ konvergieren, ohne daß eines der X_i eine Dichtefunktion besitzt.

24. Sei $\{X_i\}_{i \in \mathbb{N}}$ eine Folge von stochastisch unabhängigen gleichverteilten Zufallsvariablen. Es existiere $E\,|X|^m$. Dann konvergiert

$$\Big\{1/n \sum_{i=1}^{n} x_i^j\Big\}_{n \in \mathbb{N}}$$

nach Wahrscheinlichkeit gegen eine Konstante c_j, falls gilt: $0 \leq j < m$.

Dies kann man mit der Markov - Ungleichung beweisen.

Den Fall $j = m$ kann man mit charakteristischen Funktionen beweisen.

25. Die Markov - Ungleichung lautet:

$$p(\,|X - \mu| \geq k\,B(\alpha)^{1/\alpha}) \leq 1/k^{\alpha}.$$

Hierbei ist die Existenz von

$$B(\alpha) = E\,|X - \mu|^{\alpha}$$

vorausgesetzt.

26. Prüfe folgenden Beweis der Markov - Ungleichung für den Fall der Existenz einer Dichtefunktion $f(x)$ nach unter der Voraussetzung, daß $B(\alpha)$ existiert:

Sei $\mu = 0$. Dann gilt

$$B(\alpha) = \int_{-\infty}^{\infty} |x|^{\alpha} f(x)\,dx \geq \int_{-\infty}^{-k\,B(\alpha)^{1/\alpha}} |x|^{\alpha} f(x)\,dx + \int_{k\,B(\alpha)^{1/\alpha}}^{\infty} |x|^{\alpha} f(x)\,dx$$

$$= |k\,B(\alpha)^{1/\alpha}|^{\alpha} \left\{ \int_{-\infty}^{-kB(\alpha)^{1/\alpha}} f(x)\,dx + \int_{k\,B(\alpha)^{1/\alpha}}^{\infty} f(x)\,dx \right\}$$

also

$$p(\,|X - \mu| \geq k\,B(\alpha)^{1/\alpha}) \leq 1/k^{\alpha}$$

27. Die Tschebyscheff - Ungleichung gewinnt man aus der Markov - Ungleichung, indem man $\alpha = 2$ setzt.

28. Sei $\{X_i\}_{i \in \mathbb{N}}$ Folge stochastisch unabhängiger gleichverteilter Zufallsvari-

abler mit Erwartungswert μ und Varianz σ^2. Dann konvergiert

$$\left\{ 1/n \sum_{i=1}^{n} (X_i - \mu)/\sigma \right\}_{n \in \mathbb{N}}$$

nach Verteilung gegen eine $N(0, 1)$ - verteilte Zufallsvariable.

29. Sei X Zufallsvariable mit Verteilungsfunktion F und charakteristischer Funktion φ. Man wisse, daß X Dichtefunktion f besitzt. Dann kann man von φ auf f schließen.

30. Sei $\{X_i\}_{i \in \mathbb{N}}$ Folge von Zufallsvariablen mit Verteilungsfunktionen F_i, Dichtefunktionen f_i und charakteristischen Funktionen φ_i. Die Folge der charakteristischen Funktionen konvergiere punktweise gegen eine charakteristische Funktion φ, diese Konvergenz sei gleichmäßig in einer offenen Umgebung der 0. Dann konvergiert die Folge der F_i gegen eine Verteilungsfunktion F und die Folge der Dichten f_i punktweise gegen eine Dichtefunktion f. f ist die Ableitung von F.

31. Eine Folge von Zufallsvariablen $\{X_i\}_{i \in \mathbb{N}}$ konvergiert nach Verteilung gegen eine Zufallsvariable X, wenn die Folge der Verteilungsfunktionen $\{F_i\}_{i \in \mathbb{N}}$ der $\{X_i\}_{i \in \mathbb{N}}$ punktweise gegen die Verteilungsfunktion F von X konvergiert.

32. Sei $\{X_i\}_{1 \leq i \leq n}$ Folge von Zufallsvariablen. Dann gilt:

$$E \sum_{i=1}^{n} X_i = \sum_{i=1}^{n} E X_i,$$

falls $E X_i$ existiert für alle i.

33. Sei $\{X_i\}_{1 \leq i \leq n}$ Folge von Zufallsvariablen mit Erwartungswert μ_i und Varianz σ^2. Dann gilt

$$\mathrm{var}\left(\sum_{i=1}^{n} X_i \right) = \sum_{i=1}^{n} \mathrm{var}(X_i).$$

34. Die Varianz der Summe endlich vieler stochastisch unabhängiger Zufallsvariabler stimmt mit der Summe der Varianzen überein, falls alle Zufallsvariable Varianzen besitzen.

35. Zwei Zufallsvariable X_1 und X_2 besitzen Varianzen σ_1^2 und σ_2^2. Dann stimmt die Varianz der Summe beider Zufallsvariabler mit der Summe ihrer Varianzen genau dann überein, wenn beide Zufallsvariable stochastisch unabhängig sind.

36. Seien X_1 und X_2 unkorrelierte Zufallsvariable, für die die dritten Momente existieren. Dann gilt: das dritte Moment von X_1 und X_2 stimmt mit der Summe der dritten Momente von X_1 und X_2 überein.

37. Die Aussage aus 36 ist richtig, wenn die Unkorreliertheit durch stochastische Unabhängigkeit ersetzt wird.

38. Momenterzeugende Funktionen weisen gegenüber den charakteristischen Funktionen den Vorteil auf, daß sie für alle Werte existieren.

39. Charakteristische Funktionen weisen gegenüber den momenterzeugenden Funktionen den Vorteil auf, daß auf Grundlage der charakteristischen Funktionen das Konzept der Konvergenz nach Verteilung eingeführt werden konnte.

40. Die momenterzeugende Funktion $m_X(t)$ für die Standardnormalverteilung X existiert für jeden Wert $t \in \mathbb{R}$ und es gilt

$$m_X(t) = \exp(-t^2/2).$$

Anhang

Das Rechnen mit komplexen Zahlen

Ausgangspunkt für die folgenden Überlegungen ist folgende quadratische Gleichung:

$$x^2 + 1 = 0.$$

Diese Gleichung ist in $\mathbb{R}$ nicht lösbar, denn es gibt keine reelle Zahl, deren Quadrat -1 ist. Definiere

$$i^2 = -1$$

und definiere die Menge der komplexen Zahlen $\mathbb{C}$ wie folgt:

$$\mathbb{C} = \{x \mid x = a + bi \ ^\wedge \ a, b \in \mathbb{R}\}.$$

<u>a heißt Realteil von x, bi Imaginärteil von x.</u> Ist $b = 0$, so ist x reell.
Definiere auf $\mathbb{C}$ die Grundrechenarten Addition und Subtraktion sowie Multiplikation formal wie folgt:

$$(\alpha_1 + \alpha_2 i) \pm (\beta_1 + \beta_2 i) = (\alpha_1 \pm \beta_1) + (\alpha_2 \pm \beta_2) i$$

$$(\alpha_1 + \alpha_2 i) * (\beta_1 + \beta_2 i) = (\alpha_1 \beta_1 + \alpha_2 \beta_2 i^2) + (\alpha_1 \beta_2 + \alpha_2 \beta_1) i$$
$$= (\alpha_1 \beta_1 - \alpha_2 \beta_2) + (\alpha_1 \beta_2 + \alpha_2 \beta_1) i.$$

Dies resultiert aus Klammerauflösung und $i^2 = -1$.
Anwendung der Multiplikation auf

$$(\alpha_1 + \alpha_2 i) * (\alpha_1 - \alpha_2 i) = \alpha_1^2 + \alpha_2^2 \in \mathbb{R}$$

führt zu folgender

<u>Definition A1:</u> Sei $z = \alpha_1 + \alpha_2 i \in \mathbb{C}$. $\bar{z} = \alpha_1 - \alpha_2 i$ heißt konjugiert komplex zu z.

Offenbar ist wegen

$$1 * z = z$$

die Division $z/z = 1$ erklärt. Dies erlaubt, die Division zweier komplexer Zahlen auf die Multiplikation zweier komplexer Zahlen und die Division durch eine reelle Zahl zurückzuführen mittels

$$z_1/z_2 = z_1/z_2 * 1 = z_1/z_2 \ \bar{z}_2/\bar{z}_2 = (z_1 \bar{z}_2)/(z_2 \bar{z}_2)$$

zurückzuführen. Dabei wird gesetzt mit $\alpha, \beta, \gamma \in \mathbb{R}$:

$$(\alpha + \beta_i)/\gamma = \alpha/\gamma + (\beta/\gamma) \ i$$

Mit diesen Definitionen ist $\mathbb{C}$ gegenüber den vier Grundrechenarten abgeschlossen und außerdem der kleinste Zahlenbereich, der

- $\quad$ i und $\mathbb{R}$ umfaßt
- $\quad$ und gegenüber den vier Grundrechenarten abgeschlossen ist.

Man prüft leicht nach, daß Addition und Multiplikation in $\mathbb{C}$ kommutativ und assoziativ sind, d.h. es gilt:

$$z_1 + z_2 = z_2 + z_1 \qquad \text{und} \qquad z_1 z_2 = z_2 z_1.$$

Außerdem gilt

$$(z_1 + z_2) + z_3 = z_1 + (z_2 + z_3)$$

sowie

$$(z_1 z_2) z_3 = z_1 (z_2 z_3).$$

Weiterhin rechnet man nach, daß gilt

$$(z_1 + z_2) z_3 = z_1 z_3 + z_2 z_3.$$

Alle diese Operationen lassen sich auf deren Gültigkeit für reelle Zahlen wegen der Definition der vier Grundrechenarten in $\mathbb{C}$ zurückführen.

Ausgehend von folgender graphischen Darstellung

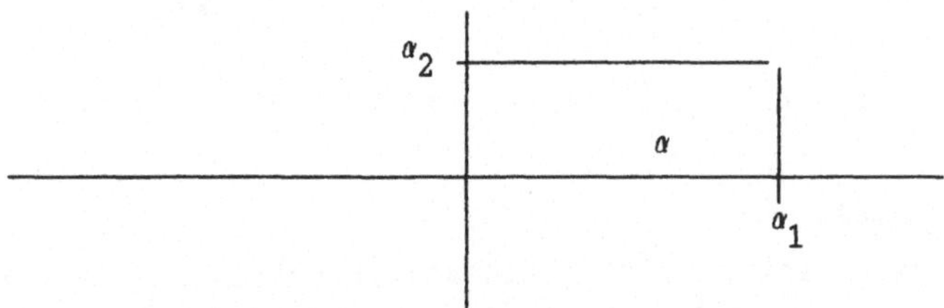

gelangt man mittels Definition von Sinus und Cosinus zu

$$(\alpha_1 + \alpha_2 i) = (\alpha_1^2 + \alpha_2^2)^{1/2} (\cos \alpha + i \sin \alpha). = r (\cos \alpha + i \sin \alpha).$$

<u>Definition A2:</u> Die Darstellung der komplexen Zahl

$$\alpha_1 + \alpha_2 i = r (\cos \alpha + i \sin \alpha)$$

heißt die <u>Darstellung von $\alpha_1 + \alpha_2 i$ in Polarkoordinaten.</u> Dabei werden Winkel im <u>Bogenmaß</u> gemessen. r heißt <u>Länge</u> von $\alpha_1 + \alpha_2 i$ (Pythagoras) und wird auch mit $|\alpha_1 + \alpha_2 i|$ bezeichnet.

Es gilt

$$r_1(\cos \alpha_1 + i \sin \alpha_1) * r_2(\cos \alpha_2 + i \sin \alpha_2) =$$

$$= r_1 r_2 (\cos \alpha_1 \cos \alpha_2 - \sin \alpha_1 \sin \alpha_2) + (\cos \alpha_1 \sin \alpha_2 + \cos \alpha_2 \sin \alpha_2) i$$

$$= r_1 r_2 (\cos \alpha_1 + \alpha_2 + i \sin \alpha_1 + \alpha_2).$$

Man gewinnt deshalb allgemein:

$$z^n = (r (\cos \alpha + i \sin \alpha))^n = r^n (\cos n\alpha + i \sin n\alpha).$$

Dies erlaubt, Ausdrücke der Form

$$p(z) = \sum_{k=0}^{n} a_k z^k \quad \text{mit } \alpha_k \in \mathbb{R}, \ 1 \leq k \leq n, \ \frown a_n \neq 0$$

zu schreiben in der Form

$$p(z) = \sum_{k=0}^{n} a_k r^k \cos k\alpha + i \sum_{k=0}^{n} a_k r^k \sin k\alpha.$$

Definiere nun

$$P(r, \alpha) = \sum_{k=0}^{r} a_k r^k \cos k\alpha \quad \text{und} \quad Q(r, \alpha) = \sum_{k=0}^{n} a_k r^k \sin k\alpha.$$

Es gilt

<u>Satz A1:</u> Es gibt Zahlen r, $\alpha \in \mathbb{R}$ derart, daß P(r, α) und Q(r, α) gemeinsam den Wert 0 annehmen.

Andeutung des Beweises:

Falls dies nicht gilt, ist g(r, α) = arctan(P(r, α)/Q(r, α)) zweimal stetig nach r, α differenzierbar. Insbesondere gilt:

$$h(r, \alpha) = \partial^2/\partial r \, \partial\alpha \ g(r, \alpha) \text{ ist stetig.}$$

Man weist nun nach, daß im Fall, daß Satz A1 falsch ist, wegen der Stetigkeit von h(r, α) gelten muß:

1. $$\int_a^c \int_b^d h(r, \alpha) \, dr \, d\alpha = \int_b^d \int_a^c h(r, \alpha) \, d\alpha \, dr \qquad \text{für beliebige a, b, c, d.}$$

2. Wegen der speziellen Gestalt von g(r, α) weist man aber nach, daß für

$$a = 0, \ b = 2\pi, \ c = 0, \ d \to \infty$$

beide Integrale nicht vertauschbar sind.

Dieser Beweis stammt von Gauss und ist bei Fichtenholtz in [1974], Teil II, S. 704, nachzulesen.

<u>Definition A2:</u> Ausdrücke der Form

$$p(x) = \sum_{j=0}^{n} \alpha_j x^j, \qquad a_n \neq 0, \qquad \alpha_j \in \mathbb{R}, \qquad (\alpha_j \in \mathbb{C}), \qquad 0 \leq j \leq n$$

heißen <u>Polynome über $\mathbb{R}$ (über $\mathbb{C}$) vom Grade n.</u>

Satz A1 kann auch wie folgt formuliert werden:

<u>Satz A2:</u> Sei p(x) Polynom über $\mathbb{R}$ vom Grade n. Dann läßt sich p(x) schreiben in der Form

$$p(x) = a_n \prod_{k=1}^{n} (x - c_k) \qquad \text{mit } c_k \in \mathbb{C}, \quad 1 \leq k \leq n.$$

<u>Definition A3:</u> Die c_k heißen <u>Nullstellen</u> von p(x), die $(x - c_k)$ heißen <u>Linearfaktoren von p(x).</u>

Man kann wie in $\mathbb{R}$ definieren

$$\exp(\alpha_1 + \alpha_2 i) = \sum_{j=0}^{\infty} \frac{(\alpha_1 + \alpha_2 i)^j}{j!} = \sum_{j=0}^{\infty} \frac{r^j}{j!} (\cos j\alpha + i \sin j\alpha).$$

Offenbar gilt

$$\exp(z_1) \, \exp(z_2) = \exp(z_1 + z_2)$$

$$\exp(z) \, \exp(\bar{z}) = \exp(2r \cos \alpha)$$

$$\exp(i\alpha) \, \exp(-i\alpha) = 1$$

also

$$\left| \exp(i\alpha) \right| = 1.$$

$$\exp(2\pi i) = \sum_{j=0}^{\infty} \frac{\cos(2j\pi)}{j!} = \exp(1)$$

Mit Hilfe des Satzes von Taylor gewinnt man:

$$\sin x = \sum_{j=0}^{\infty} \frac{(-1)^j \, x^{2j+1}}{(2j+1)!} \qquad \text{und} \qquad \cos x = \sum_{j=0}^{\infty} \frac{(-1)^j \, x^{2j}}{(2j)!}$$

Dies liefert folgenden Zusammenhang zwischen der Exponentialfunktion und sin, cos:

$$\sin x = \frac{\exp(ix) - \exp(-ix)}{2i} \qquad \text{und} \qquad \cos x = \frac{\exp(ix) + \exp(-ix)}{2} \, .$$

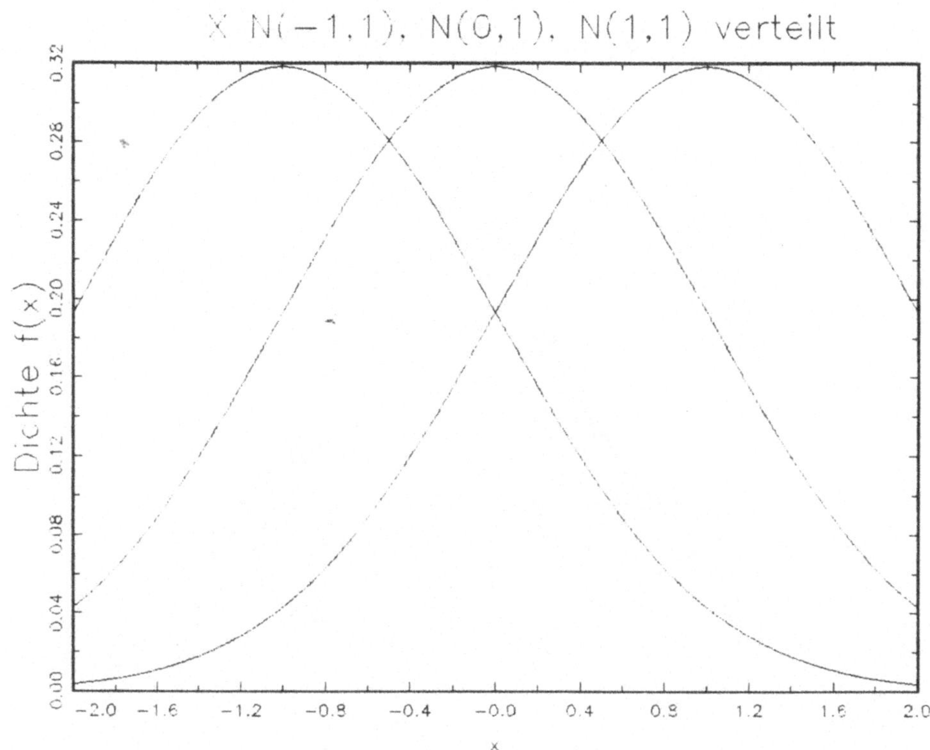
GAUSS   Jan. 3 1990   11:04:34 AM
X N(-1,1), N(0,1), N(1,1) verteilt
Dichte f(x)
x

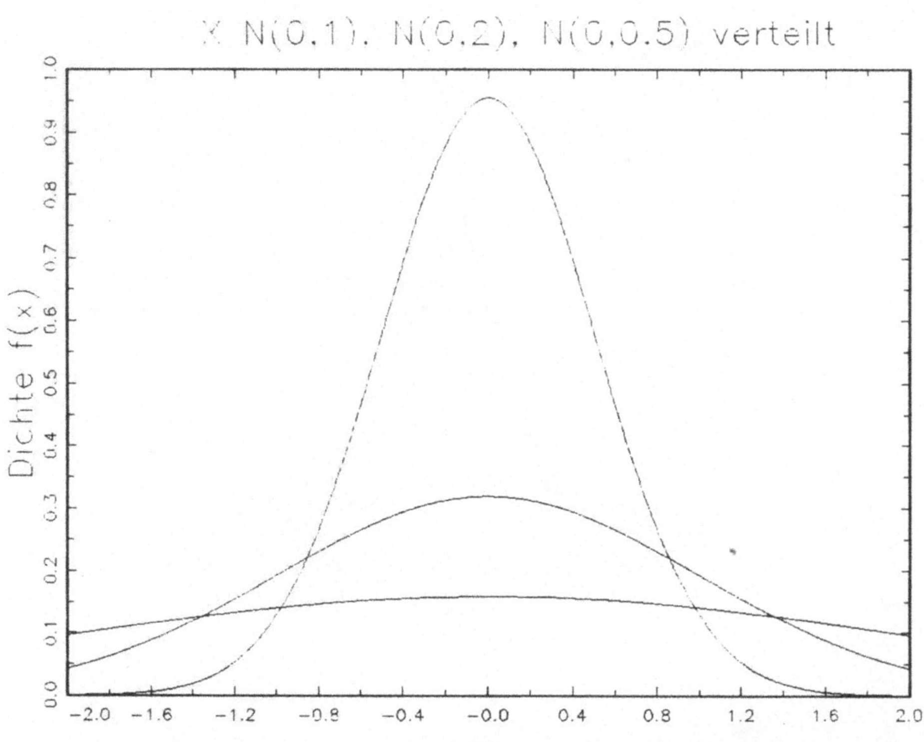
GAUSS   Jan. 3 1990   11:07:13 AM
X N(0,1), N(0,2), N(0,0.5) verteilt
Dichte f(x)
x

GAUSS   Jan. 3, 1990   11:25:04 AM

Bivariat Normal

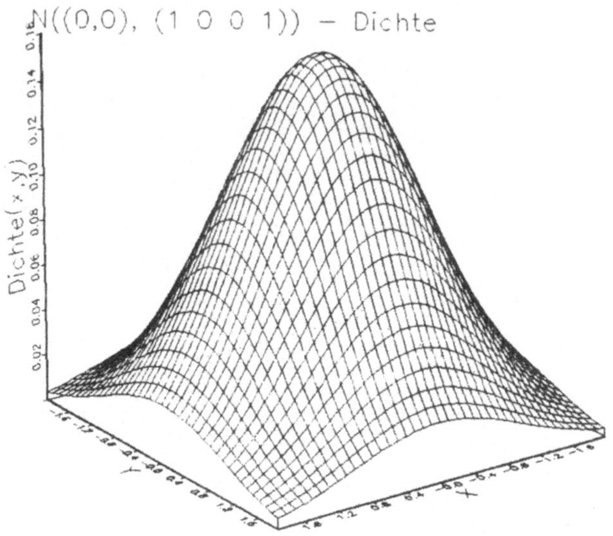

GAUSS   Jan. 3, 1990   11:33:14 AM

Bivariat Normal

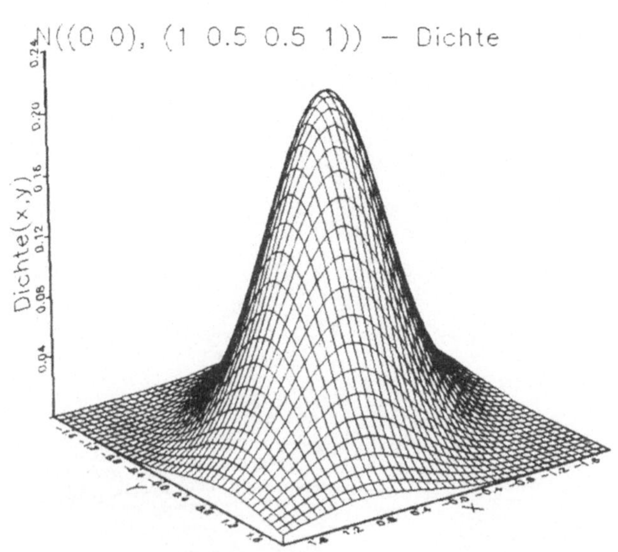

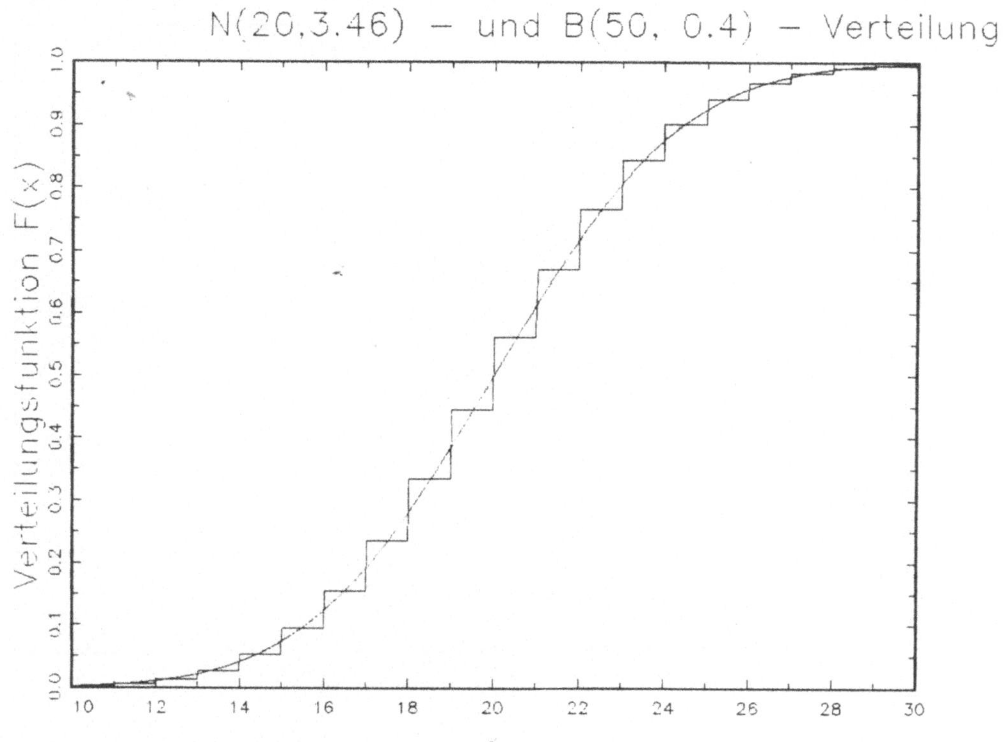
GAUSS   Jan. 3. 1990   10:49:00 AM
N(20,3.46) — und B(50, 0.4) — Verteilung
Verteilungsfunktion F(x)
x

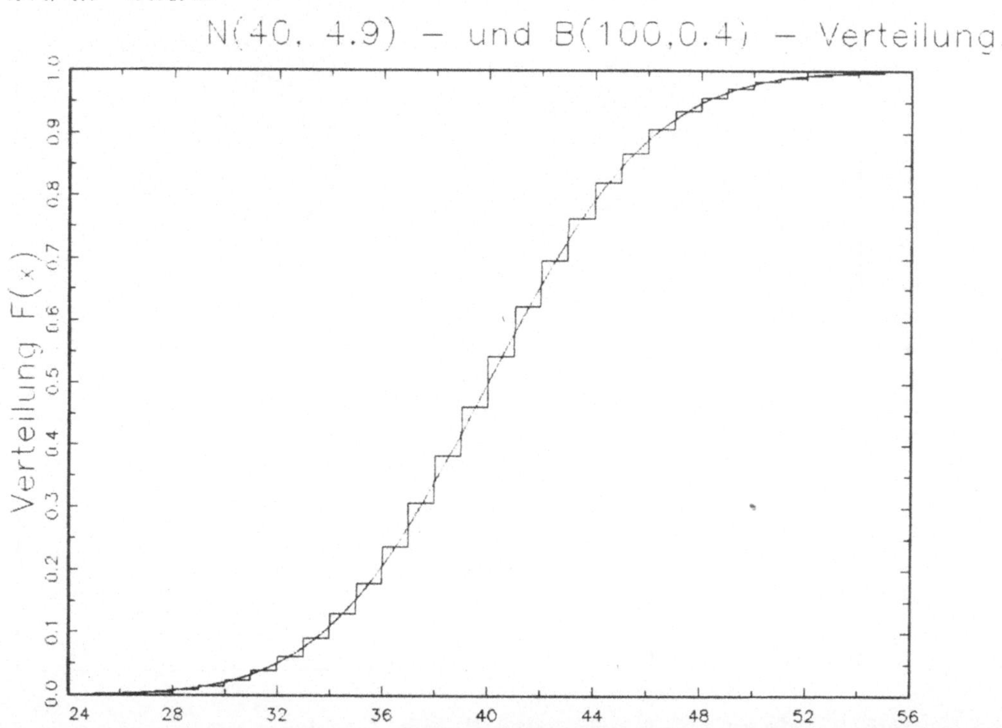
GAUSS   Jan. 3. 1990   10:53:28 AM
N(40, 4.9) — und B(100,0.4) — Verteilung.
Verteilung F(x)
x

GAUSS   Jan. 12, 1990   12:17:56 PM

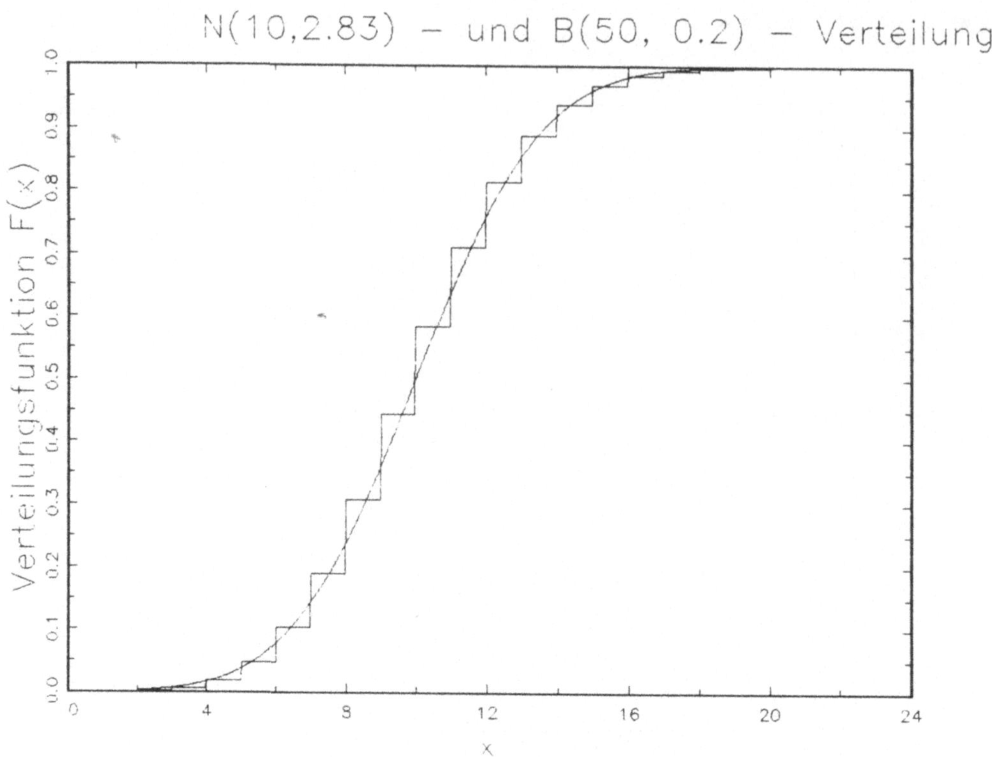
N(10,2.83) – und B(50, 0.2) – Verteilung
Verteilungsfunktion F(x)
X

GAUSS   Jan. 12, 1990   12:22:24 PM

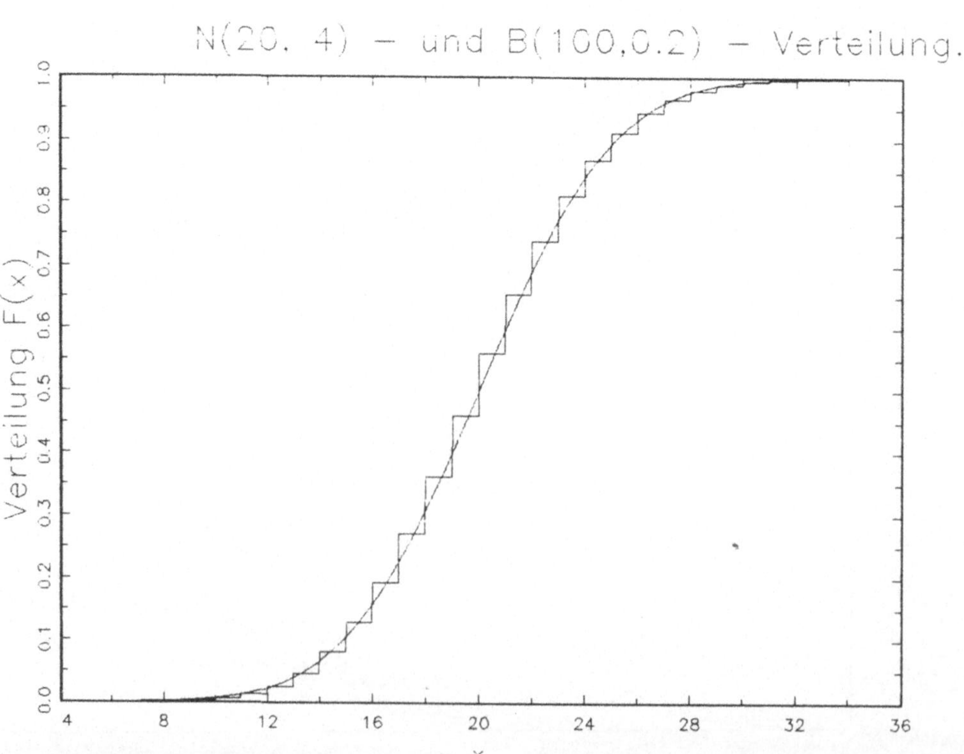
N(20, 4) – und B(100,0.2) – Verteilung.
Verteilung F(x)
X

Literaturverzeichnis

Bamberg, G., Baur, F.:   Statistik, 6. Auflage München - Wien 1987.

Pfanzagl, J.:   Allgemeine Methodenlehre der Statistik, Bd. I, Berlin - New York 1972.

Pfanzagl., J.:   Allgemeine Methodenlehre der Statistik, Bd. II, Berlin - New York 1968.

Pfanzagl, J.:   Elementare Wahrscheinlichkeitsrechnung, Berlin - New York 1988.

Analysis:

Courant, R.:   Differential - und Integralrechnung, Bd. I, II, Berlin u.a. 1972.

Fichtenholtz, G.M.:   Differential - und Integralrechnung, Bd. I, II, III, Berlin 1974.

Matrizenrechnung:

Kowalski, H.J.:   Lineare Algebra, 2. Auflage, Berlin 1965.

Wirtschafts - und Sozialstatistik:

Von der Lippe, P.   Wirtschafts - und Sozialstatistik, 3. Auflage, Stuttgart 1985.

Zwer, R.:   Internationale Wirtschafts - und Sozialstatistik, München - Wien 1981.

Zwer, R.:   Wirtschafts - und Sozialstatistik, München - Wien 1984.

Statistisches Bundesamt: Das Arbeitsgebiet der Bundesstatistik, Berlin 1976.

Mathematische Statistik:

Fisz, M.:   Wahrscheinlichkeitsrechnung und mathematische Statistik, 5. Auflage, Berlin 1970.

Kendall, M.G., Stuart, A.:   The Advanced Theory of Statistics, I, II, III, London 1979.

Renyi, A.:   Wahrscheinlichkeitsrechnung, 2. Auflage, Berlin
                              1966.

Gesetze der großen Zahlen und zentrale Grenzwertsätze:
Ibragimov, I.A.,   Independent and Stationary Sequences of Random
Linnik, Y.V.:   Variables, Groningen 1971.

Datengewinnung:
Krug, W., Nourney, M.:   Gewinnung von Daten, München - Wien 1982.
Statistisches Bundesamt: Wirtschaftsstatistik (Zeitschrift).

Aufgabensammlungen:
Schaich, E., u.a.:   Statistisches Arbeitsbuch, München - Wien 1982.
Von der Lippe, P.:   Klausurtraining in Statistik,München - Wien 1979.

Ergänzende Literatur zur Bedeutung statistischer Konzepte:
Stegmüller, W.:   Personelle und Statistische Wahrscheinlichkeit,
                              Berlin u.a. 1973.
Klaus, G., Buhr, M.:   Philosophisches Wörterbuch, Leipzig 1975.

Die vorgeschlagene Literatur stellt nur eine kleine Auswahl dar und legt dem
Leser nahe, sich selbst in der Bibliothek umzusehen.

Stichwortverzeichnis